航空宇航科学与技术一流学科学术著作

体系动态构建与多维评估方法

陈海鹏　主编

西北工业大学出版社

西　安

【内容简介】 体系构建与体系评估是体系开发流程的重要环节,是确定体系环节、优化体系结构、评价估算体系价值与能力的重要抓手。本书针对体系构建与评估两大环节,研究提出相应的面向任务的体系能力需求生成、基于软件定义的体系动态构建、基于知识图谱的体系架构评估、基于复杂网络的作战体系韧性评估、基于杀伤链能力成熟度的体系评估技术方法与典型应用案例,为加强体系动态构建与多维评估工作的科学性、提高新质体系作战能力生成水平提供技术和理论支撑。

本书可作为体系总体设计、装备发展论证、试验评估等领域的研究者和技术人员的参考用书,为开展作战体系、网信体系、装备体系等各类体系研究工作提供帮助。

图书在版编目(CIP)数据

体系动态构建与多维评估方法 / 陈海鹏主编.

西安 : 西北工业大学出版社,2024. 12. -- ISBN 978 - 7 - 5612 - 9691 - 2

Ⅰ. TP311.5

中国国家版本馆 CIP 数据核字第 2024W4U125 号

TIXI DONGTAI GOUJIAN YU DUOWEI PINGGU FANGFA

体 系 动 态 构 建 与 多 维 评 估 方 法

陈海鹏　主编

责任编辑：杨 兰		策划编辑：杨 军	
责任校对：成 瑶		装帧设计：高永斌　赵 烨	

出版发行：西北工业大学出版社

通信地址：西安市友谊西路 127 号　　　　邮编：710072

电　　话：(029)88493844　88491757

网　　址：www. nwpup. com

印 刷 者：兴平市博闻印务有限公司

开　　本：787 mm×1 092 mm　　　　1/16

印　　张：12.75

字　　数：318 千字

版　　次：2024 年 12 月第 1 版　　2024 年 12 月第 1 次印刷

书　　号：ISBN 978 - 7 - 5612 - 9691 - 2

定　　价：69.00 元

前　言

推动作战力量体系化发展与建设,打造具有中国特色的现代化作战体系,是应对复杂安全挑战、支撑中华民族伟大复兴、实现强军兴军目标的必由之路。笔者团队紧跟体系设计方面的先进理念和前沿技术,针对体系开发流程提出一种"使命任务分析—能力需求生成—体系构建设计—体系装备建设—体系集成验证—体系多维评估"的体系正向设计与开发流程,并在研究过程中认为体系动态构建和体系多维评估既是体系开发流程的重要环节,又是确定体系边界、优化体系结构、评价估算体系价值与能力的重要抓手。本书以体系动态构建和多维评估为主要内容,结合笔者研究团队近年来的科学研究情况编撰而成。

本书共 6 章。第 1 章为概述,介绍了作战体系的基本概念与开发流程、体系构建的概念与难点、体系评估的概念与难点等背景情况和思考框架;第 2 章为面向任务的体系能力需求生成,介绍了作战任务需求生成方法、体系能力需求生成方法及案例研究;第 3 章为基于软件定义的体系动态构建,介绍了基于软件定义的异构多节点作战体系建模方法、基于流网络的最优杀伤链动态构建与优化方法及案例研究;第 4 章为基于知识图谱的体系架构评估,介绍了体系架构的知识图谱表征方法、基于知识图谱的体系架构评估方法及案例研究;第 5 章为基于复杂网络的作战体系韧性评估,介绍了作战体系韧性机理、作战体系韧性评估指标体系构建、作战体系韧性评估方法及案例研究;第 6 章为基于杀伤链能力成熟度的体系评估方法,介绍了杀伤链能力成熟度概念和内涵、杀伤链能力成熟度评估方法及案例研究。

体系动态构建与多维评估是一个历久弥新的研究领域,随着体系顶层设计与运用要求的不断提升,该领域将会出现更多创新性的理论、方法和技术。本书可作为体系总体设计、装备发展论证、试验评估等领域的研究者和技术人员的参考用书,为开展作战体系、网信体系、装备体系等各类体系研究工作提供帮助。

本书由陈海鹏担任主编,具体编写分工如下:第 1 章主要由陈海鹏、许元男、龚春林、马晓媛编写,第 2 章主要由权晓伟、黎开颜、张升升、廖馨、张灏龙编写,第 3 章主要由李红光、王立志、许元男、郭晶编写,第 4 章主要由方哲梅、陈海鹏、许元男、王立强编写,第 5 章主要由李大庆、陈海鹏、马晓媛、梁晨旭编写,第 6 章主要由陈海鹏、廖馨、龚春林、梁晨旭编写。

　　由于体系动态构建与多维评估技术方法与应用涉及领域广泛,在编写本书的过程中,笔者参考了许多专家、同行的著作和论文,在此深表感谢。

　　由于水平有限,书中难免存在一些疏漏和不足之处,敬请广大读者批评指正。

编　者

2024 年 6 月

目　　录

第1章 概　　述

随着现代战争体系化对抗的特点日益凸显,推进武器装备体系化发展和多域力量体系化运用,已经成为世界各军事强国的重点发展方向。以面向作战任务的体系能力需求生成、体系动态构建驱动新型作战概念生成,以及对体系架构、韧性、成熟度等多维评估方法测评所构建作战体系的合理性、先进性和健壮性,使我军具备基于作战场景与能力需求的作战体系构建与评估能力,为我国新质武器装备正向设计、新型作战体系创新运用提供支撑。本章主要介绍体系和作战体系的基本概念、体系构建的概念与难点、体系评估的概念与难点等背景情况和思考框架。

1.1　作战体系的基本概念与开发流程

1.1.1　作战体系基本概念

体系通常被认为是由多个事物或多种系统所构成的规模更大、涉及范围更广、复杂性更强的大系统,是系统的更高阶段和形式,广泛存在于自然环境与社会生产生活之中,如生态体系、自然体系、工业体系、科教体系、卫生体系、国防体系、作战体系、装备体系等。

美国国防部对体系的定义为"互相以来的系统组合链接,提供的能力远大于这些系统的能力之和"。在《辞海》中,"体系"一词的释义为"若干有关事物互相联系、互相制约而构成的一个整体"。在《现代汉语词典》(第7版)中,"体系"一词释义为"若干有关事物或某些意识相互联系而构成的一个整体"。在钱学森系统工程理论中,"系统"一词的定义为"由相互作用和相互依赖结合而成的具有特定功能的有机整体,而且这个有机整体又是其从属的更大系统的组成部分"。当时国内还较少提及体系一词,这里由系统有机组成的"更大系统"应该对应为体系。国内学者胡晓峰等人认为,体系是能够得到进一步涌现性质的关联或联结的独立系统的集合。体系的基本特质表现为性质的涌现性、结构的成长性和能力的相对性。国内日光团队认为,体系是指多个要素通过一定的逻辑关系和相互作用结合形成的有机整体,使整体具备组成要素所不具备的性质,具有整体性、功能性、作用性、动态性和开放性的特点。

当今世界正经历百年未有之大变局,新一轮科技革命和军事革命正在加速发展。从世界近年来局部战争和军事行动看,现代战争的信息化程度不断提升,智能化特征日益显现,战争制胜方式持续变革。《新时代的中国国防》(2019年7月)白皮书指出:构建现代化武器装备体系,完善优化武器装备体系结构,统筹推进各军兵种武器装备发展,统筹主战装备、信息系统、保障装备发展,全面提升标准化、系列化、通用化水平。党的二十大报告明确指出,打造强大战略威慑力量体系,增加新域新质作战力量比重,加快无人智能作战力量发展,统筹网络信息体系建设运用;优化联合作战指挥体系,推进侦察预警、联合打击、战场支撑、综合保障体系和能力建设。从这些顶层要求可以看出,加快推动作战力量体系化发展与建设,全面打造具有中国特色的现代化作战体系,是应对复杂安全挑战、支撑中华民族伟大复兴、实现强军兴军目标的必由之路。

借鉴上述对体系的认识和理解,可得出作战体系的概念内涵:包含侦察情报、指挥控制、信息对抗、火力打击、效果评估以及机动、防护和保障等多重要素,针对某种使命任务,在一定的作战场景中,按照一定的指挥控制关系,将相应作战要素协同组织成为具有体系作战能力的有机整体。

1.1.2 体系开发流程

体系开发流程大都起源于系统工程过程的 V 形图,这是由国际系统工程协会(INCOSE)定义的形式化应用建模方法(MBSE)来支持广泛的系统工程活动,主要包含概念开发、需求分析、系统架构设计、系统设计与开发、系统集成、测试评估、使用维护等阶段,并由此模型衍生发展出多种流程更精细、规模更大的体系开发流程方法。系统工程过程中的 V 形图如图 1-1 所示。

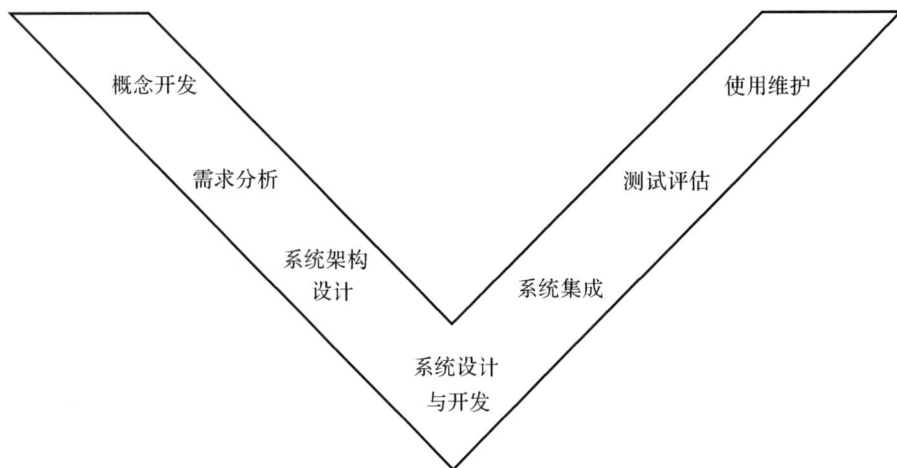

图 1-1 系统工程过程中的 V 形图

本书结合工作实际,提出一种"使命任务分析—能力需求生成—体系构建设计—体系装备建设—体系集成验证—体系多维评估"的六步体系正向设计与开发流程,如图 1-2 所示。

1.使命任务分析

使命任务分析阶段,主要根据体系的总体作战使命,立足于体系对抗,分析该作战体系可能的作战场景、作战愿景和潜在的作战对手,进而提出作战体系的具体行动构想方案,生成作战任务清单。使命任务分析阶段要求说明见表 1-1,其中主要细分步骤为进行使命背景分析和问题边界确定。

使命背景分析:对体系的使命任务以及所处的背景环境,面临的约束如经费、技术约束等,进行全面分析,从而确定开发目的。

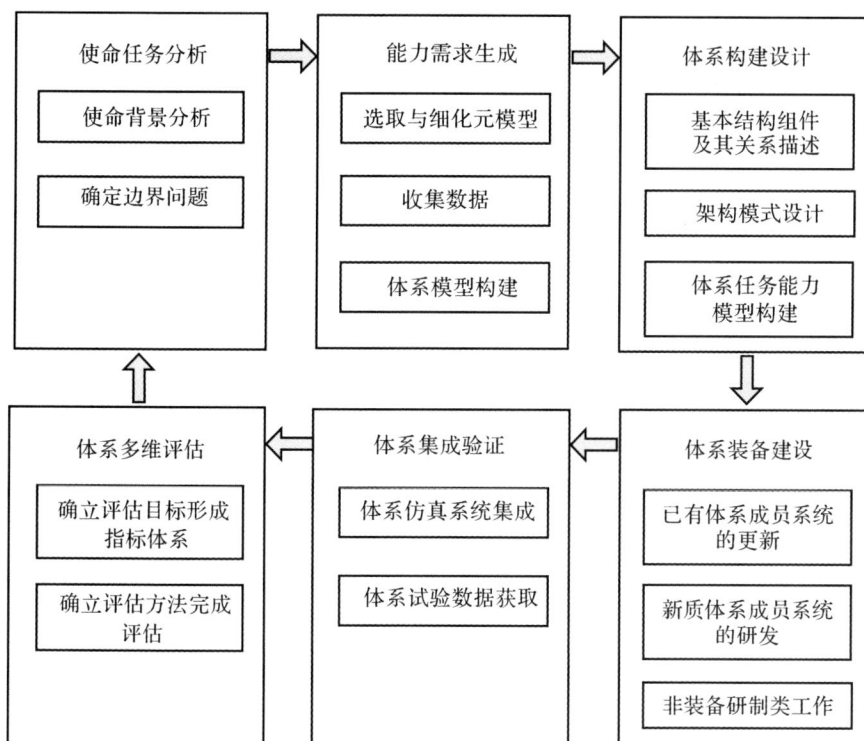

图 1-2 六步体系正向设计与开发流程

确定问题边界:确定体系的问题范围,包括体系结构描述的广度和深度,帮助定义开发背景。

表 1-1 使命任务分析阶段要求说明

要 求	说 明
输入要求	国家军事战略、军队作战理论、军队力量组成、体系和装备研发使命,国际军事形势和潜在对手军事力量组成和部署等
输出结果	体系的作战任务清单,描述装备体系使命任务及为实现军事目标所需的任务、条件和标准,实现装备体系顶层使命任务的进一步细化
工作标准	要反映国家军事战略、作战指挥理论、武器装备发展现实和未来战争发展趋势,突出装备使用的典型性,兼顾装备使用的普遍性,体现作战要素的联合性
适用方法	可采用文本输入、图片导入(或绘制)、结构化分析、关联矩阵等一系列方法,对使命任务进行规范化描述

2.能力需求生成

能力需求生成阶段,根据作战任务需求,在给定的条件和标准下,通过作战任务与作战能力的映射分析,确认并生成作战任务的能力需求。其中主要细分步骤为选取与细化元模型、收集数据、构建体系模型。能力需求生成阶段要求说明见表 1-2。

选取与细化元模型：在体系结构设计元模型基础上，选取能力需求分析阶段所需要的元模型。

收集数据：以所选取的元模型为依据，收集体系结构能力需求分析数据要素。

体系模型构建：根据数据要素之间的语义关系，构建体系能力需求模型。

表 1-2　能力需求生成阶段要求说明

要　　求	说　　明
输入要求	各种特定使命概念下的作战任务清单、作战任务关系、装备顶层能力需求等内容
输出结果	完成特定作战任务的能力需求清单、能力差距清单和装备能力需求清单等
工作目的	要反映国家军事战略、作战指挥理论、武器装备发展现实和未来战争发展趋势，突出装备使用的典型性，兼顾装备使用的普遍性，体现作战要素的联合性
适用方法	可采用关联矩阵、系统分解、结构化分析和设计等方法对能力需求进行规范化描述

3. 体系构建设计

体系构建设计阶段，为履行使命任务、满足能力需求，对体系所应包含的要素和各要素间内在联系即体系的结构进行分析与设计，并梳理此体系构建后的任务能力。其中主要细分步骤为基本结构组件及其关系描述、架构模式设计、体系任务能力模型构建。体系构建设计阶段要求说明见表 1-3。

基本结构组件及其关系描述：定义每类结构组件的功能、接口、数据、行为等属性，以及组件之间协作关系模式与动态组织、编程、重构、演进模式。

架构模式设计：基于结构组件构建形成对体系的架构模式，主要包含作战体系树模型、任务树模型等。

体系任务能力模型构建：对任务流程进行分析，确定基本任务构成及能力流动方向，进行任务资源池与杀伤链的构建，实现任务节点与连边的抽取映射，并赋予能力流构成任务层模型。

表 1-3　体系构建设计阶段要求说明

要　　求	说　　明
输入要求	能力需求生成的结果
输出结果	经过定义的基本结构组件的属性、协作和演进等关系描述，基于结构组件形成的体系架构模式，任务流程的能力流模型
工作目的	梳理和分析体系要素，构建体系任务能力
适用方法	软件定义方法，指标树构建、流网络建模和启发式算法

4. 体系装备建设

体系装备建设阶段，主要根据体系构建设计的结果，开展体系中成员系统的匹配性确认、升级改造、新装备研制、智能赋能等工作，实质上是将体系成员系统进行物化落地。其中主要细分工作为已有体系成员系统的更新、新质体系成员系统的研发、其他非装备研制类工作。体系装备建设阶段要求说明见表1-4。

已有体系成员系统的更新：对已有或原有体系成员系统的匹配性确认、改造和升级,满足高效顺畅融入体系的能力要求。

新质体系成员系统的研发：开展新质体系成员系统的概念论证、方案设计、研制开发、集成测试,通常采用系统工程方法完成。

非装备研制类工作：主要包含体系组织和运行方面的规章制度拟制、标准规范制定以及体系及成员系统的管控人员培训等工作。

表1-4 体系装备建设阶段要求说明

要 求	说 明
输入要求	体系构建设计的结果
输出结果	①经匹配性确认和升级改造的已有/原有体系成员系统； ②新质体系成员系统的方案、样机、装备； ③体系组织和运行方面的规章制度拟制、标准规范制定等
工作目的	开展体系中成员系统的匹配性确认、升级改造、新装备研制、智能赋能等工作,将体系成员系统进行物化落地
适用方法	信息化手段、系统工程方法、文档编制等

5.体系集成验证

体系集成验证阶段,遵循信息一致性、数据完备性和语义一致性原则,采用"统一架构框架＋元模型"方法,将体系要素的统一表征模型以及资源进行集成和封装,建立数实结合的体系集成验证工具,通过数字仿真、半实物仿真、实装外场试验等方式,完成仿真及装备试验数据收集。其中主要细分工作为体系仿真系统集成、体系试验数据获取。体系集成验证阶段要求说明见表1-5。

表1-5 体系集成验证阶段要求说明

要 求	说 明
输入要求	遵循信息一致性、数据完备性和语义一致性原则的体系各要素数学模型和实装整机/关键部组件等
输出结果	通过数字仿真、半实物仿真、实装外场试验获取的体系试验数据
工作目的	在全数字仿真中,数字仿真模型颗粒度基本一致；在数实结合平行系统仿真中,数字仿真模型与实装整机/关键部组件的颗粒度基本一致；在实装体系外场试验中,实际装备可联通,相应可完成体系的全流程试验与运行
适用方法	数字仿真、数实结合平行系统仿真、实装体系外场试验

体系仿真系统集成：采用 B/S、C/S 混合架构,及"数字模型＋半实物系统"手段方法,开发全流程仿真开发应用环境、高效仿真运行引擎和一系列支撑工具,构建数字仿真系统、数

实结合平行系统,具备作战体系研究、验证与评估功能,提升对抗仿真与实兵演练的虚实联动和推演能力。

体系试验数据获取:既可以通过体系仿真系统、平行系统,也可以从真实作战环境、演习训练中获得数据。

6.体系多维评估

体系多维评估阶段,不是对体系中的单个或多个成员系统的性能进行评估,而是要对体系整体架构正确性、成员系统加入/降级/损失后对体系韧性影响、成熟度等进行评估。在针对不同目的的不同维度评估方法中,既包含侦察监视、指挥控制、信息对抗、火力打击、毁伤评估、综合保障等功能评估,也要包含可靠性、灵活性、协调性、效费比等多样评估要求。其中主要细分工作为确立评估目标形成指标体系、确定评估方法完成评估。体系多维评估阶段要求说明见表1-6。

确立评估目标形成指标体系:对待评估的体系,确定要评估后所支撑的目标实现,例如是评估体系能力、优选杀伤链、支撑新装备新技术发展还是其他目标,选取合适的评估指标,构建评估指标体系。

确定评估方法完成评估:根据所构建的评估指标体系,整编体系集成验证所获取的试验数据,结合所处环境和拥有的平台工具、设施设备,选取解析法、专家评估法、仿真推演法、人工智能法等科学合理的评估方法完成评估。

表1-6 体系多维评估阶段要求说明

要 求	说 明
输入要求	评估目的、体系试验数据
输出结果	①整体架构正确性、体系韧性、成熟度等体系整体能力的评估结果; ②侦察监视、指挥控制、信息对抗、火力打击、毁伤评估、综合保障等体系功能性能力的评估结果; ③可靠性、灵活性、协调性、效费比等体系非功能性能力的评估结果
工作目的	既要满足开展此次评估的目的,也要考虑体系及其系统的颗粒度、试验数据掌握情况等,结合所处环境和拥有的平台工具、设施设备,确定评估方案和方法
适用方法	解析法、专家评估法、仿真推演法、人工智能法等

1.2 体系构建的概念与难点

1.2.1 体系构建的概念内涵

体系构建的标准定义:体系构建以体系需求为依据,确定体系边界和优化体系结构,形成与使命任务匹配的体系方案,确保体系的整体效能,一般在全局高度遵循"自顶向下"的分解原则进行使命任务的分解,在局部作战单元以及平台系统的同步行为上遵循"自底向上"

的聚合原则进行资源的聚合与调整,其中以能力为结合点联结分解与聚合。

1. 体系能力需求生成

体系能力需求生成是指从作战任务需求出发,分解映射得到武器装备体系能力需求,生成装备体系能力需求清单。面向任务的体系能力需求,既能够分析评估现有装备体系能力缺口,支撑装备体系改进升级需求生成方案的提出,又能够指导新型装备体系的论证,支撑新型装备体系建设方案的提出。

美军在 21 世纪初提出"基于能力"发展理论,能力需求生成由传统的"以军种为主导的需求生成过程"发展到"以国防部为主导、基于能力的需求生成系统"。美军以国家战略、国防战略和联合作战概念为指导,以发展面向联合作战的军事能力为核心,采用"自顶向下"的思想,形成一整套的军事能力需求分析方法和流程,构建了具体的需求分析的联合能力集成与开发系统(Joint Capability Integrated Development System, JCIDS),通过结构化分析(IDEF)的作战活动分析方法、基于体系结构 DODAF 的能力需求分析方法分析得到武器装备体系或某一种装备具体需求。其中,基于能力的评估(Capabilities Base Assessment, CBA)是 JCIDS 的核心部分之一,围绕基于能力的分析过程展开,CBA 需求分析实施流程如图 1-3 所示。

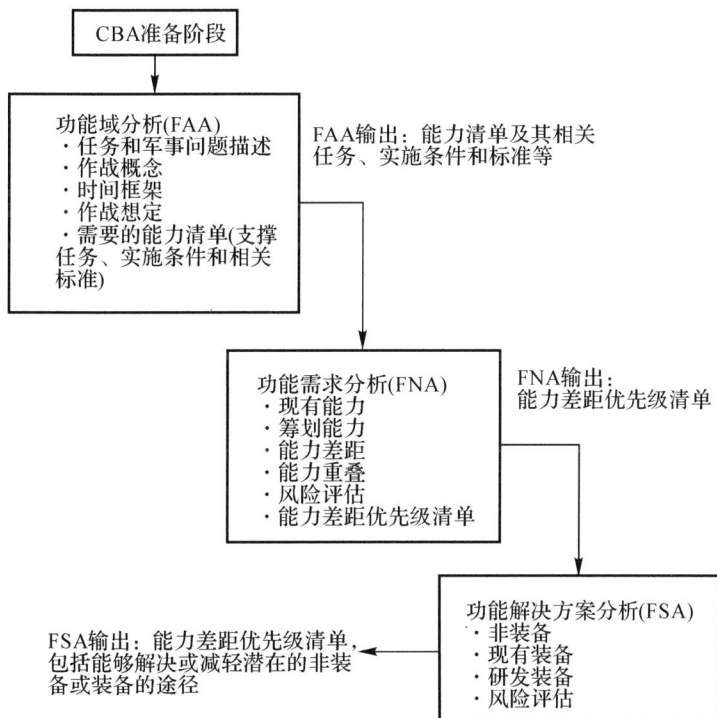

图 1-3 CBA 需求分析实施流程

另外,基于活动的方法(Activity Based Methodology)源自美军国防体系结构框架,其目的是构建并完善国防体系结构,主要关注两个重要的关联关系:第一个是作战体系结构视图与系统体系结构视图的关联,既可以为系统提供作战活动和活动交换信息,也可以确保系统支持作战活动;第二个是系统体系结构视图与技术体系结构视图关联,既可以是特定作战需求下的系统对技术提出新要求,也可以为系统实现提供技术指南。需求生成中有关任务的分解方面,有研究在介绍和分析 SysML 语言特点的基础上,建立了作战行动序列的形式化定义,提出了基于 SysML 的作战行动序列建模方法。比如任务计划建模方面的(Core Plan Representation,CPR)方法。CPR 是美国国防高级研究计划局(Defense Advanced Research Projects Agency,DARPA)提出的用于描述计划、过程、活动模型通用信息的计划建模,目的是在各类计划和控制系统之间实现通用的功能表达、重用和信息共享。它具有丰富的表达能力以支持复杂的、层次化的计划结构。

国内虽然早在 20 世纪末就提出了武器装备体系概念,但是对武器装备的体系需求、作战能力需求、演化机制等问题的研究还处于探讨阶段。鲁延京对武器装备体系能力相关概念进行了界定,并研究了基于统一建模语言(UML)的武器装备体系能力描述方法;郭齐胜团队建立了"面向任务、基于能力、自上而下、自下而上"的联合能力需求生成机制,建立能力清单,提出了装备需求论证工程化理论;国防科技大学信息系统与管理学院提出在军事需求论证中引入工程化的手段,形成了一套适用于武器装备需求开发概念模型。国内一些学者在任务分解步骤、分解粒度、分解方法、分解策略以及任务与能力之间映射关系进行了相关探索和研究。

本书遵循体系正向设计思路,开展体系需求生成理论方法研究,自顶向下打通能力需求量化分解链路,明确作战能力需求与能力现状差距,实现需求到现实空间的匹配映射。体系需求分析与映射如图 1-4 所示。面向任务的体系能力需求生成方法示意图如图 1-5 所示。

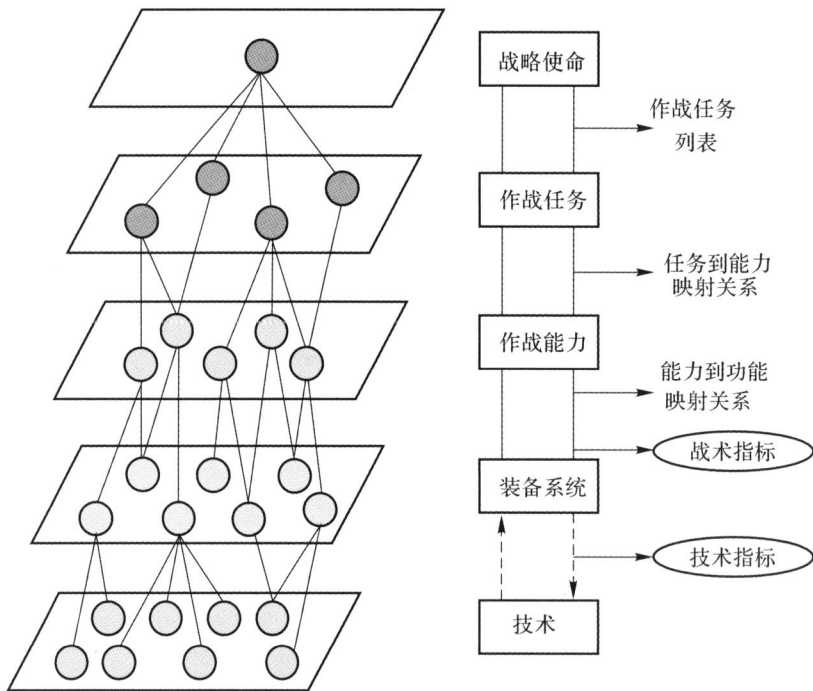

图 1-4 体系需求分解与映射

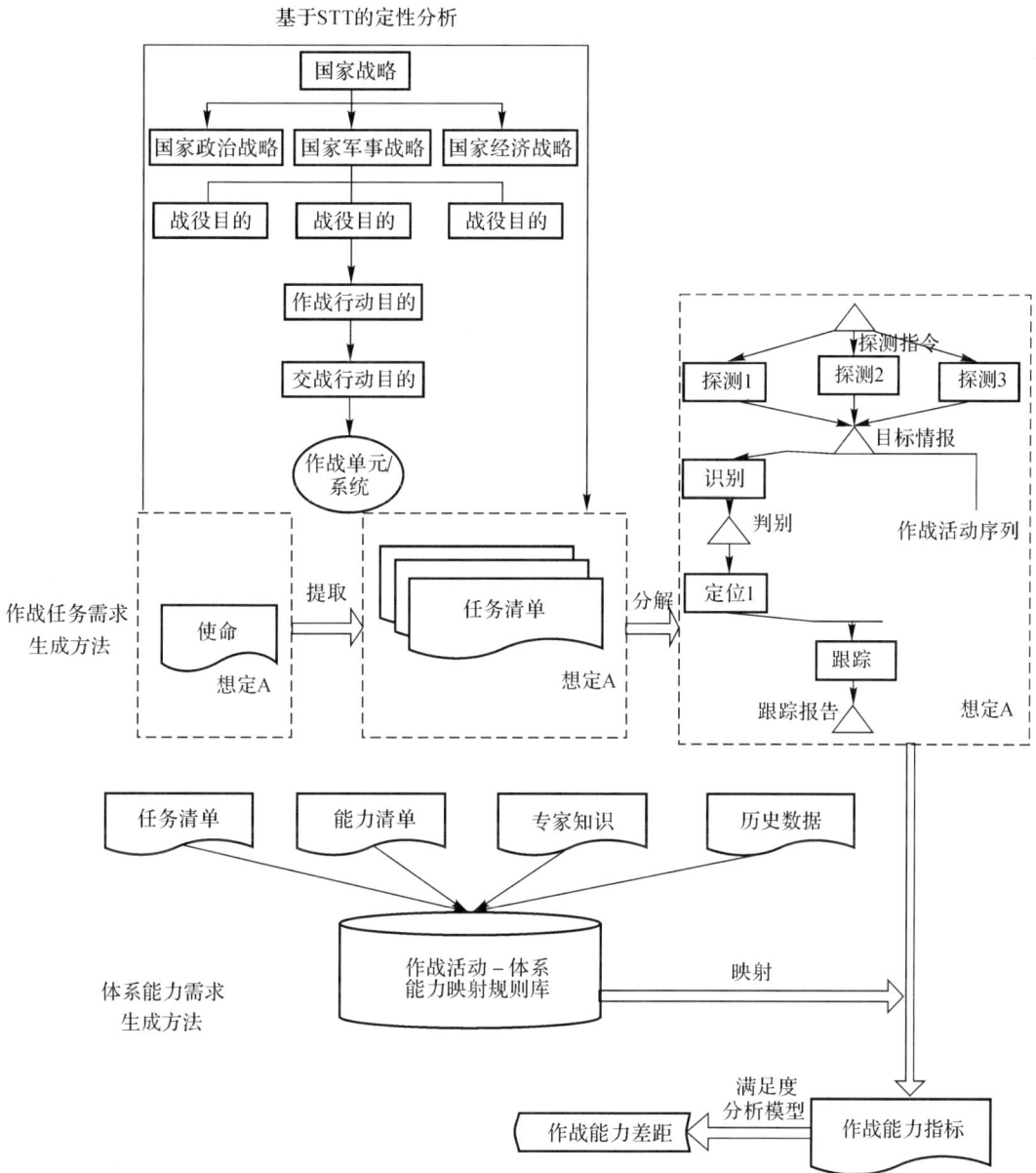

图 1-5 面向任务的体系能力需求生成方法示意图

2.体系动态构建

传统作战体系构建方法,往往都是在装备实体物理形态和连接关系等约束下进行的,包括基于多视图体系架构的建模方法(典型的主要有 DoDAF、MoDAF 和 UAF,其中,DoDAF 和 UAF 应用最为广泛)、基于复杂网络理论的建模方法(Hypergraph、Super Networks)等。

美军在 20 世纪 90 年代开发了 C4ISR(全称为 Command,Control,Communication,Computers,Intelligence,Surveillance and Reconnaissance System,是战场指挥、控制、通信、计算机、情报、监视和侦察系统的简称)体系结构框架,后来逐渐演化发展成国防部体系结构框架(DoD Architecture Framework,DoDAF),已成为各国研究军事领域体系结构框架借鉴和参考的模板;相继出现了英国的国防部体系架构框架(Ministry of Defense Architecture Framework,MoDAF)、北约体系架构框架(NATO Architecture Framework,NAF)等。2017年,对象管理组织(Object Management Group,OMG)发布了统一体系架构框架UAF,标志着体系架构技术进入了全新的发展阶段。美军由于网络中心战理论与实践的需要,对于网络科学理论在军事领域的运用展开了相对深入的研究。例如,美国科学院陆军科学技术委员会(Board on Army Science and Technology,BAST)于2004年9月开始实施了"网络科学在未来陆军的应用"研究项目,并于2005年11月出版了研究报告《网络科学》,2007年又出版了《陆军网络科学、技术与实验中心的政策》研究报告。这两份研究报告向美国政府、国防部和陆军部提出了一系列关于网络科学研究的建议。国外比较有影响的主要有美国Alidade公司的Jeffery R Cares提出的信息时代战斗模型(Information Age Combat Model,IACM),以及澳大利亚国防科工组织(DSTO)的Anthony Dekker关于作战复杂网络模型的研究。多视图建模的结构如图1-6所示。

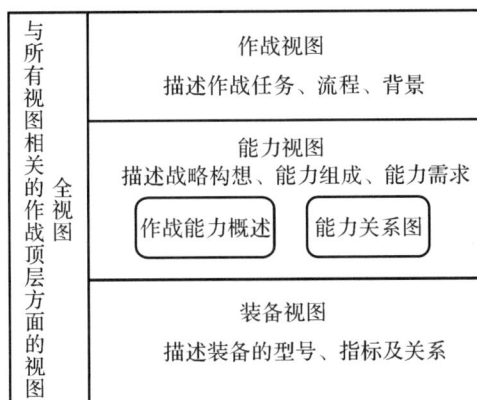

图1-6 多视图建模的结构

国内也在推进体系架构框架与复杂体系建模研究。"十五"期间,国内已研究了军事综合电子信息系统体系架构框架,总装备部武器装备论证研究中心课题组于2003年撰写完成了军事电子信息系统体系架构框架(初稿);北方自动控制技术研究所的学者还尝试应用美国的C4ISR体系架构框架开发野战防空C4I系统体系架构;国防科技大学在C3I研究中心的基础上成立了C4ISR技术国防科技重点实验室,对美军C4ISR体系架构框架进行了跟踪研究,开发了体系架构描述工具;国防科技大学系统工程学院自"十一五"以来开展了作战体系架构方面的相关研究,提出了一套作战体系架构描述框架,包含全视图、能力视图、系统视图、作战视图、技术视图、装备视图等,并开发了相关的体系架构描述工具和体系需求描述工具。目前我国已经制定《军事信息系统一体化技术体系架构(ITA)3.0》,建立了一体化信息支持能力相关的技术标准。以国防科技大学、中国人民解放军国防大学为代表的装备体系研究人员开展了作战环网络模型、复杂体系建模的研究。例如,国防科技大学教授金士尧、戴金海、谭跃进和中国人民解放军国防大学教授胡晓峰等人各自领衔的研究团队,取得了引人注目的研究成果。基于复杂网络的装备体系建模是对装备体系整体描述的主要方法,主要涉及规则建模法和映射建模法两种具体建模思路。其中,规则建模法是指通过给出体系网络拓扑的生成演化规则构建体系复杂网络模型,而映射建模法是直接将对象体系映射成复杂网络模型,其核心是体系到网络拓扑的映射方法。规则建模与映射建模的对比如图1-7所示。

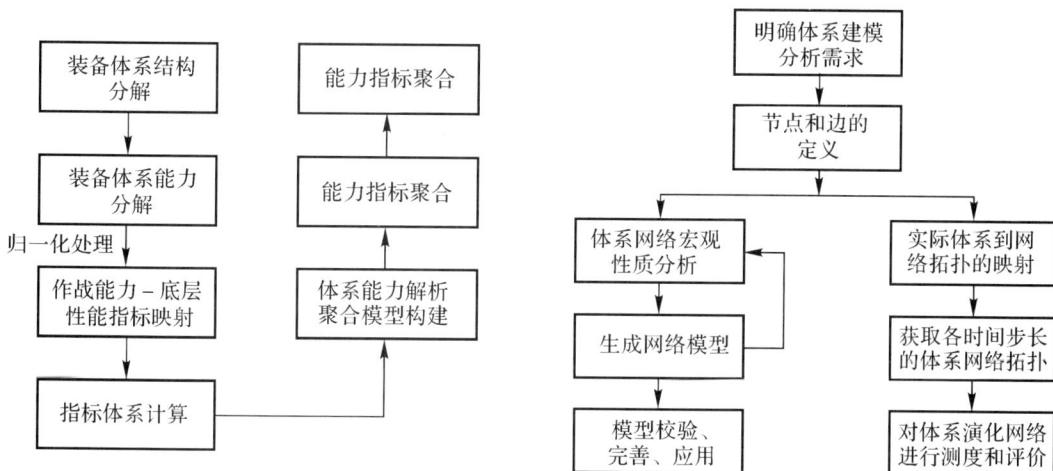

图 1-7 规则建模与映射建模的对比

本书运用分层思想,构建一种新型网络创新架构——软件定义网络(Software Defined Network,SDN),通过将网络设备的控制面与数据面分离,从而实现了网络流量的灵活控制,使网络变得更加智能,为核心网络及应用的创新提供良好的平台。其目标是将各种作战资源(包括人员、武器装备、物资等)快速、动态地融合为适应作战需求,具有强大的作战能力的系统,快速应对各种作战需求,形成具有强大的环境感知、资源融合、协调控制能力的作战能力。软件定义作战体系架构示意图如图1-8所示。

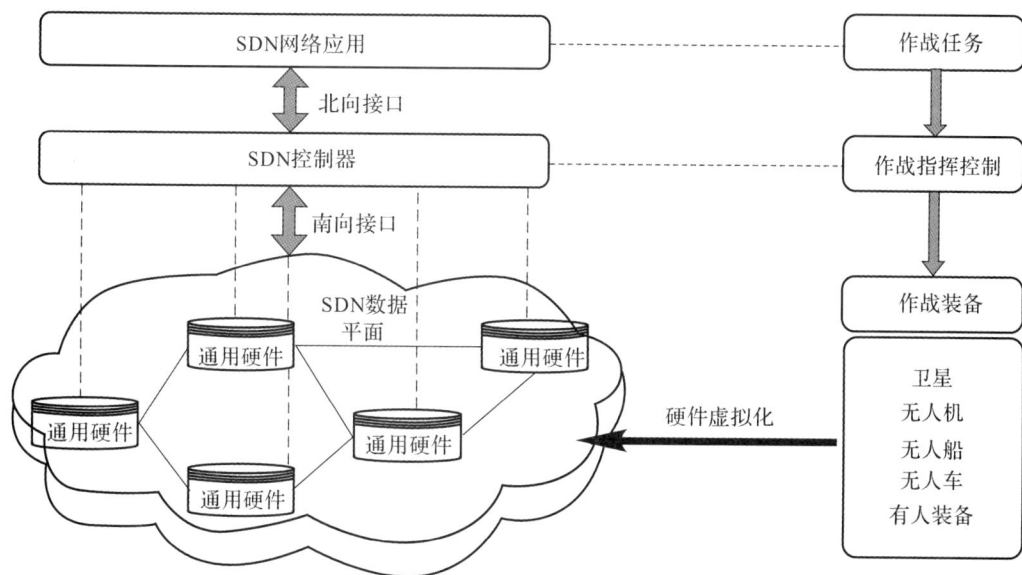

图 1-8 软件定义作战体系架构示意图

1.2.2 体系构建的难点问题

随着作战体系的发展,对抗环境越来越复杂、体系要素越来越丰富、体系越来越会产生涌现行为,传统的体系构建方法已难以满足当前体系构建的新要求,具体问题如下。

一是体系任务需求变化性强,亟需按照基于能力的梳理体系设计与构建。传统武器装备总体设计,工业设计部门往往在接到武器装备需求指标后,一般通过多学科优化方法明确形成系统参数指标,而体系需求生成如果照搬此类方法,则难以应对任务需求多变情况,迫切需要基于能力梳理体系的需求生成方法,形成可设计、可分析、可验证、可追溯的作战能力指标生成、能力满足度分析模型,解决装备体系需求生成的全链路参数表征及量化分析问题。

二是作战资源不断扩容、多节点数量显著增大,亟需动态组织实现快速机动的资源调度与任务分配。作战资源种类繁多,包括人力、物资、装备、信息资源等,不同类型的资源具有不同的管理和调度需求。作战环境变化多端,资源的需求和供应也随之变化,需要实时监控和动态调整。随着作战资源的不断扩容,资源数量和种类显著增多,传统的静态管理方法难以应对这种规模和复杂性的变化。这需要快速反应,资源调度和任务分配能够在短时间内完成,以应对瞬息万变的战场环境。

三是异构平台及载荷物理状态差距大,亟需标准化、抽象化地构建资源组件。作战体系往往包含陆、海、空、天等多种类型的平台,每种平台的物理特性、功能、操作方式各不相同,这显著增加了体系构建和管理的复杂性。各类平台往往采用不同的技术标准和协议,导致互操作性差,难以实现平台之间的无缝集成和协同作战。异构平台的资源和功能各异,难以制定统一的标准对其进行描述和管理,导致在资源调度和任务分配过程中难以实现统一的资源抽象和管理。这需要制定统一的标准和协议,实现资源的标准化和抽象化,并通过高效的系统集成和优化,提升资源调度和任务分配的效率和实时性。

1.3 体系评估的概念与难点

1.3.1 体系评估的概念内涵

体系评估是体系设计、建设和运作的重要环节,是对体系价值的评价和估算,按照一定的标准和方法衡量评估对象所做的价值。传统系统评估的内容是系统的功能,具体体现为系统效能、作战效能的评估。效能通常与具体任务或应用场景相关,如系统效能指向具体的作战任务,被定义为达到预定目标的程度,或被定义为完成任务的概率。对体系而言,评估者关心的问题发生了变化,因此要转换评估的视角。

现有研究大多从某个特定角度开展体系评估研究,例如体系效能、体系贡献度、体系韧性、体系抗毁性等,对体系评估缺乏系统性的梳理。目前较为全面地阐述体系评估理论的研究者主要有中国人民解放军国防大学胡晓峰等人和国防科技大学刘俊先等人。前者以体系仿真试验床为基础,建立系统性的评价流程。后者从逻辑组成、物理实现、体系运行、任务需要和贡献效用五个层次来梳理体系评估者关心的问题,如图1-9所示。该层级结构本质上以 DoDAF 框架的系统视角(物理实现)、作战视角(逻辑组成)、能力视角(任务需要)为基础,辅以体系稳健性、韧性以及贡献度等研究,囊括了体系相关的众多聚焦点。

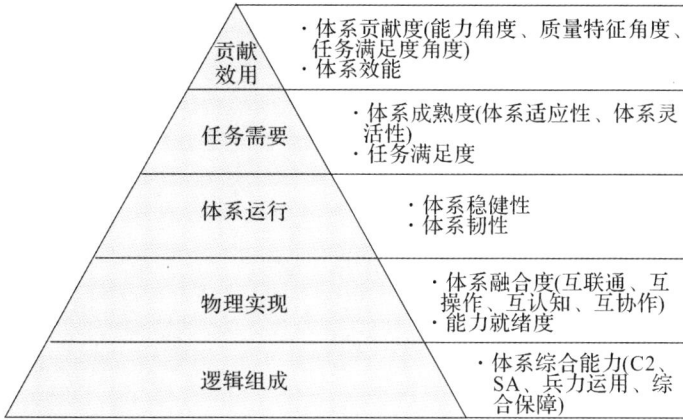

图 1-9　体系评估层次分类

本书以更为聚焦的角度开展体系评估研究,将体系评估分为五个层级 L1～L5,如图 1-10 所示。L1 层和 L2 层关注体系架构,L3、L4 和 L5 层关注体系,当然体系架构与体系是紧密相关的。

L1 层为最底层的体系架构逻辑性评估,关注体系架构在数据、语义、逻辑上的完全性、一致性和正确性,例如体系架构是否存在系统接口缺失。这是所有评估的基础,因此必须提出有效的方法进行验证和评估。

L2 层为体系架构良构性评估,关注体系架构在结构上的优劣,例如是否具有开放性、是否支持快速升级等。

L3 层为体系功能性评估,关注体系是否能够完成基线任务,例如在常规场景下是否能够完成探测、识别、打击任务。

L4 层为体系非功能性评估,关注体系在动态变化场景下的韧性、适应性、鲁棒性等,这对于未来强对抗、高度动态的作战场景而言是极其重要的。

L5 层为体系综合评估,包括能力成熟度评估、综合权衡评估等,通过综合考虑效能、韧性、成本等多个维度,以更全面地理解体系。

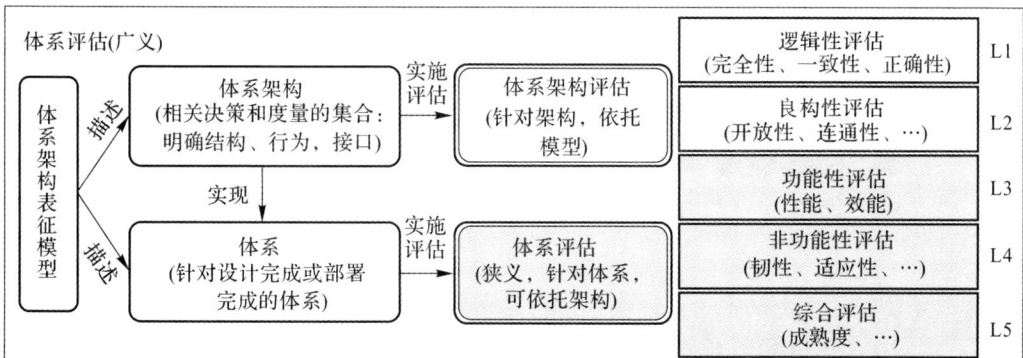

图 1-10　体系评估层级结构

本书主要对体系架构评估和体系韧性评估、杀伤链能力成熟度评估三种评估方式进行进一步介绍。

1. 体系架构评估

针对以 DoDAF 能力视角、作战视角、系统视角、数信视角等维度呈现的体系架构,从体系架构数据集成字典、体系架构视图间的显式关系、体系架构视图间的隐式关系三个层面,开展完全性、一致性和正确性等方面的评估,如图 1 - 11 所示。

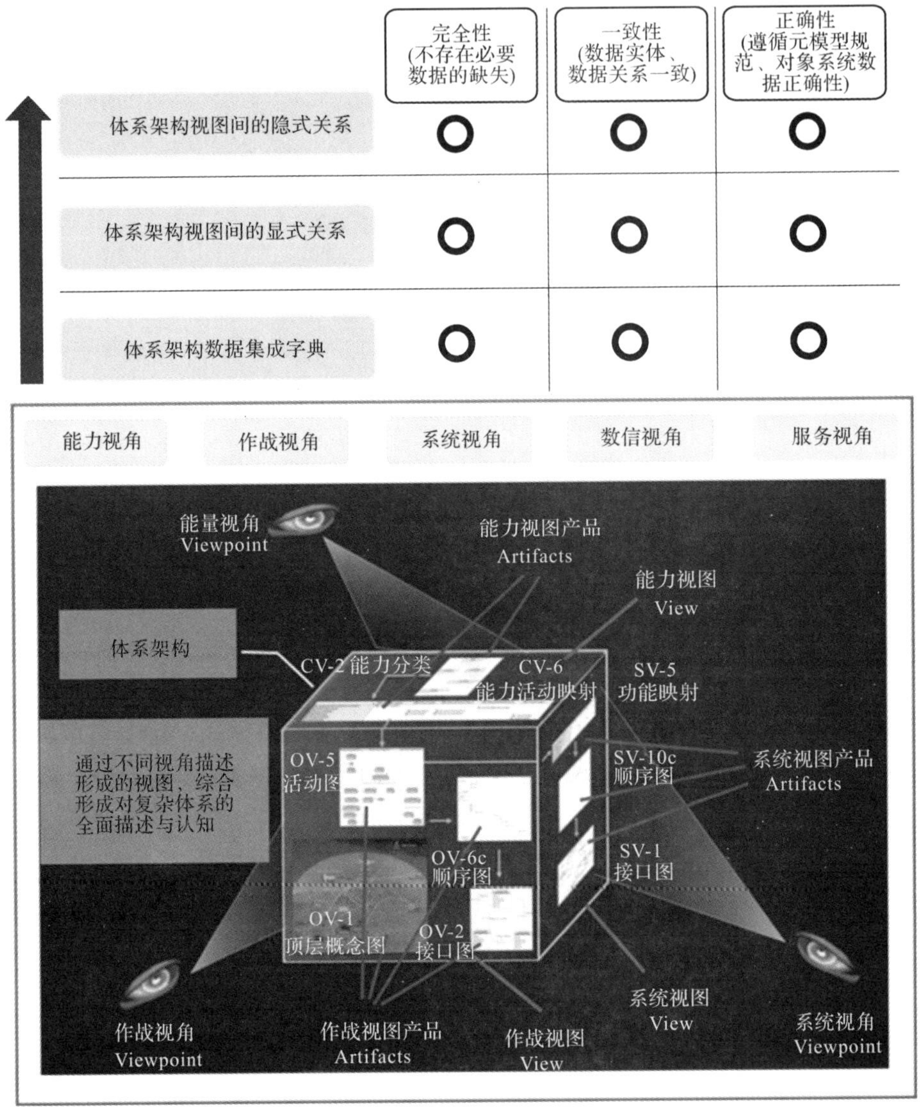

图 1 - 11 体系架构评估维度

体系架构评估开展的层级由底向上可以分为三个层次(见图 1 - 11 中从下到上的垂直维度)。第一层为体系架构数据集成字典,关注于每个视图的数据实体和关系;第二层为体系架构视图之间的显式关系,即类似能力—作战活动映射关系(CV - 6)、作战活动—系统功能可追溯矩阵(SV-5a)、作战活动—系统可追溯矩阵(SV-5b)等在 DoDAF 模型中以矩阵显式表达的关系;第三层关注于需要深度推理的体系架构视图间的隐式关系,例如,系统功能描述(SV-4)中的系统功能是否能正确支持能力分类(CV-2)中的能力,或作战活动模型(OV-5b)、作战规则模型(OV-6a)和事件跟踪描述(OV-6c)之间的关系等。

从体系架构数据适当性标准的角度,可以将体系架构评估分为完全性、一致性、正确性这三个方面(见图 1-11 中从左到右的水平维度)。

完全性评估主要评价一个架构视图内部以及不同视图之间是否包含了所有必要的信息和元素,以及这些元素是否被充分描述。其目的是确保所构建的体系架构没有遗漏任何关键的部分,如系统组件、功能、接口、交互等,这些对于理解、设计和管理体系架构至关重要。体系架构视图所需要的数据由 DoDAF 元模型(DoDAF Meta Model,DM2)确定。DoDAF 每个视图都有自己的元模型,元模型规范了各视图所需的数据实体及其关系。完全性正是以元模型为基础展开评估的。例如,如果作战活动模型(OV-5b)中的一个作战活动与所有其他活动之间没有信息交互,那么这个作战活动很可能缺少对象流或控制流。

一致性评估主要关注视图中的各个元素及其之间的关系是否相互吻合,没有矛盾,或者说一个架构视图内部以及不同视图之间是否存在实体不一致和关系不一致的情况。其目的是保证不同视图之间的信息是一致的,避免由于信息冲突导致的误解和错误决策。实体一致性意味着在同一视图或不同视图中表征相同系统、功能、能力等的实体应保持一致,这在多人协同构建 DoDAF 体系架构模型时尤为重要。例如,如果一个建模者使用"搜索潜艇"来表示"搜索目标"这一活动,而另一个建模者使用"探测潜艇",就会造成该模型的实体不一致,可能导致模型合并和架构数据生成时的混淆。关系一致性要求同一对数据实体之间不存在矛盾的关系。DoDAF 元模型中有四种关联关系,见表 1-7,这些关系是不可逆的。例如,雷达系统对一个 AN/SPY-6 雷达不能同时具有超子关系和子超关系,否则存在互相矛盾,即为关系不一致。

表 1-7　DM2 关系类型

关系名称	含　义	描　述	举　例
typeInstance	类型—实例关系	表示一个通用类型与其具体实例之间的关系	一个"雷达系统"的类型与一个特定的"AN/SPY-6 雷达"实例之间的关系
superSubType	超子类型关系	表示一种类型的层次结构,其中一个类型(子类型)是另一个类型(超类型)的特殊化或具体化	"传感器"作为超类型与"雷达"作为子类型之间的关系
beforeAfter	前后关系	表示两个活动或事件在时间上的顺序关系,一个事件发生在另一个事件之前或之后	在作战序列中,"任务规划"活动在"任务执行"活动之前
wholePart	整体部分关系	表示一个整体与其构成部分之间的关系	一个"海军编队"作为整体与其组成的"舰艇"作为部分之间的关系

正确性评估主要核验视图模型的数据实体及关系是否与元模型规范存在除了完全性和一致性要求的冲突。另一个重要的方面关注的是视图中的数据是否准确无误,是否符合事实和规则。正确性评估的目的是确保模型中的信息真实反映了现实世界中的体系架构,避免由于错误信息导致的错误分析和设计。例如,若雷达探测范围的设置为 100 000 km,这明显是不合理的,则可能是输入错误或模型构建者对雷达性能理解不准确。这种情况需要修正数据,以确保模型的真实性和可靠性。

目前的完全性、一致性和正确性评估方法仍存在很大的不足,因此提出一种新的基于知识图谱(Knowledge Graph,KG)的体系架构评估方法。知识图谱作为一种庞大的语义网络,其在两个方面展现出独特的优势:首先,知识图谱的内在逻辑与体系架构视图的底层元模型之间存在着高度的相通性,这为两者之间的融合与互操作提供了理论基础;其次,知识图谱所具备的强大语义推理功能,使其能够深入分析体系架构数据中的复杂关系和潜在逻辑,从而为体系架构评估提供更为精准和全面的支持。

2.体系韧性评估

韧性是"Resilience"的中译词,国内也有学者将其译成恢复力、弹性。1973 年,加拿大生态学家 C. S. Holling 第一次将韧性的概念引入生态系统研究中,他把韧性描述为生态系统对于变化吸收的能力。此后 40 年中,科学家进行了大量的实例研究,韧性的定义得到了极大的丰富和发展。特别在军事系统中,韧性具有极为重要的应用。Pflanz 等人根据指挥控制系统的架构提出了韧性的三个相关属性:容量、容忍度和灵活度,然后给出每个属性的度量方法,最后将这些度量方法整合为一个评价指标,用于分析军事指挥控制系统的韧性。Czarnecki 等人介绍了军事系统中柔性下降(Graceful Degradation)的概念,并探讨了其与韧性之间的关系。

综合前人关于韧性的定义,从功能方面可以总结韧性的一般定义:韧性是衡量体系鲁棒性、抵抗性和恢复性的能力。结合韧性的一般定义,从系统应对干扰的韧性过程出发,可以总结出体系韧性的特点。系统应对干扰经历了两个阶段,一是效能退化阶段,二是效能恢复阶段。大致表现为以下几种状态:①正常情况下,系统维持初始状态稳定;②某时刻遭遇干扰,系统效能会下降;③干扰结束时或结束后,系统效能将降至最低;④经过修复、替代或重组,系统效能会逐步回升,并恢复至稳定状态。整个韧性过程由干扰和恢复措施两个因素触发,干扰是使系统效能下降的扰动或冲击,恢复措施是使系统效能恢复的手段或相关操作,例如修复受损组件或通过其他组件补偿系统效能。上升到体系层面,干扰是导致体系或组件系统不能正常完成某些任务或活动的各种内外部因素;恢复措施是减轻干扰对体系造成不良影响的策略或应急计划。军事背景下,Goerger 认为韧性是作战体系预测、吸收、抵抗自然干扰或敌军打击并进行响应的同时恢复效能的能力。除此之外,美国国防部(Department of Defense,DoD)在定义韧性时还提出广泛适用性,以表达装备体系在不同环境下运作的韧性需求。

综上所述,目前学者对韧性存在以下两点共识:①韧性是抵御、应对干扰并从干扰或打击中恢复的一种能力,而不是状态或结果;②韧性强调的是面对干扰的适应性而不是稳定性。

现有的韧性评估方法主要划分为四类,分别是基于专家经验的评估方法、基于网络拓扑结构的韧性评估方法、基于 Agent 仿真模型的韧性评估方法和基于参数模型的韧性评估方法。

基于专家经验的韧性评估方法通常是针对韧性特征提出问题集,根据专家的经验给出评分,获得相关数据或指标因子,并以一定方法聚合得到韧性指标;或根据专家认知,制定分析韧性的步骤、原则或变量,提出韧性评估的基本框架和原则,采用专家打分法、德尔菲法、层次分析法等对体系进行宏观角度的评估。采用层次分析法评估城市抗震韧性流程图如图 1 − 12 所示。

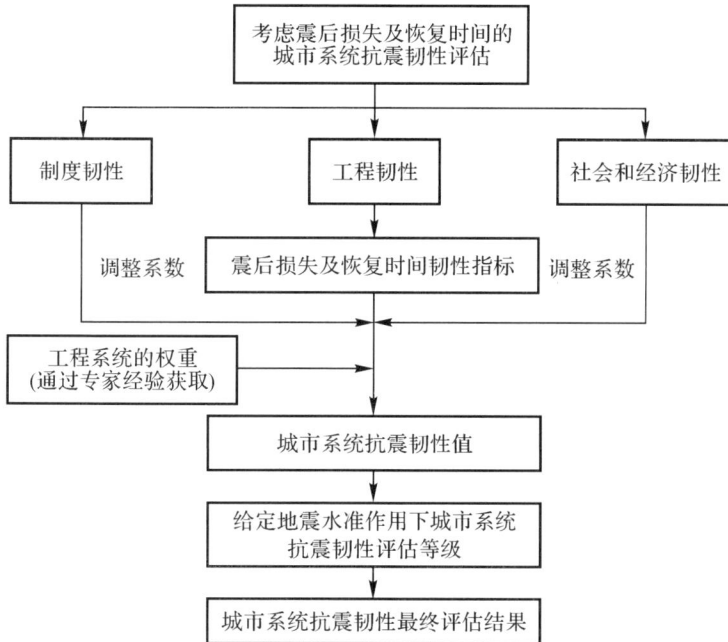

图 1 − 12 采用层次分析法评估城市抗震韧性流程图

基于网络拓扑结构的韧性评估方法建立在网络模型之上,可以实现从现实体系到复杂网络的直接映射,主要分析网络节点或边收到干扰时网络拓扑保持连通的能力。崔琼等人制定任务接替和节点修复两种机制来应对指挥信息系统网络级联失效,建立负载分配模型和节点修复模型,以维持性、鲁棒性和适应性作为韧性指标,定义各指标的度量函数,基于幂率可调无标度网络生成方法,计算不同模型参数下的网络韧性。基于网络拓扑结构的韧性评估方法如图 1 − 13 所示,相关统计参数见表 1 − 8。

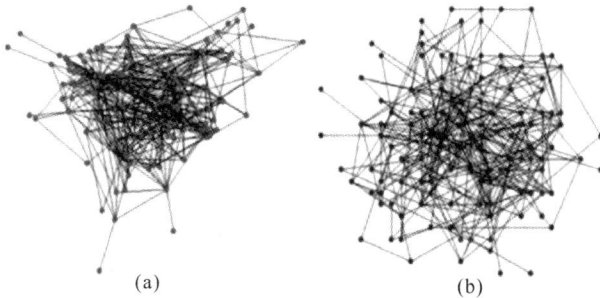

图 1 − 13 基于网络拓扑结构的韧性评估方法
(a)网络结构 G_1; (b)网络结构 G_2

表 1-8　基于网络拓扑结构的韧性评估方法相关统计参数

统计参数	G_1	G_2
节点数	150	150
连边数	900	900
平均度	6	6
接近中心度	9.346	21.055
介数中心度	0.963	1.184
平均路长	2.591	2.801
聚集系数	0.279	0.093

　　基于 Agent 仿真模型的韧性评估采用(Agent-Based Modeling,ABM)方法建立评估对象的仿真模型,在模型中填充详细规则来约束 Agent 的行为,以自底向上的方式模拟 Agent 的微观活动以及 Agent 之间的复杂交互,对 Agent 施加干扰并跟踪 Agent 行为以及相关属性的变化来分析评估对象的韧性。Sun 等人提出基于 Agent 的电力供应系统及其服务社区抗震能力的评估框架,以脆弱性、恢复性作为韧性指标,定义指标度量函数,评估不同的地震场景、模型参数、电力调度策略对电力供应系统及其服务社区抗震能力的影响。基于 Agent 仿真模型的电网韧性评估结果如图 1-14 所示。

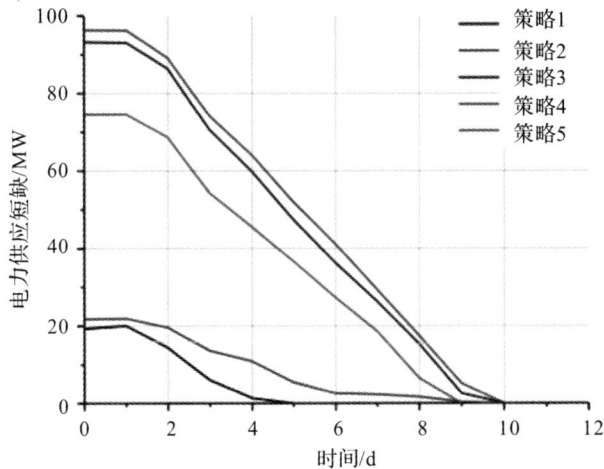

图 1-14　基于 Agent 仿真模型的电网韧性评估结果

　　基于参数模型的韧性评估通过分析影响韧性各功能要素、指标要素等的关联,建立以各要素间关联关系为核心的模型,利用解析方程量化某要素发生变化对其他关联要素或研究对象整体的影响。Garvey 等人提出功能依赖网络分析方法,用图论网络模型描述实体间的复杂依赖关系,分析某系统失效对其他系统效能引起的连锁反应,为韧性分析建立基础。基于参数模型的韧性评估实例如图 1-15 所示。

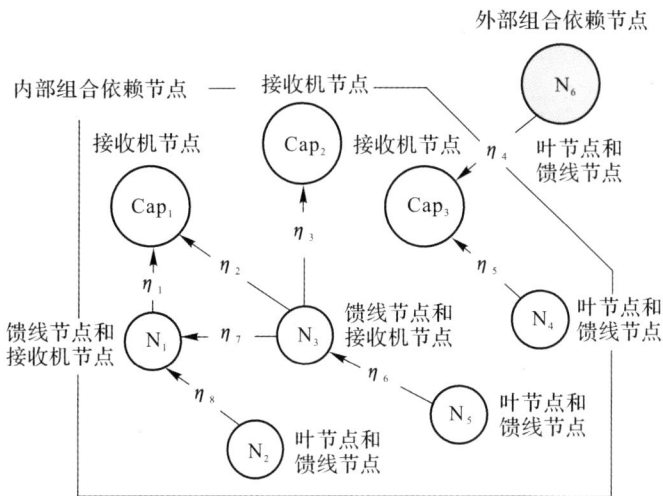

图 1-15 基于参数模型的韧性评估实例

目前对韧性的研究大多是在概念层面的,在如何量化评估韧性这一方面研究还尚未成熟。此外,现有的韧性研究和评估方法大部分是针对单个系统的,分析过程比较简单。对体系这种由多个系统构成的复杂系统来说,现有的理论与方法存在某些缺陷和不足,仍然难以给出较全面的韧性分析结果。对未来作战体系来说,其韧性研究应重点落在体系状态与作战态势感知、体系状态改变对作战任务影响分析、快速响应任务再规划、体系结构自适应与柔性重组能力上。研究方法应由静态分析法向基于网络结构分析等智能学习方法靠拢,使评估效果体现出动态、整体、对抗等特征。

3.杀伤链能力成熟度评估

杀伤链建设是作战体系建设的重要内容,是落实备战要求的关键抓手。随着技术进步和威胁变化,需要构建明确、量化的衡量标准,完成对作战体系发展水平的综合评估。从杀伤链成熟度角度对作战体系进行评估,意味着从事物的发展演化趋势上去看待作战体系实现水平。作战体系能力通过构建在其基础之上运转的杀伤链实现,因此对体系能力的评估可通过其支持的杀伤链发展状态进行综合得出。基于杀伤链能力成熟度出发,构想基于成熟度模型的杀伤网能力评价体系,更偏重于可验证条件下呈现的体系能力,是一种新的思路。

成熟度技术以定性或定量的方式准确界定人或事物某一典型特性在某一特定阶段的发展状态,并判定其对最终发展目标的满足程度,是对人或事物该典型特性进行描述与评估的一种较好的方式与方法。

美国航空航天局科学家 Sadin 在 20 世纪 70 年代提出了技术成熟度等级(Technology Readiness Level,TRL)的概念,随后对航天飞机、探测器等空间项目的技术成熟度进行了评价。1995 年,美国航空航天局发布了技术成熟度白皮书,将技术的整个发展过程划分为九个阶段。每个阶段均以定性语言描述了技术的当前状态,从而形成了技术成熟度等级模型。

美国政府将技术成熟度评价视为重要的审计工具,也将其作为参照系来制定国防项目的发展规划、对项目进行评价和审查、管理项目阶段性计划。当前我国也广泛地将技术成熟度和系统成熟度等理论应用于技术探索、论证、应用和验证等多个环节中,为技术的发展建设提供决策依据,更有效地评估技术发展的阶段,降低技术研发投入的风险。

后来的系统成熟度、体系成熟度等等级模型大多源自技术成熟度的等级模型,但根据不同的对象特征和业务需求,等级模型定界依据关注的重点不一样。例如,2021年发布的《军用软件能力成熟度模型》(GJB 5000B—2021)通过履行一系列的关键过程域中的关键实践来达到改进软件过程的目的。该标准规定了军用软件能力成熟度的模型和军用软件论证、研制、试验和维护活动中的相关实践,适用于军用软件论证、研制、试验和维护能力的评价和过程改进。北约(NATO)指控研究团队提出的指控成熟度模型,关注指控系统能识别不同指控方法对情况的适合程度,以及在指控方法间转换的能力。体系成熟度更关注体系中各成员为适应任务和环境的变化,使用和切换自身运行时融合模式的能力。

本书提出的基于成熟度模型的体系评估同样从评估对象特性出发,更关注在体系支撑下杀伤链的闭合程度和杀伤链动态构建的能力。评估作战体系优劣的标准在于其能够通过一系列可实现的动作,满足一定范围内的作战任务需求的程度。描述这个标准,需要分为三个阶段完成:第一阶段,根据作战任务需求,分析单个需求所对应的一系列可实现的动作,即为杀伤链概念模型;第二阶段,分析识别作战体系中可形成的杀伤链,对杀伤链的集成状态、闭合能力进行评估;第三阶段,根据成熟度评估准则,结合杀伤链的验证方法等要素,完成体系能力综合评估。

1.3.2 体系评估的难点问题

随着作战体系的发展,对抗环境越来越复杂、体系要素越来越丰富、体系评估的视角和维度越来越多,传统的体系评估方法已难以满足当前体系评估的新要求,具体问题如下。

一是当前体系架构评估严重依赖人工经验,难以应对复杂体系的评估。体系架构评估方法以基于模型转换的方法为主流,核心理念是将基于体系架构框架的体系架构模型转换为其他表征方式(如Petri网、ExtendSim、进程树等),从而基于新的"媒介"表征模型进行评估。然而,目前体系架构模型和"媒介"模型之间的转换存在三大方面的问题:①仅选取单一视角的体系架构模型进行转换(如作战活动模型),导致被评估的体系架构信息不全面;②体系架构模型和"媒介"模型的底层逻辑不同,使得转换过程依赖规则和人工转换,转换过程烦琐且架构数据易丢失;③转换过程通常基于具体对象体系的某个模型(如某反潜作战体系作战活动模型)直接建立转换规则,缺少通用的底层转换机制,导致转换规则复用困难,无法实现自动转换。这些问题导致体系架构评估过程烦琐、信息不全、通用化困难。因此,提出与体系架构模型具有高度语义相似性的知识图谱方法,从体系架构元模型的约束和规范出发,建立从体系架构模型到知识图谱的全面自动转换机制和推理算法,以实现全面、快速、准确的复杂体系架构评估。

二是随着"云—边—端"通信架构与智能动态要素的接入,对即时高效评估体系韧性提出更高要求,亟需挖掘韧性关键要素以支持评估和决策。传统作战中参与装备相对固定,而基于"云—边—端"体系的作战云虽然极大地提高了系统的作战能力,但由于其将所有军兵种的交互都转移到了互联网上协同控制,对于实时决策能力具有更高要求,往往会产生资源互发现互操作问题、动态作战能力问题、多对多服务协调调度问题。因此,需要提前挖掘体系韧性关键要素,实现决策"降维",提高评估与决策效率。

三是作战体系动态性日益增强,尚未形成明确、量化的衡量标准和评估方法,亟需从杀伤链能力成熟度角度观察体系发展状态,提出定量与定性相结合的评估方法。杀伤链反映了作战体系中周期性的、重复性的最短行动周期,是体系作战能力的外在表征,是作战体系发展水平评估的关键依据。杀伤链随着信息化、智能化等技术的高速进步,呈现出强调节点通联与信息共享、动态形成行动链路、链间交互日渐增强等趋势。因此,需要从杀伤链的贯通能力、闭合能力和由网成链能力等多个方向构建基于成熟度模型的体系评估方法。

本书后续各章围绕面向任务的体系能力需求生成、基于软件定义的体系动态构建、基于知识图谱的体系架构评估、基于复杂网络的作战体系韧性评估、杀伤链能力成熟度评估介绍一些相关的方法和技术。

第2章　面向任务的体系能力需求生成

需求牵引是武器装备发展的两大动力之一。装备体系需求论证是军事人员与工程技术人员沟通的桥梁,是宏观军事需求向微观技术指标映射的有效途径,在武器装备发展中起着导向、牵引、检验和增益作用。武器装备体系的建设具有整体性和渐进性,且体系中各装备的研制过程具有相关性。由于存在未来作战环境的不确定性、武器装备体系复杂性、确定武器装备体系需求问题边界的模糊性以及需求分析过程和方法的不完备性等,使得武器装备体系需求论证问题更具复杂性。因此,需要重视整体设计,在方法、技术上进行创新,逐步建立规范化分析流程和方法,及时响应各种复杂条件下的需求变化,以找准需求、分析需求、最终实现需求。当前,以美军"基于能力"的装备体系需求生成理论最具代表性,其以基于能力的思想为中心,构建了"任务使命—能力差距—装备/非装备解决方案—方案评估"的"自上而下"成系统的需求生成方法。

2.1　作战任务需求生成方法

本节聚焦作战任务需求的分解映射,得到量化的作战任务清单;采用基于元活动的方法,实现作战任务到作战活动的逐层分解,形成"作战任务—作战活动—作战元活动"的层次结构;基于图形化语言和形式化语言描述方法对装备系统主要作战活动及作战活动间信息流动进行描述,明确各作战活动的时序关系,为作战能力指标体系构建提供输入。

2.1.1　作战任务清单生成方法

面向使命的作战任务分析,目的是解决如何将使命细化为任务的问题,根据联合作战体系使命分析情况,包括使命的指导思想、使命的力量描述、使命的背景环境、使命的行动支持类型等,按照"顶层设计、底层集成"的总体思路,参考兰德公司战略到战术矩阵图(STT)方法,对国家战略—军事战略—战役目的—战术目的—交战目的—作战单元/系统的层次体系进行逐层分解,将打击目标进行优先级排序,并且遵循优先目标享受优先资源的原则,达到将高层的战略指导落实到部队具体作战行动中的目的,实现了将复杂问题变成线性问题、不确定性问题变成确定问题的求解过程。在不考虑国家战略、军事战略的制定与调整的前提下,以构设的典型作战场景中的战役目的为输入,针对敌方参战兵力和可能行动,围绕作战进程梳理红方担负的作战任务,分析典型场景下的各类具体作战任务、任务主体、任务条件和任务规划等,并梳理形成任务清单。

下面以美军穿透性制空作战中卫星侦察需求为例介绍作战任务需求分析过程。

第1步:明确问题。例如"空中进攻作战",这是战役目标,也是整个分析的出发点。将战役目标分解为次一级的作战目标,例如通过空中进攻作战要达成的作战目标包括"夺取制空权"与"支援地面作战"。

第 2 步:分析为达成作战目标需要执行的作战任务以及完成这些任务的途径。例如,为了达成夺取制空权的作战目标,需要压制敌方防空火力及空军基地,防空火力最重要的是地空导弹,可以用空中编队突击,空军基地则用巡航导弹攻击比较合适。

第 3 步:分析每个作战任务的作战过程及作战活动。一般来说,每个作战任务都可以划分为若干个阶段,如准备、决策、实施、评估等。在每个阶段,每个作战单元都要执行不同的作战活动。

第 4 步:分析每个作战活动的卫星侦察需求,由于每个作战活动的主体、作战对象及目的都是明确的,可以从中得到具体的信息需求,根据这些信息需求及卫星侦察的特点,判断适合由卫星侦察提供的信息,得到卫星侦察需求。

穿透性制空作战任务需求的 STT 分析过程如图 2-1 所示。

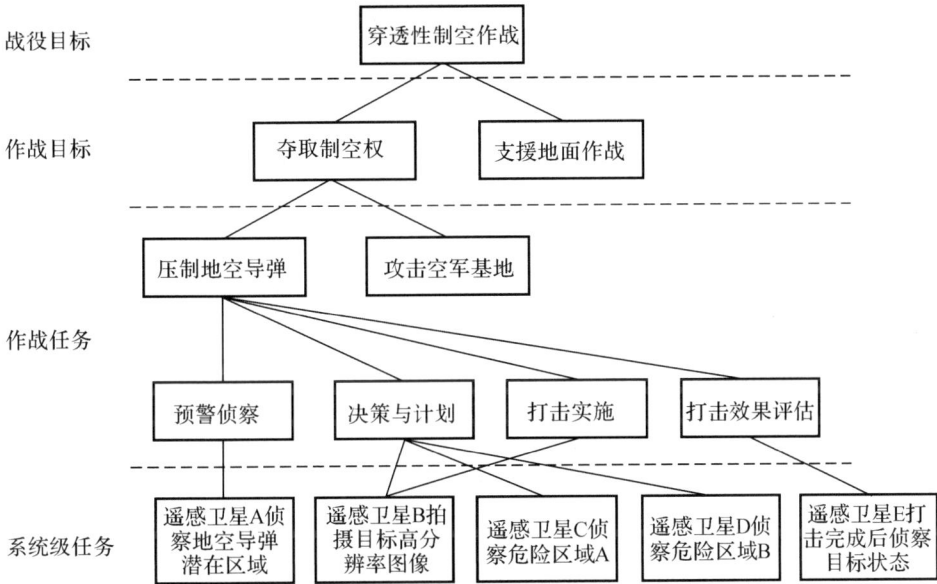

图 2-1　穿透性制空作战任务需求的 STT 分析过程

2.1.2　基于元活动作战任务分解方法

1.元活动的概念内涵

目前,常用子任务、元任务、原任务等概念代表作战活动分解得到的最小单元。有文献提出的元活动的概念,与其他划分手段得到的子任务、元任务、原任务不同的是,元活动不受作战平台单元所限,它是面向能力的任务元,每一个元活动都与具体的能力需求相关联,它是能力指标与作战任务在微观层面上的连接点。

作战活动是指在作战过程中,由作战实体履行的具有一定目的的作战行为及动作。元活动是对作战活动的进一步细分,是指在作战活动过程中具有原子性事务处理性质的作战活动,这种活动是抽象的,是作战计划中与能力对应关系相对固定、能够实现一定作战目标或者达到一定目的,相对独立、互不包含的最小活动单元,即与能力相关的活动。对作战活动进行分解时,若一个活动节点发现不止有一个能力支撑的时候,必须对该活动进行再次分解,直至分解到一个元活动对应着一个能力为止。

按照发生情境不同,元活动可以分为两类,即基础元活动和条件元活动。基础元活动是指即使在不同时期对应着不同的武器装备,可以在不同的作战使命任务下是相对固定不多变的一类元活动,它们有比较固定的活动衡量尺度与执行标准,目标稳像、态势显示、信息传输(以带宽/数据传输率为指标)、指令下达等元活动便属于基础元活动,它们的执行标准不因军事环境与作战对象的变化而变化。在使命任务需求到作战活动需求的分析过程中,基础元活动执行水平是作战活动发生前就可以确定的。条件元活动是指在不同作战使命任务条件下,衡量尺度基本固定,而执行标准随着作战环境、使命要求而不断变化的一类元活动。它们是最能体现使命任务需求的一类元活动。目标侦察、目标识别、目标定位、目标观瞄、空中侦察是必须依赖任务执行标准才能确定其执行水平的元活动,所以它们被归为条件元活动。

按照功能作用不同,元活动可以分为三类,包括延续型元活动、动作型元活动和特殊型元活动。延续型元活动是指体系作战中长时间保持在一种状态的活动,如导弹一级飞行活动;动作型元活动是指听令执行,以一定操作动作促使体系作战达到某种期望状态或达到一定作战目的的活动,如母舱释放弹头、干扰机;特殊型元活动是指在特殊条件下才能出现的体系作战活动,如具备智能化作战能力的条件下所实施的作战动作。

2.基于元活动的作战任务分解

作战任务分解的方法和手段有很多,包括目标分解、行动分解和功能分解等,笔者结合元活动概念以及功能分解思想,对作战任务进行逐级分解,采用单一能力最小粒度原则对作战活动进行检验,确认该作战活动是否为与能力指标直接映射的元活动,从而实现对武器装备体系能力需求指标的匹配。

采用层次分解策略对作战任务进行分解,主要思想描述如下:根据能力划分结构对作战任务构建分解层次模型,与能力需求指标体系的层次模型类似,作战任务也具有与每一层能力指标对应的任务分解层次。能力对应为作战任务层,子能力层对应为作战活动层,能力指标层对应为元活动层(作战节点执行某一元活动可以实现某一种能力,而元活动度量尺度就是能力指标,执行水平就是对能力指标的要求)。作战任务层次分解示意图如图2-2所示。

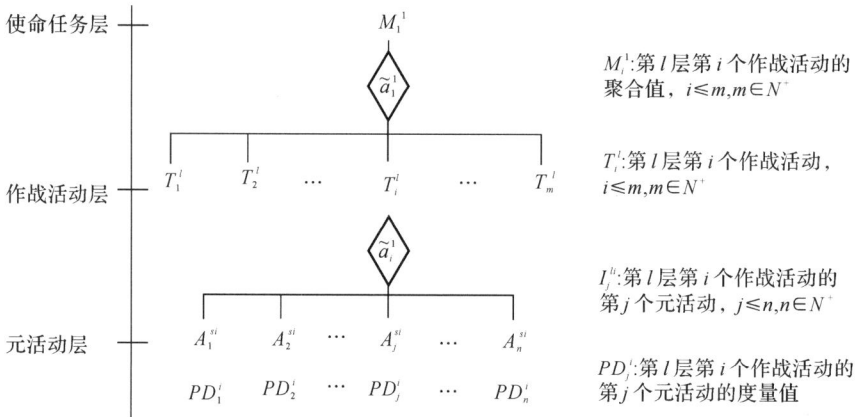

图2-2 作战任务层次分解示意图

层次分解策略可实现对作战任务的任意粒度分解,而分解粒度究竟为多大是由分解目的决定的。本章进行作战任务分解的目的在于探索作战活动与能力指标之间合适的匹配方式,力求找到作战活动与能力指标之间的一一映射关系,从而为能力需求生成打下基础。为此,针对作战任务分解过程,提出控制分解粒度的单一能力最小粒度原则。

单一能力最小粒度原则的基本思路:能力为体系的固有静态属性,可以通过对武器装备体系结构进行分析,获得能力需求指标体系。将能力层与作战任务相对应,一级子能力层与一级作战任务相对应,二级能力层与二级作战活动相对应,……依此类推。当且仅当某作战活动实现该作战活动只对应一个能力指标时,则该作战活动为作战任务分解的最终结果——元活动。

从单一能力最小粒度原则中,可以解读出如下含义。

①若某作战活动仅与一个底层能力指标相对应,则该作战活动为元活动;

②非元活动的作战活动可以与多个能力指标相对应;

③允许出现一至多个能力指标对应不同的作战活动(含元活动)。

3.元活动方法优劣势分析

基于元活动的作战任务分解方法的优点在于在一定程度上解决了现有任务到能力分解难以量化的问题,改变了关联矩阵、影响图分析任务与能力之间关系的单一模式,提出面向能力的元活动概念,将能力"封装"进元活动,支撑元活动执行水平到能力指标需求之间的转化。

基于元活动的作战任务分解方法的缺点在于元活动分解过程依赖于有经验的作战指挥员,他们熟悉作战理论相关知识,分解得到的元活动序列会更符合作战实际。本章仅是提供一种分解元活动、求解能力的思路,方法的科学性和合理性还有待实践的检验和优化。

2.1.3　元活动序列表述方法

将武器装备的任务分解为活动或活动步骤,活动再分为元活动,进而得到武器装备使命任务的元活动库。任一元活动都包含前驱、后驱,它们作为输入源和输出源,使不同的元活动可以彼此相联,因此,看似分散的元活动其实是紧密联系的。以元活动作为节点,以元活动之间的关系作为边,可以构成元活动序列。元活动序列直观地表示出若干元活动之间的先后关系、因果关系甚至是时序关系。元活动是作战活动的原子成分,由作战任务分解出来,因此一个元活动序列可以看作是一项作战活动或者作战任务,是作战任务的"解剖图"。元活动与能力需求指标之间存在映射关系,通过构建元活动序列,可以梳理并筛选出作战任务所需要的能力,从而为能力需求分析打下基础。本节中,元活动序列可以用图形化语言和形式化语言进行描述。

对于过程建模,国内外通过使用的比较著名的过程定义方法有 IDEFx 系列、UML 等。对过程进行描述的主要是 IDEF0 和 IDEF3。IDEF3 方法是一套结构化的规程,用它可以使领域专家对其熟悉的过程或系统的运行清楚确切地描述出来。IDEF0 方法通常用来结构化分析和描述系统的功能活动及其联系。但由于 IDEF0 不能反映过程流,IDEF3 不能反映信息流,所以在继承 IDEF0 和 IDEF3 各自优点的基础上,采用面向能力的过程分析图(Capability request Oriented Process & Information Flow Graphics,COPIFG)。COPIFG

可以规范描述、分析装备体系作战活动,并且加入了活动的能力需求属性,能够为面向任务的能力需求生成过程提供依据。

1.构建 COPIFG 遵循的原则

(1)准确严密性:应能准确、严密地表示出整装备体系作战过程的作战活动及相互关系,以及与作战活动相关的各类信息和作战能力。

(2)自顶向下的递阶分解特性:在构建装备体系的信息流图时,一般对作战活动先进行粗略的划分,然后根据活动特点再进行进一步细化。该方法具有可递阶分解的结构化建模功能。

(3)显示信息数据的流动:作战活动间信息的流动代表了活动间的相互影响关系,因此信息流图必须清晰、显式地表示出信息的流动状况。

(4)规范性:信息流图中作战活动及作战能力的描述应尽量遵循上述规范,使用专业词汇进行表示,必要时进行解释说明。

(5)易用性:构建的信息流图应易于被人理解和掌握,并且可以方便地转换为计算机理解的规则,从而提高利用效率。

2.COPIFG 基本内容

元活动分析过程对元活动各个阶段进行建模分析,确定任务的元活动组成,研究元活动分析过程中的活动、目标和支持活动实现目标的能力需求之间的关系。元活动分析时按照流程分阶段进行,活动之间的输入、输出用七种关系表示:顺序关系、并行关系、条件关系、并发关系、或关系、与关系以及迭代关系。其主要目的是确定在各阶段完成活动所需要的能力需求。COPIFG 的组成元素包括活动、流、分流器、合流器和详细说明符。元活动序列示意图如图 2-3 所示。

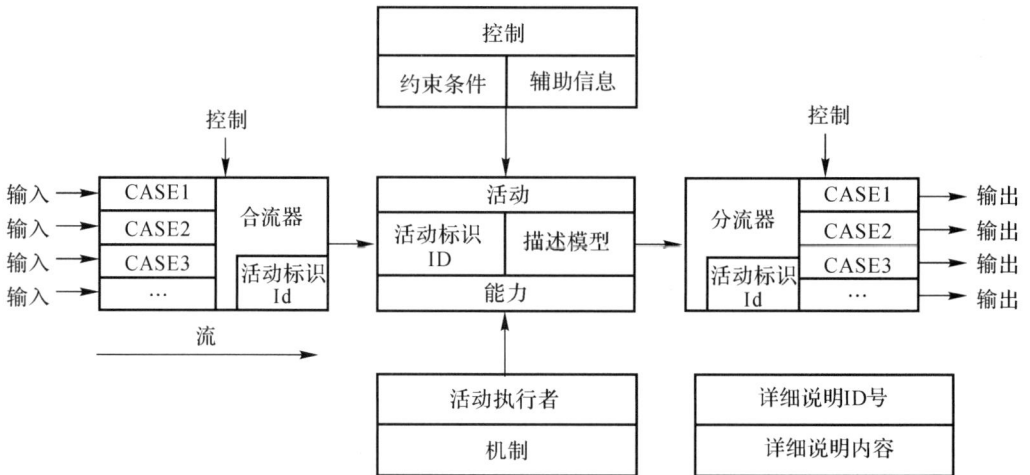

图 2-3　元活动序列示意图

元活动是 COPIFG 的核心,它包括输入、输出、控制和机制以及元活动本身的描述。输入指的是为了完成某项活动所需要的输入数据,一般指元活动的前置条件,是元活动分析过程中前一阶段分析的结果。输出指的是执行元活动时产生的数据,一般指元活动的后置条件,这是元活动分析过程中每个元活动结束产生的结果。元活动本身的描述包括活动标识(ID)和活动类型(Action - Kind)。元活动类型有四种:定性分析、定量分析、定性为主定量为辅、定量为主定性为辅。元活动的类型某种程度上决定着活动输出的形式。在 COPIFG 对元活动的描述中增加了元活动所对应的能力,这种设计使能力需求、元活动、领域专家有机联系在一起,便于对每一项元活动执行所需要的能力需求进行匹配。

流反映了元活动间信息的流动,可分为输入流、输出流、控制流和机制流。流的分类是相对的,一个流对一个活动来说是输出流,但对另一个元活动来说又可以是输入流、控制流和机制流。输入、输出流体现了活动的先后顺序,从而也实现了对元活动过程的描述,另外流也反映出活动分析过程中各个元活动之间的关联关系。

分流器是一个根据预先设定的规则进行条件判断的“装置”,根据外部状态、输入数据等情况判断哪些信息传递给下游的哪些活动。分流器用一个带唯一标识号的方盒表示。其左、右和上三边分别对应输入、输出和控制端口。控制端口接收外部控制流,与输入流数据共同作为分流条件判断的决策依据。外部控制流为特殊情况下对流程进行人为干预提供手段。分流规则是分流器的核心,不同的输入数据有不同的输出目的地。分流器与下游活动的关系主要有或关系、与关系和迭代关系。分流器反映了任务分析过程中相连活动之间的逻辑关系。

合流器与分流器类似,是一个根据预先设定的规则进行数据综合的“装置”,根据外部状态、输入数据等情况将各输入信息进行综合以传递给下游的活动。合流器的表示与分流器类似,其中控制端口接收外部控制流,外部控制流对综合输入信息的原则,合流条件的形式也是复杂多样的,这一点与分流条件类似。合流器与上游活动的关系主要有或关系、和关系和迭代关系。合流器的输入是上游活动的输出。

详细说明符用于对比分析复杂的元活动、分流器、合流器、流进行详细说明。对于具有 ID 号的图形元素,如元活动、分流器,详细说明 ID 与被说明图形元素的 OD 相同;对于没有 ID 号的图形元素,如流,则详细说明 ID 可以为空,但详细说明符图形必须紧靠被说明图形,以明确两者之间的关系,不至于被错误理解。

COPIFG 在描述活动时是一种严格的自顶向下、自前至后的递进分解结构。活动分解树中的每个非叶子结点为可分解活动,并对应一种 COPIFG,该图是对该分析过程的详细分解,COPIFG 的构建可以按照任务、子任务、活动、元活动等的层次结构进行构建。一般将所有的内容全部绘制在一张图中,会使 COPIFG 过于复杂,因此可以采取分层绘制或者添加辅助图的办法。辅助 COPIFG 将复杂 COPIFG 中的相对独立的流程和活动“封装”为一个辅助活动,该活动在绘制方法上与其他活动并无不同,这样可以简化图面,使 COPIFG 易于被人们理解。

本节重点围绕元活动进行 COPIFG 构建,通过对活动分解为元活动的各个过程进行建模描述,可以给出各元活动对应的能力需求,进而确定各领域专家对应的元活动集及能力需求集,将各个阶段的能力指标集综合集成,得到面向任务的能力需求。

除上述图形化语言外,亦可采用形式化语言对元活动序列进行描述。形式化语言使用元活动编号表示元活动。元活动编号是将元活动按照元活动的分类进行统一编号,其中,A 表示基础元活动,B 表示条件元活动,“→”表示元活动之间串行的关系,“(…,…)”表示元活动之间为并行关系;用三种表达方式的组合描述元活动序列。

例如,"$A_7 \rightarrow B_{17}$"表示 A_7(指令下达)元活动执行后,B_{17}(主战突击)开始执行,"$(B_3,B_4) \rightarrow (A_4,A_5)$"表示 B_3(目标定位),B_4(目标观瞄)并发执行,执行结束后,A_4(目标跟踪),A_5(威胁判定)并发执行。

上述元活动序列用形式化语言可以表述如下:

$$A_7 \rightarrow B_{17} \rightarrow (B_3,B_4) \rightarrow (A_4,A_5) \rightarrow B_{15} \rightarrow B_8$$

2.2　体系能力需求生成方法

本节分析支撑作战活动及作战元活动执行的能力需求及子能力需求,实现作战活动—作战能力、作战元活动—作战子能力的映射;基于规则推理方法提出作战能力与作战子能力的表征指标和需求值;采用满足度函数构建性能需求指标满足度分析模型;构建能力缺口分析模型,并针对能力差距定位现有能力提升方向,支撑提出能力需求生成方案。

2.2.1　作战能力指标生成

1.作战能力指标生成思路

针对作战任务需求向能力需求传递问题,提出一套基于作战活动的作战能力指标生成关键技术,从作战任务出发,基于作战活动将作战任务需求进行分解,建立装备体系"任务需求—作战活动—作战元活动"层次化树状结构模型,并通过作战活动与能力之间的映射规则,实现各级作战活动和各级作战能力之间的映射,从而生成装备体系作战能力及作战子能力;同时,通过设计各级作战活动的衡量尺度,即评估指标,基于等价推理规则生成表征各级作战能力的表征参数。作战需求—作战能力—作战子能力映射关系构建思路如图2-4所示。

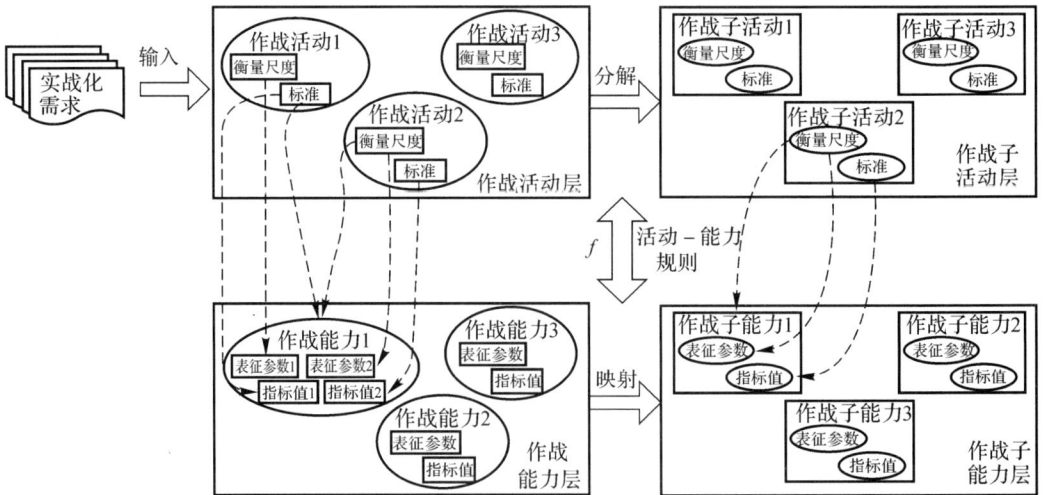

图2-4　作战需求—作战能力—作战子能力映射关系构建思路

由图2-4可知,作战活动/作战元活动可以表示如下:

$$\text{Activity}=\{\text{AC\_Name},\text{AC\_Index\_Name},\text{AC\_Index\_Value}\} \tag{2-1}$$

式中：AC_Name 代表作战活动/作战元活动名称；AC_Index_Name 代表作战活动/作战元活动衡量尺度；AC_Index_Value 代表作战活动/作战元活动衡量尺度标准值。

作战能力/作战子能力可以表示如下：

$$\text{Capability}=\{\text{CA\_Name},\text{CA\_Index\_Name},\text{CA\_Index\_Value}\} \tag{2-2}$$

式中：CA_Name 代表作战能力/作战子能力名称；CA_Index_Name 代表作战能力/作战子能力表征参数；CA_Index_Value 代表作战能力/作战子能力表征参数取值。

作战活动/作战元活动与作战能力/作战子能力之间的映射关系可以用下式表示：

$$\text{Capability}=f(\text{AC}_1,\text{AC}_2,\cdots,\text{AC}_n) \tag{2-3}$$

式中：$\text{AC}_1,\text{AC}_2,\cdots,\text{AC}_n$ 为不同作战活动/作战元活动标识；f 为作战活动—能力映射规则，即一种或多种作战活动可以由同一种作战能力进行支撑，由同一种作战能力支撑的作战活动衡量尺度可以通过等价规则推理形成该作战能力的表征参数，作战活动的衡量尺度标准值可以通过等价规则、解析规则、推理规则等转化为作战能力的表征参数指标值。

2. 作战能力指标生成思路

当一个作战活动项较具体时，实质上就是对作战活动承担者在能力上的一种约束和需求。任务需求到能力需求的转换点为作战活动执行水平到能力指标取值的转换，这种转换关系可以认为是一种映射，即为元活动—能力指标规则。国内外研究多采用活动—能力关联矩阵，或者以作战资源为连接点，考察活动对能力的贡献度，运用专家打分法将活动与能力需求矢量进行一一对应。以上泛化处理活动与能力关联关系的方法，使得个别活动执行水平未能准确传播，从而使能力需求分析的可信度降低。因为元活动种类和能力指标类型的不同，所以本书对元活动—能力映射规则分多种情况进行处理，保证了使命任务需求的丰富性与完整性，使得最终获取的能力指标需求准确性、可识别性增强。能力需求在本书中的定义可以用下式表示：

$$\text{Capability}=f(\text{ma}_{i1},\text{ma}_{j2},\cdots,\text{ma}_m) \tag{2-4}$$

式中：i,j,r,n 均属于自然数，i,j,r 为不同活动类型标识，$1,2,n$ 为某一活动下的不同元活动标识；f 为元活动 — 能力指标映射规则。

元活动—能力指标映射规则示意图如图 2-5 所示。

根据元活动和能力指标之间的作用关系，其规则 f 可分为如下几类：解析规则、推理规则、等价规则和缺省规则。

（1）解析规则

解析规则是指元活动执行水平和能力指标之间映射关系符合一定解析表达式的规则。解析规则的建立方法多样，作战研究人员基于历史数据和专家经验，通过对元活动生成能力的过程进行分析，可以利用数理函数模型（如能力生成模型、型号性能模型）、军事运筹理论、自然科学定律（如物理机械定律）等进行解析式获取，从而得到元活动和能力需求指标之间的映射关系。解析规则的优点是公式明白易懂、便于分析计算，可以对解析式变量做灵敏度分析，缺点是条件假设较多，对于作战过程中对抗因素进行了简化处理。

例如，飞行器的反探测能力与光学伪装、红外伪装、雷达伪装、高光谱伪装等元活动之间存在关联关系,与相应的能力即光学伪装能力 P_1、红外伪装能力 P_2、雷达伪装能力 P_3、高光谱伪装能力 P_4 存在以下解析规则:

$$P_{bf}=(1-P_1)(1-P_2)(1-P_3)(1-P_4) \tag{2-5}$$

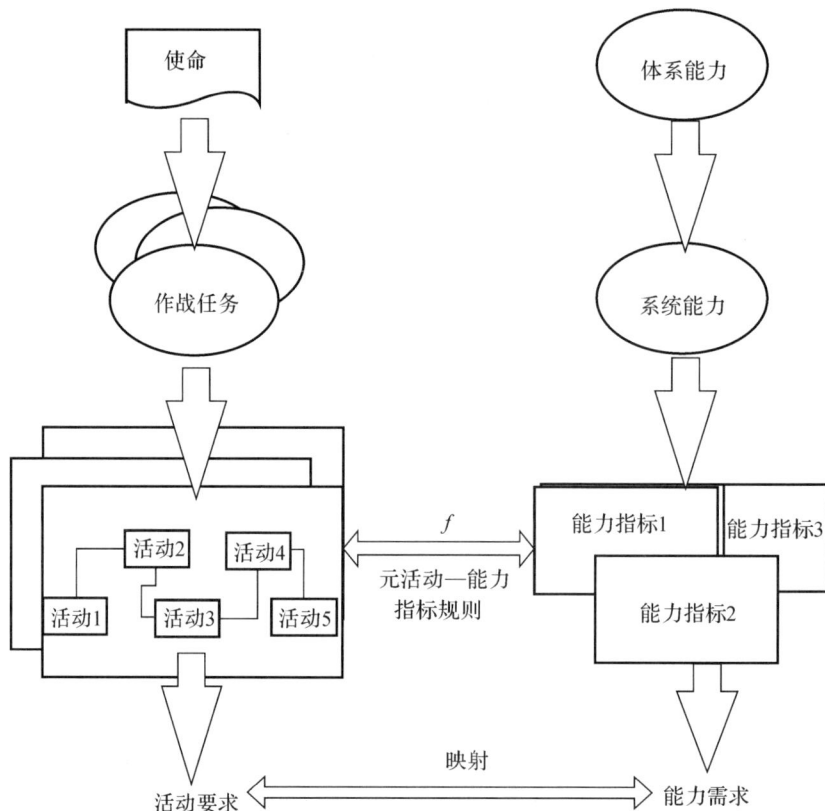

图 2-5　元活动—能力指标映射规则示意图

(2)推理规则

推理规则适用于元活动执行水平与能力指标之间无确定函数关系,只有相互影响的情况,它借助形式化的推理机制表述此类映射关系。推理规则并非精准的、定量化的表示手段,而它却可以将元活动执行水平与能力指标之间一些重要的作战规律加以体现,如因果逻辑、时序关系等,这些推理规则多根据专家经验、作战规律等知识提炼得到。推理规则的优点是较为详细地考虑影响实际作战过程的诸多因素,辅助定量分析,适用性强,缺点是受主观因素影响较大,规则描述规范难以统一。

例如,目标捕捉元活动 B_6 要求对目标进行实时捕获,动态侦察能力 C_{13} 中机动目标捕获成功率 C_{132} 与目标侦察的实时性 C_{131} 与目标捕捉元活动 B_6 之间符合如下推理规则:

①if 目标捕获元活动执行水平为实时捕获全部目标;

②then 目标捕获成功率为 100% and 目标侦察实时性为实时性;

③else if 目标捕获元活动执行水平为准实时捕获全部目标;

④then 目标捕获成功率为 100% and 目标侦察实时性为准实时性;

⑤else if 目标捕获元活动执行水平为实时捕获全部重点目标；

⑥then 目标捕获成功率为 75% and 目标侦察实时性为实时性；

⑦elseif 目标捕获元活动执行水平为准实时捕获全部重点目标；

⑧then 目标捕获成功率为 75% and 目标侦察实时性为准实时性；

⑨else 目标捕获元活动继续执行 output 执行水平。

（3）等价规则

等价规则适用于元活动执行水平与能力指标之间等价对应的情况，不需要推理和解析计算，是能力指标需求获取的最简单的一种情况，即元活动执行水平就是对某一能力指标的取值要求，呈现一一对应的等价特点。

以信息获取种类为例，信息化条件下的数字化装备体系作战，信息获取种类参考数据为 20～30 种，这既是作战任务的需求，也是对信息获取能力的直接要求，两者事实上是等价的。

（4）缺省规则

针对元活动执行水平对能力指标映射无法提取的情况，本书将能力指标值并非通过元活动执行水平而得到的规则命名为缺省规则，缺省规则并不一定导致能力需求缺省，能力需求仍可以根据战场环境、态势变化、历史经验数据等获取。此类规则多包含在基础元活动以及静态能力指标中。例如，根据作战需要，战场态势显示分辨率要达到 1 m，而无云雾遮挡情形下的卫星分辨率将会有所不同，仅仅通过态势更新元活动不能完全映射该指标的取值，它的取值是由战场环境决定的。

元活动—能力映射规则库中，存储着元活动与驱动能力之间的映射规则。某一元活动执行成功的最低能力水平为该元活动执行的临界条件。不同战役、不同想定条件下，元活动执行成功与否要求的最低能力水平不同。因此，在得到任务清单、能力清单后，结合历史数据和专家经验，可以建立该想定背景下的元活动库和元活动—能力映射规则库。

2.2.2　能力满足度分析模型

通过上文对作战任务与作战能力的映射分析，生成了能力指标的需求列表。装备系统作战能力的提升离不开其功能、性能的支撑，能力建设的目的就是满足作战需要，对武器系统进行能力需求满足度分析，可以确定相关能力是否满足完成任务的需求。从实战需求分析，飞行器通常包括投掷、突防和命中毁伤三类能力，其中投掷能力包括目标控制子能力、运载子能力和快速反应子能力等。下面将以飞行器的能力和子能力为例，对涉及的相关分析模型进行说明。

1. 系统指标满足度分析模型

满足度通常用来描述实际与期望值的差距和程度。能力满足度是指装备系统支撑能力对作战任务能力需求的满足程度。能力需求满足度分析，首先应该对表征作战能力的系统指标进行满足度分析，然后结合各层指标之间的关联关系，确定作战子能力满足度分析模型、作战能力满足度分析模型，从而实现作战能力需求满足度分析。

武器装备的系统指标规模庞大、指标数量众多，指标类型与属性也各不相同。这些指标与属性中，有些是定量的，如最小标准射程、最大标准射程等；有些是定性的，如路面质量等；

有些指标与属性的值越大越好(趋大型指标),如发现概率等;有些指标与属性的值越小越好(趋小型指标),如转换时间等;有些指标与属性的值是在某一范围内最好(区间型指标)或取某一值时最好(居中型指标),越偏离这个范围或取值则越差,一般是在一定的范围之内。

由此可见,对系统指标的建模来说,既需要考虑定量参数指标,也需要考虑定性参数指标,还需要对指标进行一致无量纲化处理。一致无量纲化处理既包括对指标的一致化处理,使得处理后各指标值对结果的作用方向相同,即把指标属性都转化为极大型或极小型;也包括在保持指标排序不变的情况下,对不同单位不同数量级的指标进行无量纲化处理,具体方法如下。

1)对于与实现作战能力有关的定性指标,采用专家评分的方式,由多个专家根据作战能力需求以及对武器系统指标的分析,给出0~1范围内的综合评分,表示装备对该项作战能力的满足程度。

2)对于有具体参数需求的定量指标,可以将作战能力需求对该项指标提出的具体要求作为理想值,根据装备在此项指标上的具体指标值,结合该定量指标的属性(极大型、极小型、区间型或居中型),进行一致无量纲化处理,得到各定量指标在0~1范围内的评分值。

本书根据需求指标的类型,选用如下两类系统指标满足度函数。

极大型指标无量纲化的标准化函数。该类型函数适用于评分值与指标实际值成比例增长的情况,其函数形式如下:

$$\mu = \begin{cases} 0, & 0 \leqslant X \leqslant P_{\min} \\ (X - P_{\min})/(P_{\max} - P_{\min}), & P_{\min} \leqslant X \leqslant P_{\max} \\ 1, & P_{\max} \leqslant X \end{cases} \quad (2-6)$$

式中:μ 为归一化后性能指标值;X 为在该作战场景下装备的性能指标实际值;$P_{\max}$ 和 $P_{\min}$ 是以在该作战场景下装备性能指标满足任务需求的最大和最小取值,通过专家论证获得;X 的取值达到 $P_{\max}$,则可以认为装备性能指标能够完全满足任务需求,评分值为1;X 的取值小于 $P_{\min}$,即认为装备性能指标满足任务需求,评分值为0。

极小型指标无量纲化的标准化函数,其函数形式如下:

$$\mu = \begin{cases} 1, & 0 \leqslant X \leqslant P_{\min} \\ (P_{\min} - X)/(P_{\max} - P_{\min}), & P_{\min} \leqslant X \leqslant P_{\max} \\ 0, & P_{\max} \leqslant X \end{cases} \quad (2-7)$$

式中:μ 为归一化后性能指标值,X 为在该作战场景下装备性能指标实际值;$P_{\max}$ 和 $P_{\min}$ 是以在该作战场景下装备性能指标满足任务需求的最大和最小取值,通过专家论证获得;X 的取值达到 $P_{\max}$,则可以认为装备性能指标能够完全满足任务需求,评分值为0;X 的取值小于 $P_{\min}$,即认为装备性能指标满足任务需求,评分值为1。

区间型指标无量纲化的标准化函数的函数形式如下:

$$\mu = \begin{cases} 1 - \dfrac{A - X}{\max\{A - P_{\min}, P_{\max} - B\}}, & X \leqslant A \\ 1, & A \leqslant X \leqslant B \\ s1 - \dfrac{X - B}{\max\{A - P_{\min}, P_{\max} - B\}}, & B \leqslant X \end{cases} \quad (2-8)$$

式中：μ 为归一化后性能指标值；X 为在该作战场景下装备性能指标实际值；$P_{\max}$ 和 $P_{\min}$ 是以在该作战场景下装备性能指标满足任务需求的最大和最小取值，通过专家论证获得；$[A,B]$ 为指标 X 的取值区间。

2. 作战子能力满足度分析模型

为了方便分析，可将作战子能力需求关系归结为两类：依赖关系和组成关系。依赖关系是指一项能力的实现依赖于其他能力的实现，组成关系是指一项能力由多项能力整合形成。为保证分析结果的准确性，如果分解的指标之间相互的关系不清晰，就要重新进行内容分解。本节主要采用层次分析法确定系统指标对作战子能力的贡献度，即指标权重，而作战子能力满足度分析模型则需要根据作战子能力与系统指标之间的关系类型选择不同的分析模型。

（1）系统指标对作战子能力贡献度分析

在指标体系中，每个指标对实现系统目标和功能的重要程度各不相同。贡献度表示各指标的相对重要程度，或者表示一种效益替换另一种效益的比例系数。合理确定和适当调整系统指标对作战子能力指标贡献度，体现了系统评价中各因素轻重有度、主次有别，更能增加评价指标的可比性。采用的贡献度获取主要方法为层次分析法。

1）系统指标对作战子能力指标贡献度计算方法。

层次分析法确定贡献度的总体思路是通过两两比较的方式确定层次中诸因素的相对重要性，综合有关人员的判断，确定被选方案相对重要性的总排序，进而得到各层指标的贡献度分布。

首先根据层次分析法中的 $1-9$ 标度法，指标比较取值表见表 $2-1$。结合专家的打分，对各级指标的比较结果进行取值，建立各级之间的两两比较的判断矩阵。

$$D = \begin{bmatrix} d_{11} & d_{12} & \cdots & d_{1m} \\ d_{21} & d_{22} & \cdots & d_{2m} \\ \vdots & \vdots & & \vdots \\ d_{n1} & d_{n2} & \cdots & d_{nm} \end{bmatrix} \tag{2-9}$$

表 2-1　指标比较取值表

标度 A_{ij}	含　义
1	i 指标比 j 指标同样重要
3	i 指标比 j 指标略微重要
5	i 指标比 j 指标明显重要
7	i 指标比 j 指标重要得多
9	i 指标比 j 指标重要很多
2,4,6,8	介于上述两个判断的中值
倒数	j 指标与 i 指标比较所得判断值

随后采用简便方根法计算判断矩阵 D 的特征根。

第一，计算判断矩阵 D 中每行所有元素的几何平均值：

$$\overline{w_i} = \sqrt[n]{\prod_{j=1}^{n} a_{ij}}, i = 1, 2, \cdots, n \tag{2-10}$$

得到 $\overline{W} = \begin{bmatrix} \overline{w_1} & \overline{w_2} & \cdots & \overline{w_n} \end{bmatrix}^T$。

$$w_i = \overline{w_i} / \sum_{j=1}^{n} \overline{w_j}, i = 1, 2, \cdots, n \tag{2-11}$$

第二，将 $\overline{w_i}$ 归一化处理：

计算得到 $W = \begin{bmatrix} w_1 & w_2 & \cdots & w_n \end{bmatrix}^T$，即为所求特征向量的近似值，这也是各元素的相对权重。

第三，计算最大特征值 $\lambda_{\max}$：

判断矩阵的最大特征值的计算公式为

$$\lambda_{\max} = \sum_{i=1}^{n} \frac{(DW)_i}{nw_i} \tag{2-12}$$

式中：$(DW)_i$ 为向量 DW 的第 i 个元素。

第四，一致性检验：

用 $\lambda_{\max} - n$ 的大小衡量 D 的不一致程度。定义一致性指标为

$$CI = \frac{\lambda_{\max} - n}{n - 1} \tag{2-13}$$

当 $\lambda_{\max} = n$ 时，$CI = 0$，判断矩阵完全一致，CI 值越大，判断矩阵的完全一致性越差。为确定 D 的不一致程度的容许范围，层次分析法中引入了随机一致性指标 RI 用于检验矩阵的一致性，其数值见表 2-2。

表 2-2 随机一致性指标集

m	1	2	3	4	5	6	7	8	9	10	11
RI	0	0	0.58	0.90	1.12	1.24	1.32	1.41	1.45	1.49	1.51

由公式 CR＝CI/RI 定义一致性比率 CR，当一致性比率 CR≤0.1 时，认为判断矩阵 D 不一致程度在容许范围之内，通过一致性检验；否则，说明矩阵 D 中赋值引起误差过大，应重新调整。

通过一致性检验后，所得的特征向量 $W = \begin{bmatrix} w_1 & w_2 & \cdots & w_n \end{bmatrix}^T$ 即为各指标的权重值。

2）系统指标对作战子能力贡献度计算模型。

采用层次分析法确定系统指标对作战子能力指标贡献度系数分为三步，即构造判断矩阵、计算各判断矩阵的特征向量和最大特征值、进行一致性检验。根据系统指标对作战子能力指标贡献度计算方法，构建系统指标层的判断矩阵，并在此基础上，经过专家经验分析，采用1～9标度进行打分，得到各系统指标相对于所属的子能力指标的贡献度。

首先，经过专家经验分析，采用1～9标度进行打分，得到各系统指标相对于所属的子能力指标的贡献度。以飞行器的目标控制子能力为例，对目标控制子能力 I_i^{11} 的下层七个系统指标采用1～9标度构建两两比较判断矩阵，见表 2-3，其中，i 表示与目标控制子能力相关的系统指标编号。指标两两比较判断矩阵见表 2-3。

表 2-3　指标两两比较判断矩阵

指标比较取值	I_1^{11}	I_2^{11}	I_3^{11}	I_4^{11}	I_5^{11}	I_6^{11}	I_7^{11}
I_1^{11}	1	1/2	4	1/2	1/2	1/2	2
I_2^{11}	2	1	8	1	1	1	4
I_3^{11}	1/4	1/8	1	1/8	1/8	1/8	1/2
I_4^{11}	2	1	8	1	1	1	4
I_5^{11}	2	1	8	1	1	1	4
I_6^{11}	2	1	8	1	1	1	4
I_7^{11}	1/2	1/4	2	1/4	1/4	1/4	1

根据式(2-10)计算判断矩阵 $\boldsymbol{D}$ 中每行所有元素的几何平均值。

$$\overline{w}_{A1} = \sqrt[8]{1 \times 1/2 \times 4 \times 1/2 \times 1/2 \times 1/2 \times 1 \times 2} = 0.77$$

$$\overline{w}_{A2} = \sqrt[8]{2 \times 1 \times 8 \times 1 \times 1 \times 1 \times 2 \times 4} = 1.83$$

$$\overline{w}_{A3} = \sqrt[8]{1/4 \times 1/8 \times 1 \times 1/8 \times 1/8 \times 1/8 \times 1/4 \times 1/2} = 0.23$$

$$\overline{w}_{A4} = \sqrt[8]{2 \times 1 \times 8 \times 1 \times 1 \times 1 \times 2 \times 4} = 1.83$$

$$\overline{w}_{A5} = \sqrt[8]{2 \times 1 \times 8 \times 1 \times 1 \times 1 \times 2 \times 4} = 1.83$$

$$\overline{w}_{A6} = \sqrt[8]{2 \times 1 \times 8 \times 1 \times 1 \times 1 \times 2 \times 4} = 1.83$$

$$\overline{w}_{A7} = \sqrt[8]{1/2 \times 1/4 \times 2 \times 1/4 \times 1/4 \times 1/4 \times 1/2 \times 1} = 0.46$$

得到 $\overline{\boldsymbol{W}} = [0.77 \quad 1.83 \quad 0.23 \quad 1.83 \quad 1.83 \quad 1.83 \quad 0.46]^{T}$。

根据式(2-11)对 $\overline{w}_i$ 归一化处理。

$$w_{A1} = \overline{w}_1 / \sum_{j=1}^{n} \overline{w}_j = 0.77/8.78 = 0.08$$

$$w_{A2} = \overline{w}_2 / \sum_{j=1}^{n} \overline{w}_j = 1.83/8.78 = 0.21$$

$$w_{A3} = \overline{w}_3 / \sum_{j=1}^{n} \overline{w}_j = 0.23/8.78 = 0.03$$

$$w_{A4} = \overline{w}_4 / \sum_{j=1}^{n} \overline{w}_j = 1.83/8.78 = 0.21$$

$$w_{A5} = \overline{w}_5 / \sum_{j=1}^{n} \overline{w}_j = 1.83/8.78 = 0.21$$

$$w_{A6} = \overline{w}_6 / \sum_{j=1}^{n} \overline{w}_j = 1.83/8.78 = 0.21$$

$$w7 = \overline{w}_8 / \sum_{j=1}^{n} \overline{w}_j = 0.46/8.78 = 0.05$$

得到 $\boldsymbol{W} = [0.08 \quad 0.21 \quad 0.03 \quad 0.21 \quad 0.21 \quad 0.21 \quad 0.05]^{T}$，即为各元素的相对权重，即
根据式(2-12)计算判断矩阵的最大特征值：

$$\lambda_{\max} = \sum_{i=1}^{n} \frac{(DW)_i}{n w_i} = 8$$

根据式(2-13)计算一致性指标 CI,即

$$CI = \frac{\lambda_{\max} - n}{n - 1} = 0$$

由表 2-2 查出相应的随机一致性指标 RI=1.41 计算比例一致性 CR=CI/RI=0<0.1,表明矩阵的一致性指标满足要求,即所求得的权重值是可以接受的。从而确定子能力层指标目标控制能力的下层系统指标对作战子能力指标贡献度为

$$W = [0.08 \quad 0.21 \quad 0.03 \quad 0.21 \quad 0.21 \quad 0.21 \quad 0.05]^{\mathrm{T}}$$

(2)作战子能力需求满足度分析模型构建

通过分析作战子能力指标与系统指标之间的逻辑关系,构建加权和或者加权积模型,实现作战子能力需求满足度分析模型的构建。

加权和模型:

$$C_x = \sum_{j=1}^{n} \omega_j \mu_{(x)}, \omega_j \geqslant 0, n = 1, 2, \cdots, n, \sum_{j=1}^{n} \omega_j = 1 \qquad (2-14)$$

式中:C_x 表示某一能力指标值;$\mu_{(x)}$ 为性能指标归一化值;ω_j 为对应的权重值。

加权积模型:

$$C_x = \prod_{j=1}^{k} \mu_{(x)}^{\omega_j}, k = 1, 2, \cdots, k, \sum_{j=1}^{n} \omega_j = 1 \qquad (2-15)$$

式中:C_x 表示某一能力指标值;$\mu(x)$ 为性能指标归一化值;ω_j 为对应的权重值。

下面以飞行器的快速发射能力满足度分析模型为例进行介绍。快速发射能力用技术准备时间、瞄准时间、自检测时间、诸元计算时间等进行表征,分析可知,快速发射能力与各系统指标之间存在组成关系,基于此,构建快速发射能力满足度分析模型,即

$$SC_{131} = 1_1^{131} w_1^{131} + 1_2^{131} w_2^{131} + 1_3^{131} w_3^{131} + 1_4^{131} w_4^{131} \qquad (2-16)$$

式中:SC_{131} 为快速发射能力的满足度;1_1^{131}、1_2^{131}、1_3^{131}、1_4^{131}、分别为技术准备时间、瞄准时间、自检测时间、诸元计算时间四个系统指标满足度;w_1^{131}、w_2^{131}、w_3^{131}、w_4^{131}、分别为上述四个系统指标对应的贡献度值。

2.2.3　作战能力差距分析

1. 作战子能力对作战能力贡献度分析

得到各作战子能力满足度分析值后,下一步需要定量分析作战子能力对作战能力的贡献度。在作战能力与装备性能交叉映射关系模型中,作战能力与作战子能力之间是层次关系,各作战子能力之间形成一种网状结构。因此,在分析系统指标对子能力的贡献度时,既要考虑系统功能对与之相关的所有子能力的贡献度,又要考虑各子能力之间的相互影响,考虑各子能力在相互作用中最后达到平衡时,各系统功能对于体系子能力的综合贡献度。该模型与网络分析法(ANP)的结构模型是一致的,因此本节采用 ANP 计算各级子能力相对作战能力的贡献度。体系能力—子能力—系统指标映射模型如图 2-6 所示。

ANP 是美国著名的管理决策与运筹学家 Thomas L. Saaty 继 1980 年建立层次分析法

体系能力

子能力

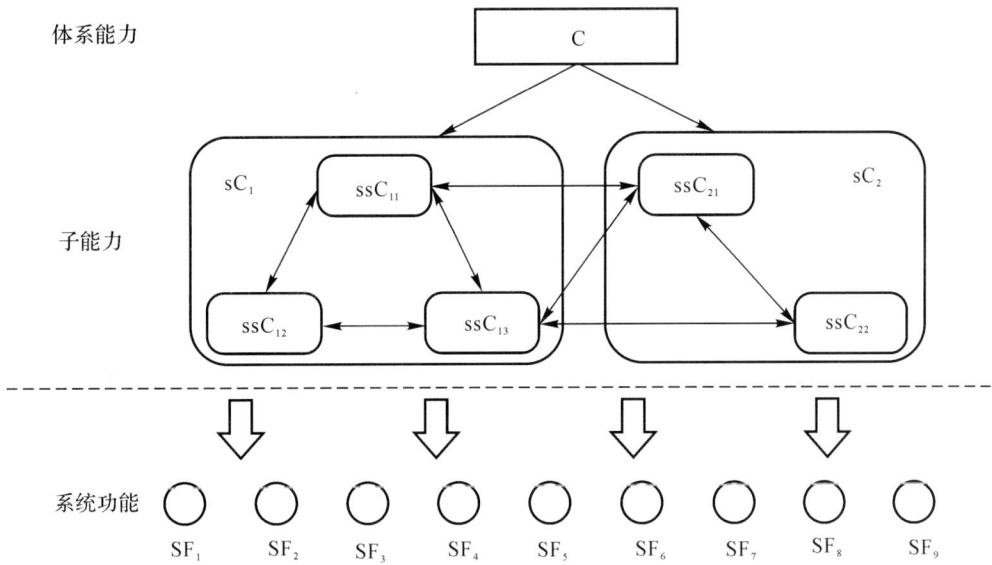

图 2-6　体系能力—子能力—系统指标映射模型

(AHP)之后,于 1996 年提出的又一种将专家的知识经验、逻辑分析和科学的数理运算相结合的一种决策分析方法,它能够通过定性的分析与比较,得到定量化的分析结果。ANP 将系统元素划分为两部分:第一部分是控制因素层,包括至少一个问题目标及若干决策准则,且只受目标元素支配,每个准则的权重可用 AHP 方法获得;第二部分是网络层,由所有受控制层支配的元素组成,其内部是互相影响的网络结构。ANP 结构如图 2-7 所示。

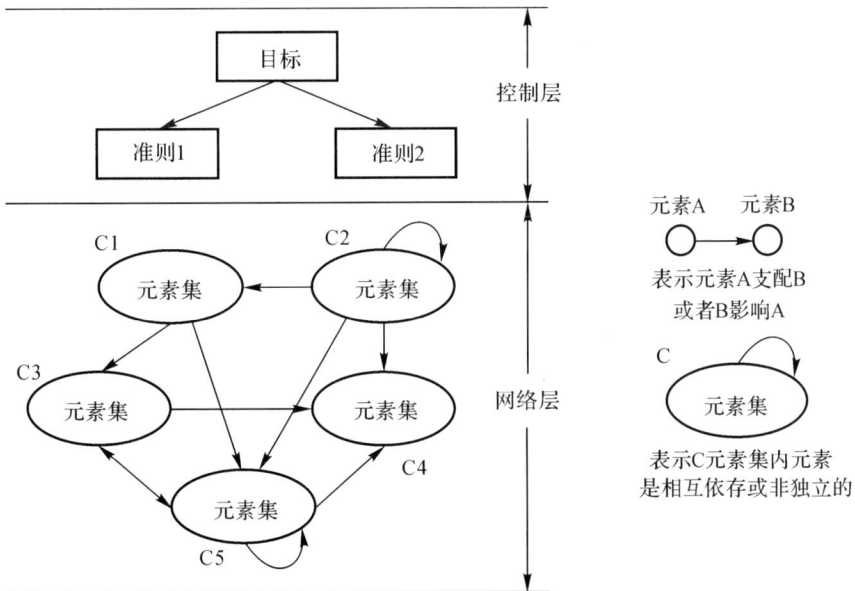

图 2-7　ANP 结构

ANP 通过构造相互联系的元素之间的关系矩阵(即超矩阵),考虑元素之间的多重影响,通过对超矩阵求极限运算,得到网络层各元素相对于目标的极限超矩阵(即综合权重)。由此可见,ANP 与 AHP 不仅在结构上有很大差异,计算过程也更为复杂,其计算过程如图 2-8 所示。

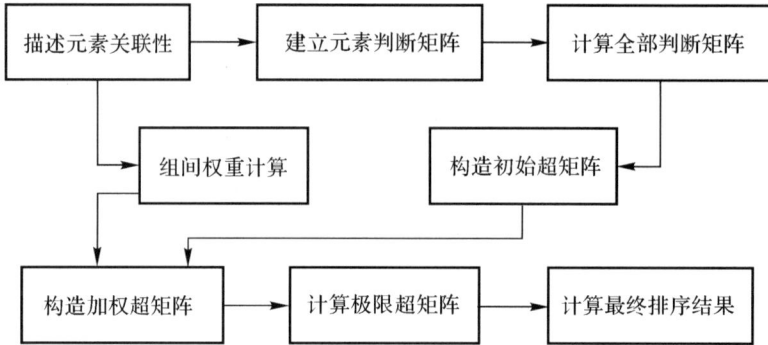

图 2-8　网络分析法的计算过程

假设装备能力 C 可分解为四种作战能力,分别是 sC1、sC2、sC3 和 sC4,每种作战能力还可继续分解为若干子能力,分别为(ssC11,ssC12,…,ssC1m)、(ssC21,ssC22,…,ssC2n)、(ssC31,ssC32,…,ssC3t)、(ssC41,ssC42,…,ssC4v),其中,m、n、t、v 分别表示四个作战子能力分解成的子能力个数。

基于构建好的作战能力指标体系,依次构造各作战能力相对于装备能力的判断矩阵、各子能力相对于作战能力的判断矩阵、各子能力之间的相互影响判断矩阵。判断矩阵的构造方法与层次分析法一样。经过构造的各判断矩阵得到特征向量值 $W1$、$W2$(其中,$W2$ 是对 $W1$ 归一化处理后的值)并进行综合求解,得到各级子能力相对于装备能力的权重。作战能力对装备能力 C 重要性判断矩阵示例见表 2-4。作战能力 sC1 下属各子能力对 sC1 重要性判断矩阵示例见表 2-5。各子能力对子能力 ssC11 影响程度判断矩阵示例见表 2-6。

表 2-4　作战能力对装备能力 C 重要性判断矩阵示例

C	sC1	sC2	sC3	sC4	$W1$	$W2$
sC1						
sC2						
sC3						
sC4						

表 2-5　作战能力 sC1 下属各子能力对 sC1 重要性判断矩阵示例

sC1	ssC11	ssC12	…	ssC1m	$W1$	$W2$
ssC11						
ssC12						
…						
ssC1m						

表 2‑6　各子能力对子能力 ssC11 影响程度判断矩阵示例

ssC11	ssC12	⋯	ssC1m	ssC21	⋯	ssC2n	⋯	ssC31	⋯	ssC3t	ssC41	*W*1	*W*2
ssC12													
⋯													
ssC1m													
ssC21													
⋯													
ssC2n													
ssC31													
⋯													
ssC3t													
ssC41													

2. 作战能力差距分析模型

作战能力差距分析模型构建方法与作战子能力满足度模型构建方法类似,通过分析作战能力指标与子能力指标之间的逻辑关系,构建加权和或者加权积模型,实现作战能力差距模型的构建。

下面以飞行器的投掷能力差距模型构建为例对该方法进行介绍。根据上文可知,投掷能力可用目标控制子能力、运载子能力、快速反应子能力进行表征,分析可知,投掷能力与各作战子能力之间存在组成关系,基于此,构建投掷能力满足度分析模型,即

$$C_1 = SC_{11}w_{11} + SC_{12}w_{12} + SC_{13}w_{13} \qquad (2\text{-}17)$$

式中: C_1 为投掷能力满足度; SC_{11}、SC_{12}、SC_{13} 分别为目标控制子能力、运载子能力、快速反应子能力 3 个子能力的满足度; w_{11}、w_{12}、w_{13} 分别为上述 3 个子能力对应的贡献度值。

2.3　案例研究

在信息技术发展的推动下,美国陆军于 20 世纪 90 年代决定开展部队数字化建设,试图通过革新现有编制、采用新技术、研制新型武器等措施,打造一支未来强大陆军。

据《詹士防务周刊》报道,美国陆军自 1994 年 4 月在加利福尼亚州欧文堡"国家训练中心"附近的莫哈韦沙漠进行了代号为"沙漠铁锤Ⅵ"的"高级作战实验",参加的部队有 24 机步师第 3 旅、第 194 独立装甲旅和第 177 独立装甲旅。演习的主角是一个数字化营,它的 20 辆 M1A2 坦克、6 辆 M2A3 战斗车等 120 件数字化装备显示了巨大威力。在这次演习中,数字化部队能在 3 min 内对目标瞄准开火,而非数字化部队需要 6 min,最后数字化部队在实施侦察与反侦察、机动与反机动、冲击与反冲击、突破与反突破等各种作战行动中,战胜非数字化部队。这次演习是美军进行数字化部队建设的一个重要里程碑,它不仅使美军看到了数字化部队的巨大潜力,也一举启动了美军全面实施数字化装甲装备改造的历程。

数字化装甲装备体系建设,已经从机械化战争理论下的"以平台为中心"的建设思想发展到"以网络为中心"的假设思想,是各种武器平台的"互联互通"。功能上相互联系,性能上互相补充的各种装甲装备武器系统,按照一定结构综合集成更高层次的装甲装备体系,因此,体系能力需求映射到作战任务需求是一个十分复杂的过程,分析这些牵制关系,影响作用,对分析、提取装甲装备体系能力需求方案至关重要。美陆军数字化作战实验示意图如图 2-9 所示。

图 2-9　美陆军数字化作战实验示意图

参考美军数字化师,数字化装甲装备体系可以划分为六大系统,即侦察感知系统、综合信息系统、指挥决策系统、机动突击系统、火力打击系统和综合保障系统。

（1）侦察感知系统

侦察感知系统包含地面、空中、有人、无人等坦克车辆的全部侦察感知系统,通过白光、微光、红外、雷达等侦察手段实现战场的透明化。侦察感知系统的子系统主要包括光电观测子系统、地面侦察雷达、装甲侦察车、空中侦察设备、远程先进侦察监视系统等。

（2）综合信息系统

综合信息系统包括电子控制信息平台、驾驶操控信息平台、火力控制信息平台、战场防护信息平台、通信信息平台等。在战术互联网中,各通信车内部通过集线器相互连接构成一个有线局域网,通信车与通信车之间通过路由器和互联网控制器接入无线通道,实现各子网之间的互联互通。

（3）指挥决策系统

指挥决策系统主要由通用信息平台和任务负载模块组成,主要完成战场信息的获取、处理和传递,作战计划的制订和作战命令的下达等。数字化部队的指挥控制机构基本不采用固定式指挥所的方式,而是利用各种指挥控制车在运动中实施指挥。

（4）机动突击系统

机动突击系统包括战术机动和战役机动性能,主要用于完成快速机动和快速部署等。包括主战坦克子系统、步兵战车突击子系统、侦察坦克突击子系统、指挥坦克突击子系统。

（5）火力打击系统

火力打击系统包括大口径武器子系统、中口径武器子系统、小口径武器子系统、制导武器子系统、遥控武器战等全部武器子系统,主要用于视距外精确打击、视距内精确打击、对空打击等。

（6）综合保障系统

综合保障系统包括伴随保障、保障与指挥通信、精确保障管理子系统等。进行坦克装甲车辆的抢救抢修和弹药武器的综合补给，实现对装甲坦克车辆的战场伴随和机动综合保障任务。

美陆军模块化改制后各种旅战斗队的编制如图 2-10 所示。

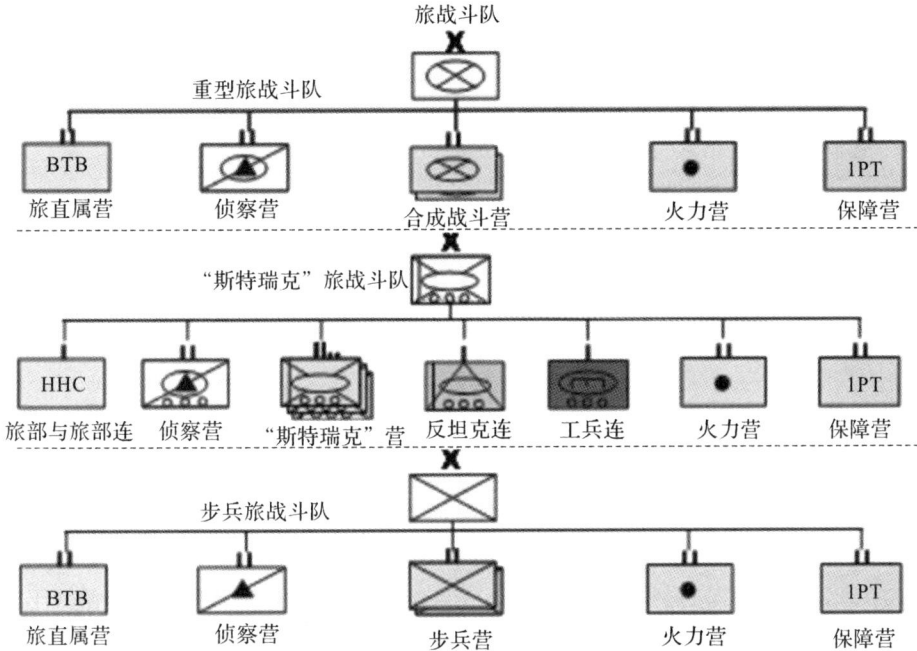

图 2-10 美陆军模块化改制后各种旅战斗队的编制

2.3.1 作战任务清单生成

作战想定：装甲第×师于××月××日××时××分在岛上收拢部队完毕，为 H 集团军第一梯队左翼主攻部队，采取重点突破、强行突贯、穿插迁回、翼侧卷击的战术手段，集中主要兵力在 A 地突破敌人防御，向 B 地东侧高地方向实施主要攻击。攻占 B 地南北一线地区，夺占要点，控制要道，保障集团军第二梯队进入战斗，尔后向纵深发展进攻。

师第一梯队右翼主攻部队由师装甲第 1 团担任，左翼助攻部队由师装甲第 2 团担任。师第二梯队由师装甲第 3 团编成，在第一梯队后跟进，夺占要点、控制道路，保障集团军第二梯队进入战斗。

装甲第 1 团对第一梯队主攻部队由坦克第 1 营担任。在 A 地北侧地区实施进攻，集中主要兵力向 A 地西侧方向进攻，迅速突破敌人防御，歼灭 A 地北侧及附近地域之敌，攻占有利地区，保障团第二梯队进入战斗。第二梯队助攻部队由坦克第 2 营担任。第二梯队由坦克第 3 营编成，主要保障师第 2 梯队进入战斗，战斗中重点保障装甲团右翼侧安全。

红军坦克第 1 营在 A 地北侧遭遇蓝军 Y 装甲旅第 1 战车营第 1 战车连的阻击。红军坦克第 1 营为数字化加强坦克营，编制 37 辆 88C 主战坦克，蓝军第 1 战车连为数字化战车连，编制 14 辆 CM11 坦克。基本作战想定为数字化加强坦克营对坚固阵地防御之敌的进攻战斗。部分作战任务清单见表 2-7。

表 2-7 作战任务清单（部分）

任务名称	任务描述	任务主体	任务条件	任务规划
突击作战	集中主要兵力在 A 地突破敌人防御，穿插迂回，向 B 地东侧高地方向实施主要攻击	红军×师地面雷达、空中预警机	目标区气象环境等满足光学侦察条件，电磁环境满足通信需要	侦察感知面积覆盖 A、B 战区纵深 100%
		H 集团军	电磁环境满足通信需要	向第一梯队左翼主攻部队下达重点突破指令
		……	……	……
	攻占 B 地南北一线地区，夺占要点，控制要道，保障集团军第二梯队进入战斗，尔后向纵深发展进攻	红军×师侦察营	目标区气象环境等满足光学侦察条件，电磁环境满足通信需要	目标侦察与实际目标数量匹配百分比≥90%
		……	……	……
	师第一梯队在第一梯队后跟进，夺占要点，控制道路，保障集团军第二梯队进入战斗	红军×师第二梯队侦察营	目标区气象环境等满足光学侦察条件，电磁环境满足通信需要	目标侦察与实际目标数量匹配百分比≥90%
		……	……	……
	装甲第 1 团第一梯队主攻部队在 A 地北侧地区实施进攻，集中主要兵力向 A 地西侧方向进攻，迅速突破敌人防御，歼灭 A 地北侧之敌，攻占有利地区，保障第二梯团第二梯队进入战斗	装甲第 1 团第一梯队主攻部队侦察营	目标区气象环境等满足光学侦察条件，电磁环境满足通信需要	目标侦察与实际目标数量匹配百分比≥90%
		……	……	……
	第二梯队保障师第 2 梯队进入战斗、战斗中重点保障装甲团右翼侧安全	第二梯队保障师第 2 侦察营	目标区气象环境等满足光学侦察条件，电磁环境满足通信需要	战斗信息刷新频率 5 min，战场情报完成程度≥90%
		……	……	……
	红军坦克第 1 营在 A 地北侧遭遇蓝军 Y 装甲旅第 1 战车连，进行阵地战阻击	红军坦克第 1 营	目标区气象环境等满足光学侦察条件，电磁环境满足通信需要	侦察感知区域面积覆盖战区 100%，蓝军战车目标定位正确率≥90%，蓝军占察目标识别时间≤30 min
		……	……	……

2.3.2　作战能力指标

结合装甲部队使命任务清单、构建针对装甲装备体系突击作战能力的元活动库。在已构建能力指标的基础上,分析作战能力指标与元活动可能的映射关系,构建元活动—能力指标规则库。由于涉及元活动—能力指标规则数量较多,所以参照"活动—能力映射规则"中提出的解析规则、等价规则、推理规则、缺省规则四类规则构建方法,结合实际情况进行规则构建,进而得到与元活动相对应的作战能力指标。

2.3.3　基于元活动的作战任务分解

根据"作战任务清单生成"的 6 个子任务,按照"元活动序列表述方法"中提出的 COPIFG 构建方法,选取子任务 3 和子任务 6 进行图形化展示。

子任务 3:师第二梯队在第一梯队后跟进,夺占要点、控制道路,保障集团军第二梯队进入战斗。子任务 3 分解元活动序列图如图 2-11 所示,其元活动序列为

$$A_7 \rightarrow B_{18} \rightarrow (B_{15}, A_8) \rightarrow B_8 \rightarrow B_7 \rightarrow (B_{11}, B_{12}) \rightarrow B_{18}$$

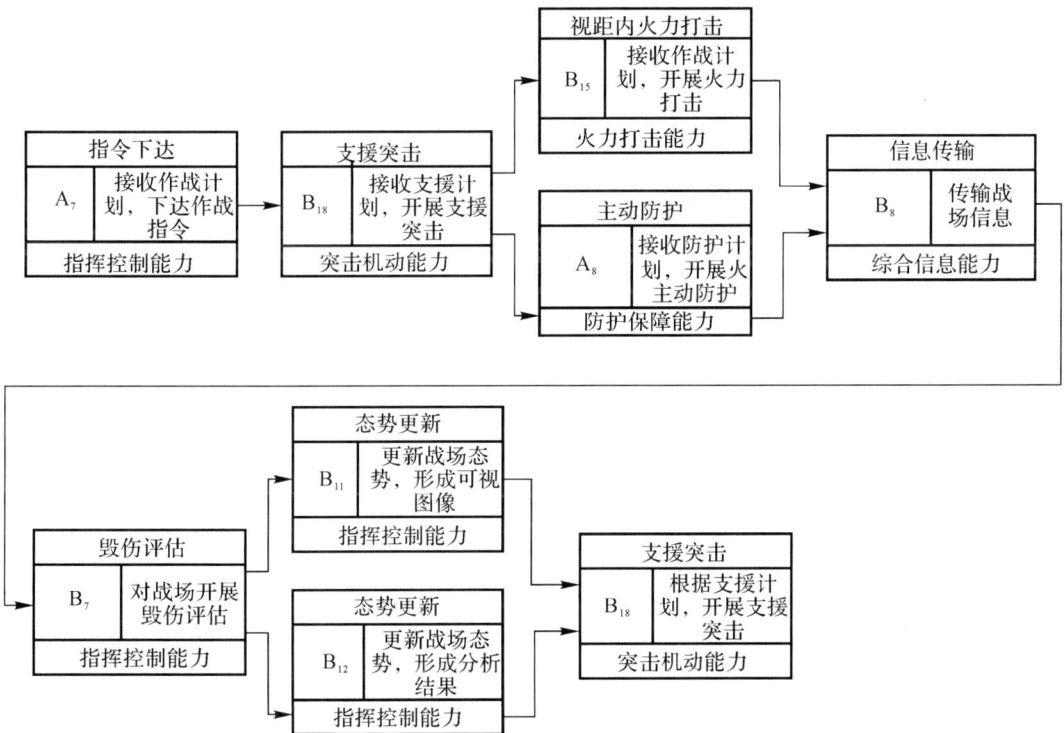

图 2-11　子任务 3 分解元活动序列图

子任务 6:红军坦克第 1 营在 A 地北侧遭遇蓝军 Y 装甲旅第 1 战车营第 1 战车连,进行阵地战阻击。子任务 6 分解元活动序列图如图 2-12 所示,其元活动序列为

$$A_7 \rightarrow (B_5 \rightarrow B_6, B_1 \rightarrow B_2) \rightarrow (B_4, B_3) \rightarrow B_8 \rightarrow B_9 \rightarrow B_{10} \rightarrow (B_{11}, B_{12}) \rightarrow$$

$$B_{13} \rightarrow B_{14} \rightarrow B_{15} \rightarrow B_7 \rightarrow (B_{19}, B_{20}, B_{16}, B_{18})$$

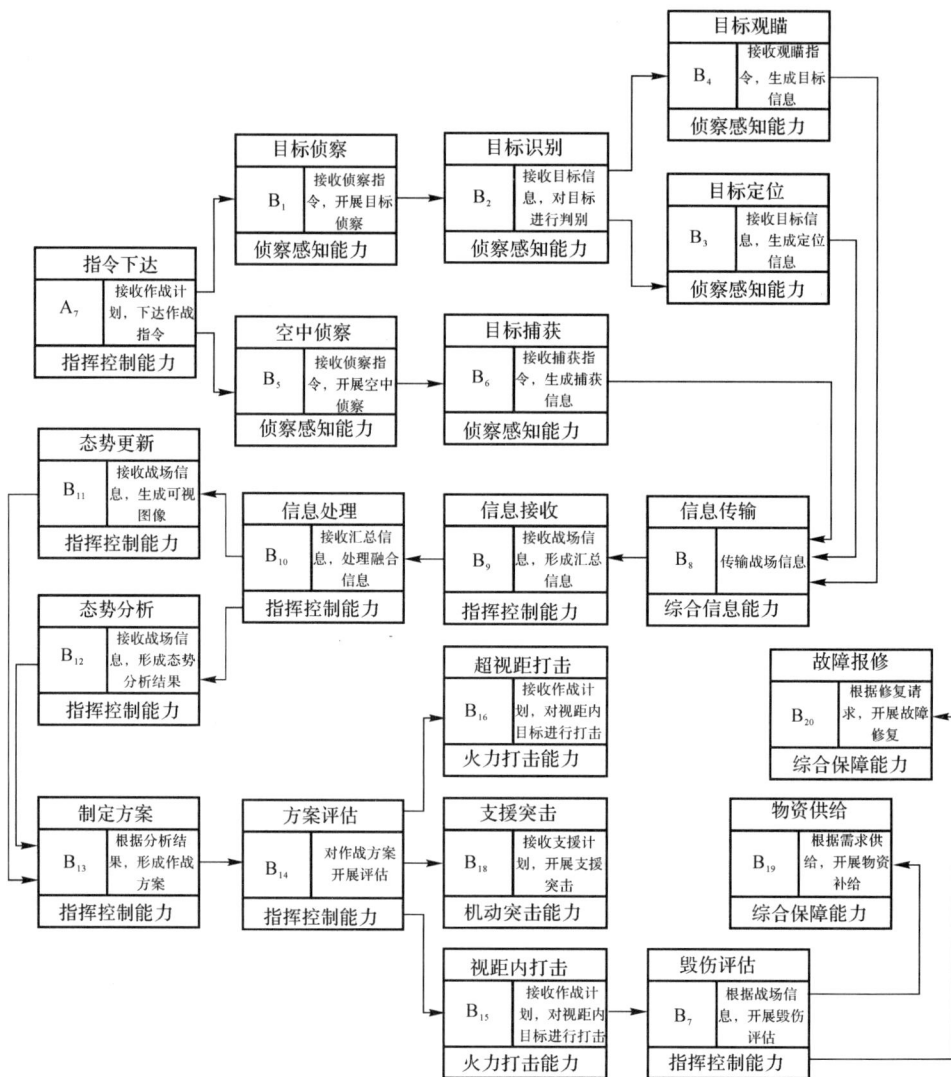

图 2-12 子任务 6 分解元活动序列图

2.3.4 能力满足度分析

依据上文中提出的"能力满足度分析模型"和"作战能力差距分析"方法进行装甲装备体系的能力满足度分析。首先,通过系统指标的实际值和需求值,计算出系统指标的满足度;其次,通过"作战子能力满足度分析模型"中"系统指标对作战子能力贡献度分析方法",计算出系统指标对子能力指标的权重,进而根据系统指标的满足度和权重,计算出各子能力的满足度;最后,通过"作战能力差距分析"中的"作战子能力对作战能力贡献度分析",计算出各子能力对能力指标的权重,进而根据各子能力的满足度和权重,计算出各能力指标的满足度,即装甲装备体系的侦察感知能力、指挥控制能力、综合信息能力、火力打击能力、机动突击能力、保障防护能力的能力差距水平。以侦察感知能力为例进行说明,侦察感知能力指标满足度分析结果见表 2-8。

表 2-8　侦察感知能力指标满足度分析结果

作战能力	需求值	分析值	作战子能力	指标权重	分析值	系统指标		指标权重	需求值	实际值
侦察感知能力(C1)	0.8	0.675 7	地面侦察能力(C₁₁)	0.3	0.909	识别目标种类(I₁₁₁)		0.07	0.8	5 个
						侦察范围(I₁₁₂)	0.1	0.07	1	20 km
							0.1	0.07	1	35 km
							0.1	0.07	1	50 km
						对目标的定位精度(I₁₁₃)		0.12	1	120 m
						稳像精度(I₁₁₄)		0.05	0.7	14 mil
						……		……	……	……
			空中侦察能力(C₁₂)	0.3	0.386	存储速率(I₁₂₁)		0.4	0.125	2 645 Mb/s
						巡飞速度(I₁₂₂)		0.3	0.52	3 000 km/h
						飞行高度(I₁₂₃)		0.3	0.60	800 m
			对战场变化的动态侦察能力(C₁₃)	0.4	0.718	发现目标率(I₁₃₁)		0.2	0.71	90%
						有效侦察率(I₁₃₂)		0.2	0.71	76%
						关键情报获取率(I₁₃₅)		0.2	0.75	85%
						……		……	……	……

2.3.5 作战能力差距

根据作战能力指标满足度分析模型,由系统指标、作战子能力层层聚合得到最终面向侦察感知能力、指挥控制能力、综合信息能力、火力打击能力、机动突击能力、保障防护能力的作战能力指标满足度分析结果,以自上而下分解生成的能力需求值为判定标准,通过对比需求值和实际值得到作战能力差距水平。由统计可知,选用装甲装备体系的侦察感知能力、指挥控制能力和保障防护能力的缺口相对较大,综合信息能力、火力打击能力和机动突击能力缺口相对较小,提示在该典型作战场景下,应重点改进升级装甲装备体系的侦察感知能力和指挥控制能力。作战能力满足度分析结果如图 2-13 所示。

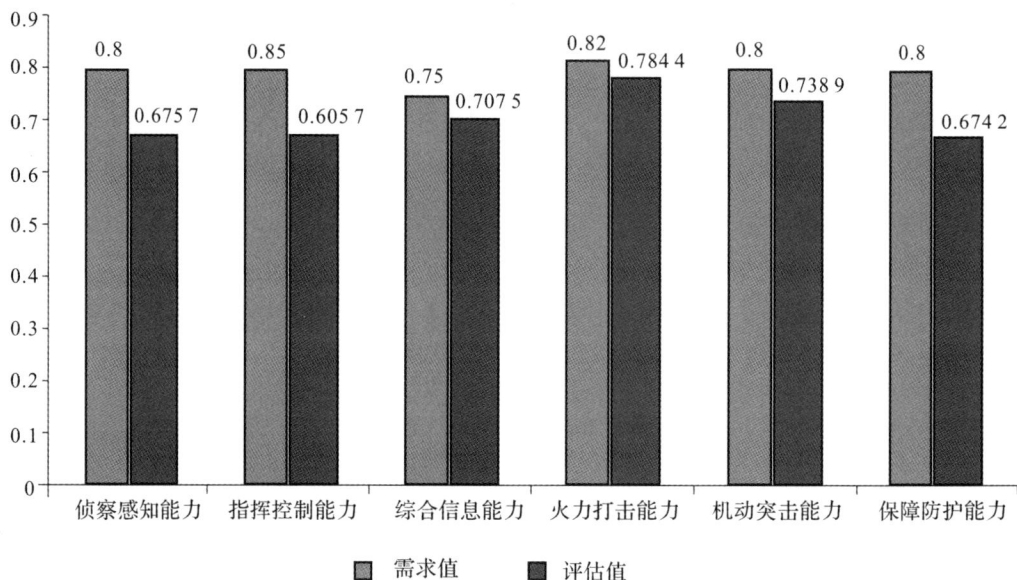

图 2-13 作战能力满足度分析结果

第3章 基于软件定义的体系动态构建

本方法旨在建立一套面向异构多节点作战体系的杀伤链动态构建方法及其设计工具。针对复杂异构作战体系中如何快速构建有效杀伤链问题,提出基于软件定义的异构多节点作战体系建模方法和基于流网络的最优杀伤链动态构建与优化方法,设计杀伤链构建工具,完成异构协同体系对抗典型场景的仿真验证,提升复杂体系作战效能。

3.1 基于软件定义的异构多节点作战体系建模方法

3.1.1 软件定义构造作战体系基本结构组件方法

软件定义是一种通过软件实现硬件功能管理和控制的技术,通过软件层面的管理和控制,实现了硬件资源的虚拟化和灵活配置,带来了更高的灵活性、可扩展性和管理效率。其核心技术是将硬件资源的控制面与数据面分离,从而实现硬件资源的灵活控制。

面向需求多变、任务灵活的复杂作战体系,软件定义作战体系是软件定义一切在作战指挥控制领域中的具体化的应用。其目标是将各种作战资源,包括人员、武器装备、物资等快速、动态地融合为适应作战需求,具有强大的作战能力的系统,快速应对各种作战需求,形成具有强大的环境感知、资源融合、协调控制能力的作战能力。其具体实现是,把原有一体化的硬件设施或系统关联约束打破,将基础硬件虚拟化并提供标准化的基本功能,通过指控软件,建立与作战行动相关联的不同层级不同领域、各环节在整体上密切协同互相配合的作战系统。软件定义作战体系架构如图3-1所示。

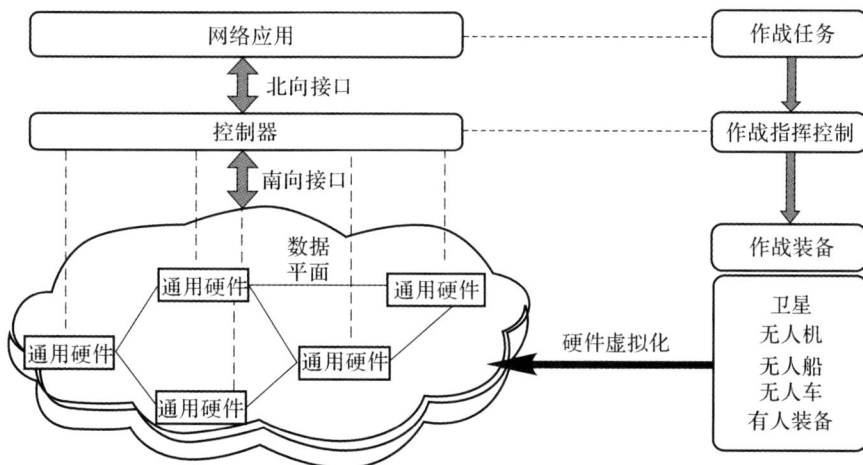

图3-1 软件定义作战体系架构

根据分层的思想,软件定义将数据与控制相分离。

在控制层,具有逻辑中心化和可编程的控制器可掌握全局资源信息,方便指挥控制人员对抽象能力模块进行统一管理和调度等。控制层负责资源分配、任务调度和策略执行等功能,通过实时监控和动态调整,实现对不同能力模块的高效管理和灵活控制。

在数据层,基础作战单位与数据交换设备可以快速处理匹配的数据包。两层之间采用开放的统一接口进行交互。控制器通过标准接口向交换设备下发统一标准规则,交换设备仅需按照这些规则执行相应的动作即可。

此外,南北向和东西向的开放接口及可编程性,使管理变得更加简单、动态和灵活。

3.1.2 基于软件的组件关系描述方法

软件定义的关键技术之一是抽象化和标准化的硬件资源虚拟化技术。硬件资源虚拟化是指将各种实体硬件资源抽象化,打破其物理形态的不可分割性,以便通过灵活重组、重用发挥其最大效能。

首先,鉴于各装备在杀伤链中扮演的角色不同,对其进行划分(以 OODA 环为例)。

1)侦察、监视、预警装备(S):利用传感器收集目标和场景信息的装备,主要功能有目标侦察、情报获取和战场监视。

2)通信与指挥控制类装备实体(D):具有信息处理和分析、辅助决策、对于执行类实体实施指挥控制作用的装备。

3)执行类实体(I):主要对目标遂行具体任务行动的装备实体,具体有精确打击、电子干扰和物资投放等功能。

4)任务目标(T):使命任务的执行对象。

标准 OODA 环表示了网络最基本的任务过程,包括感知实体、决策实体、执行实体和目标实体,以及它们之间感知、决策、指挥、执行四种关系。根据装备在任务过程中担当的"角色"以及执行的任务进行节点映射划分,分别定义为感知节点(S)、决策节点(D)、执行节点(I)以及目标节点(T),根据任务过程顺序连接构成图 3-2 所示的标准 OODA 环。

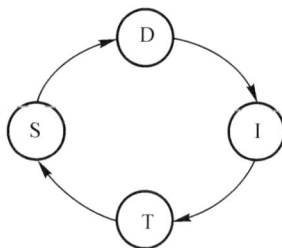

图 3-2 标准 OODA 环

此外,针对执行任务时采用多装备协同方式,以一个体系的形式完成搜索、分析与决策等任务。在任务过程中,装备实体之间除了感知、决策、指挥和执行四种关系外,感知实体之间还存在信息共享关系,决策实体之间还存在协同指挥关系。任务过程中最复杂的过程是同时涉及多个感知实体之间的信息共享和多个决策实体之间的协同指挥。为在 OODA 环过程中体现无人机协同关系,建立图 3-3 所示的广义 OODA 环。

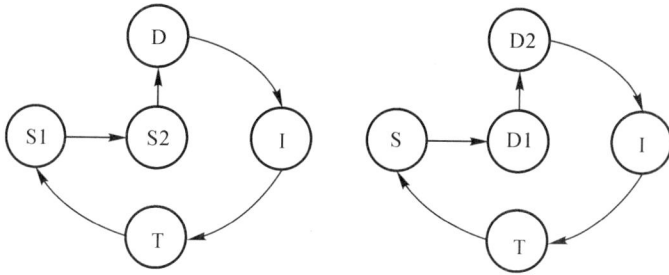

图 3 - 3　广义 OODA 环

在上述各装备在杀伤链中执行任务分析的基础上,结合装备的实际通信接口、数据类型、交换关系等物理约束,提出一种基于抽象组件的作战装备硬件资源虚拟化方法。在物理硬件资源之上,再建立一层抽象化组件层。不同装备类型对应不同的组件划分。利用软件定义方法,定义每类组件的功能、接口、数据、行为等属性,以及组件之间协作关系模式以及动态组织、编程、重构、演进模式等。建立"任务应用层—抽象组件层—物理资源层"硬件资源调度方法,其方法框图如图 3 - 4 所示。

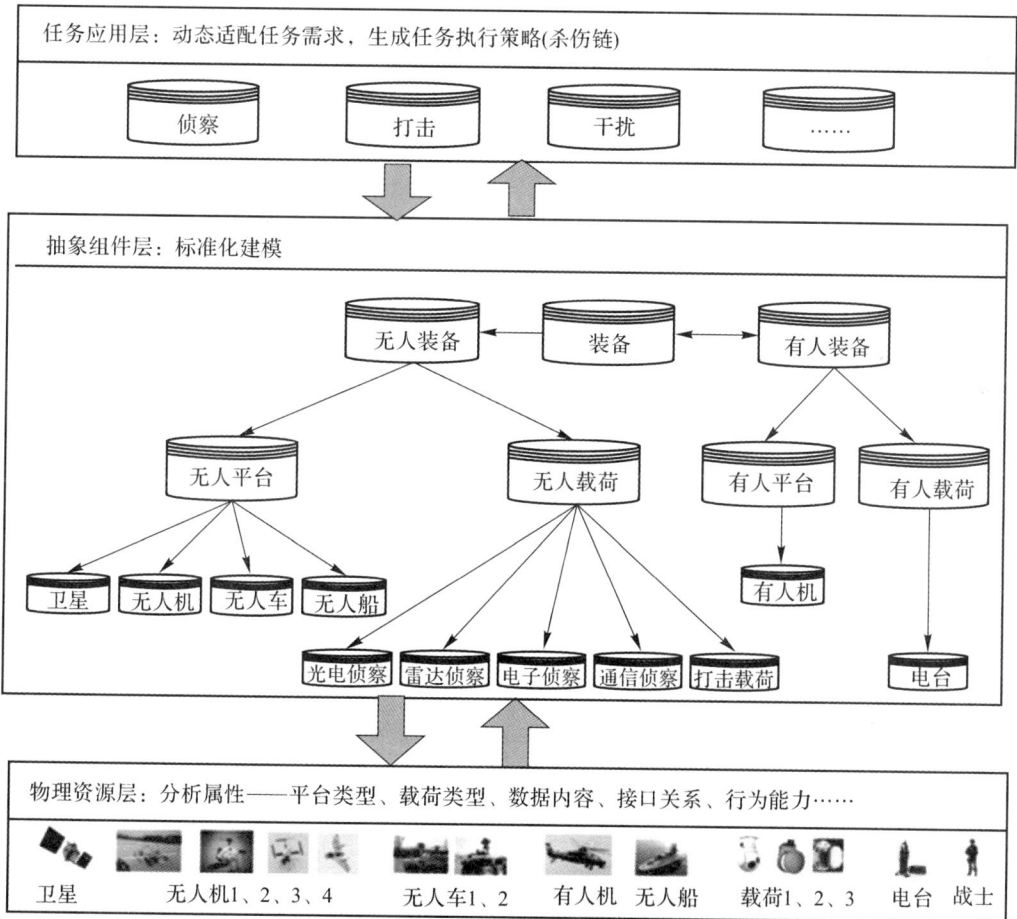

图 3 - 4　抽象组件硬件资源虚拟化方法

3.1.3 软件动态构造作战体系作战能力的架构模式设计

1. 作战体系树状模型建模

整个作战体系由多种无人平台和有人平台组成。无人平台包括卫星、无人机、无人车，有人平台包括有人机和人。作战体系树状模型如图3-5所示。

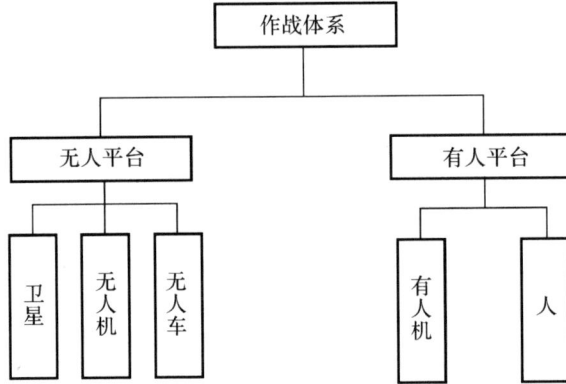

图 3-5　作战体系树状模型

作战体系中每个平台由三层组成，包括通信层、机体层和任务层。平台树状模型如图3-6所示。

平台中的通信层主要负责平台与平台之间的信息交换和通信。它体现此平台的通信能力，而通信载荷能力由通信载荷的重量、通信距离、通信质量和通信速度共同决定。通信层树状模型如图3-7所示。

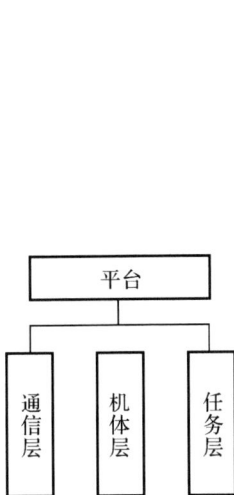

图 3-6　平台树状模型　　　　图 3-7　通信层树状模型

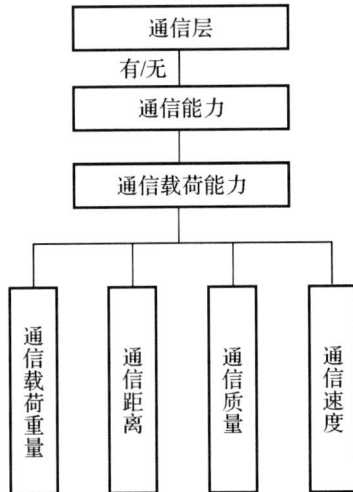

平台中的机体层主要体现平台的基本状况。它由平台的一些基本参数组成，其中包括平台位置、平台载重量和平台移动速度。机体层树状模型如图3-8所示。

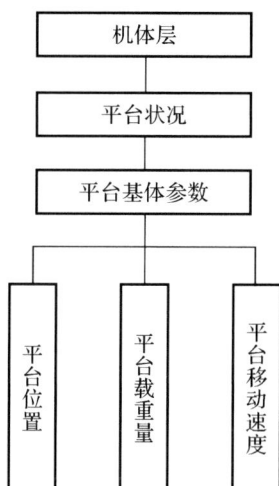

图 3-8　机体层树状模型

平台中的任务层主要体现平台执行任务的能力。其中包括决策能力、感知能力和执行能力。任务层树状模型如图 3-9 所示。

图 3-9　任务层树状模型

任务层中的感知能力由电子侦察载荷能力、光电侦察载荷能力和雷达侦察载荷能力共同决定。感知能力树状模型如图 3-10 所示。

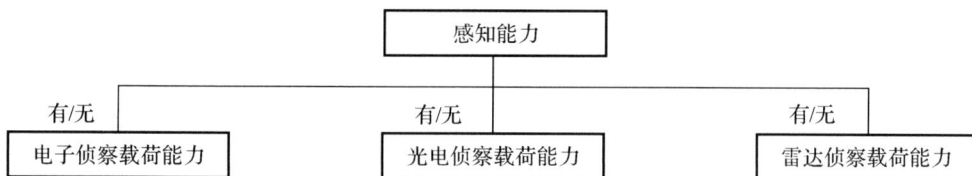

图 3-10　感知能力树状模型

光电侦察载荷能力由红外侦察载荷能力和可见光侦察载荷能力共同决定。红外侦察载荷的能力和可见光侦察载荷的能力都由载荷的重量、载荷发现目标概率、载荷最大作用距离、载荷最大搜索方位角、载荷同时跟踪目标数、载荷目标定位精度、载荷分辨率、载荷可接受最低对比度共同决定。光电侦察载荷能力树状模型如图 3-11 所示。

雷达侦察载荷能力与红外、可见光侦察载荷能力的决定因素相似,但它仅由 SAR 侦察载荷决定。SAR 侦察载荷能力由 SAR 载荷重量、SAR 发现目标概率、SAR 最大作用距离、SAR 最大搜索方位角、SAR 同时跟踪目标数、SAR 目标定位精度和 SAR 分辨率共同决定。

雷达侦察载荷能力树状模型如图 3-12 所示。

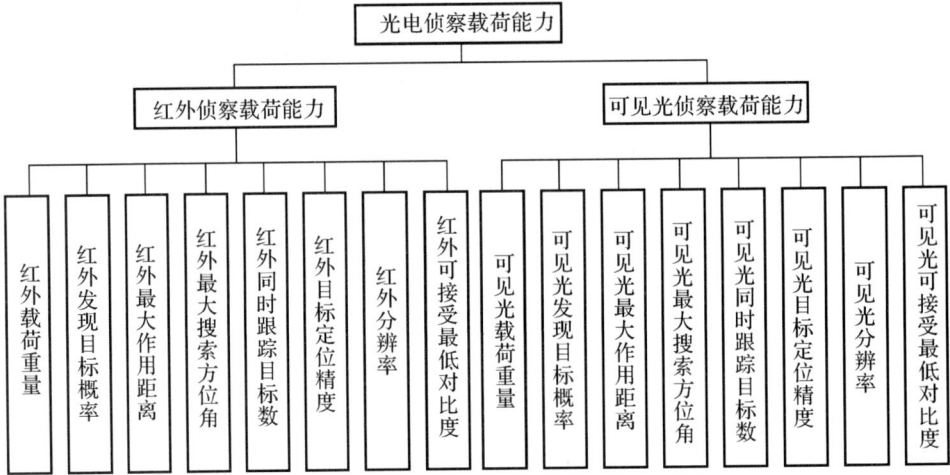

图 3-11 光电侦察载荷能力树状模型

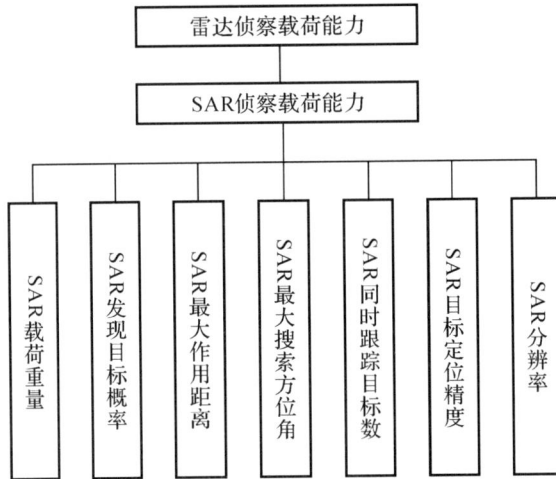

图 3-12 雷达侦察载荷能力树状模型

任务层的决策能力由平台的计算能力决定,计算能力由算力大小决定。决策能力树状模型如图 3-13 所示。

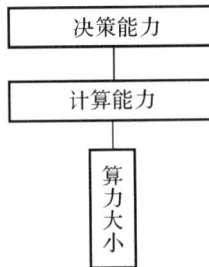

图 3-13 决策能力树状模型

　　任务层中的执行能力由打击载荷的能力决定。打击载荷的能力由打击载荷的带弹个数、每个弹的重量、毁伤范围、打击速度和打击距离共同决定。执行能力树状模型如图3－14所示。

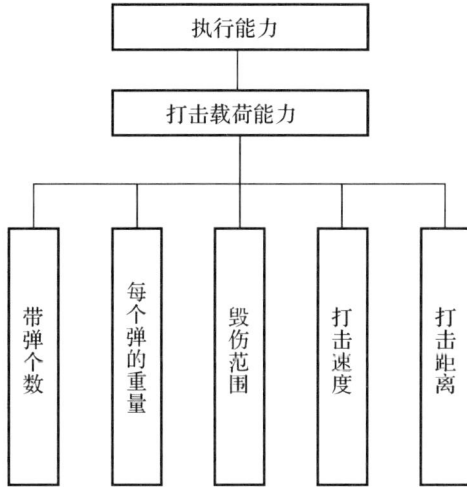

图 3－14　执行能力树状模型

2.任务树状模型建模

　　任务由任务要求和目标区域情况共同描述。任务要求包括任务重要程度、侦察能力、决策能力、执行能力和时间限制,目标区域情况包括目标区域坐标和目标个数。任务树状模型如图 3－15 所示。

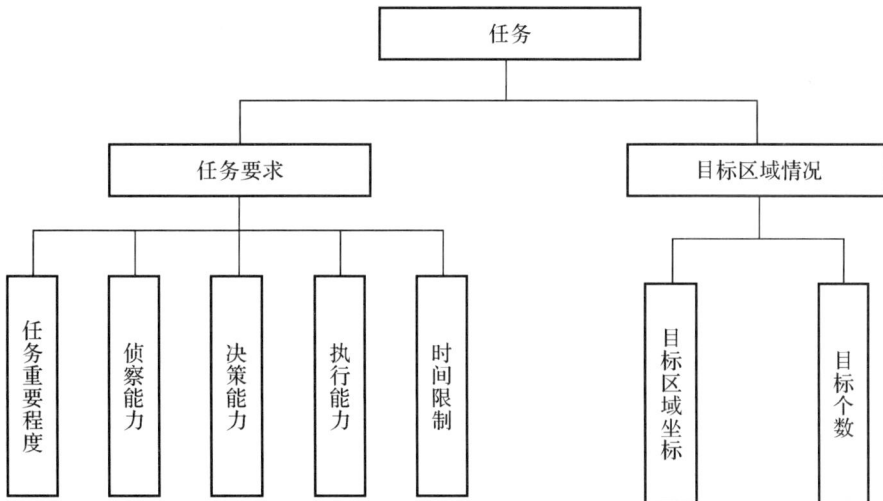

图 3－15　任务树状模型

3.底层参数列表

　　根据树状模型的建模得到各平台的最底层参数,具体参数见表 3－1。

表 3 - 1　底层参数列表

装备类型	平台	层次	能力项	能力分解		参数类型	参数项
1	卫星	机体层	卫星状况（好/坏）	卫星基本参数		固定参数	卫星移动速度
							卫星载荷重量
						可变参数	卫星位置
		通信层	通信能力（有/无）	通信载荷能力		固定参数	通信载荷重量
							通信距离
						可变参数	通信质量
							通信速度
		任务层	感知能力（有/无）	雷达侦察载荷能力（有/无）	SAR 侦察载荷能力（有/无）	固定参数	SAR 载荷重量
							SAR 同时跟踪目标数目
							SAR 最大作用距离
							SAR 最大搜索用方位角
						可变参数	SAR 发现目标概率
							SAR 目标定位精度
							SAR 分辨率
				光电侦察载荷能力（有/无）	红外侦察载荷能力（有/无）	固定参数	红外载荷重量
							红外同时跟踪目标数目
							红外最大作用距离
							红外最大搜索用方位角
						可变参数	红外可接受最低对比度
							红外发现目标概率
							红外目标定位精度
							红外分辨率

续表

装备类型	平台	层次	能力项	能力分解	参数类型	参数项
				可见光侦察载荷能力（有/无）	固定参数	可见光载荷重量
						可见光同时跟踪目标数目
						可见光最大作用距离
						可见光最大搜索方位角
						可见光可接受最低对比度
					可变参数	可见光发现目标概率
						可见光目标定位精度
						可见光分辨率
				电子侦察载荷能力（有/无）	固定参数	频率覆盖范围
						空间覆盖范围
						信号识别能力
						测量精度
					可变参数	侦察距离
						截获概率
			决策能力（有/无）	计算能力	固定参数	算力大小
			执行能力（有/无）	打击载荷能力	固定参数	每个弹的重量
						毁伤范围
						打击速度
						打击距离
					可变参数	带弹个数

续表

装备类型	平台	层次	能力项	能力分解	参数类型	参数项
2	飞机	机体层	飞机状况（好/坏）	飞机基本参数	固定参数	飞机移动速度
					可变参数	飞机载重量
		通信层	通信能力（有/无）	通信载荷能力	固定参数	飞机位置
						通信载荷重量
						通信距离
					可变参数	通信质量
						通信速度
		任务层	感知能力（有/无）	雷达侦察载荷能力（有/无）	固定参数	SAR载荷重量
						SAR同时跟踪目标数目
				SAR侦察载荷能力		SAR最大作用距离
						SAR最大搜索方位角
					可变参数	SAR发现目标概率
						SAR目标定位精度
						SAR分辨率
				光电侦察载荷能力（有/无）	固定参数	红外载荷重量
						红外同时跟踪目标数目
				红外侦察载荷能力（有/无）		红外最大作用距离
						红外最大搜索方位角
					可变参数	红外可接受最低相对比度
						红外发现目标概率
						红外目标定位精度
						红外分辨率

续表

装备类型	平台	层次	能力项	能力分解	参数类型	参数项
				可见光侦察载荷能力（有/无）	固定参数	可见光载荷重量
						可见光同时跟踪目标数目
						可见光最大作用距离
						可见光最大搜索方位角
						可见光可接受最低对比度
					可变参数	可见光发现目标概率
						可见光目标定位精度
						可见光分辨率
				电子侦察载荷能力（有/无）	固定参数	频率覆盖范围
						空间覆盖范围
						信号识别能力
					可变参数	测量精度
						侦察距离
						截获概率
			决策能力（有/无）	计算能力	固定参数	算力大小
			执行能力（有/无）	打击载荷能力	固定参数	每个弹的重量
						毁伤范围
						打击速度
						打击距离
					可变参数	带弹个数

续表

装备类型	平台	层次	能力项	能力分解		参数类型	参数项
5	车辆	机体层	车辆状况（好/坏）	车辆基本参数		固定参数	车辆移动速度
						可变参数	车辆载重量
							车辆位置
		通信层	通信能力（有/无）	通信载荷能力		固定参数	通信载荷重量
						可变参数	通信距离
							通信质量
							通信速度
		任务层	感知能力（有/无）	雷达侦察载荷能力（有/无）	SAR侦察载荷能力（有/无）	固定参数	SAR载荷重量
							SAR同时跟踪目标数目
						可变参数	SAR最大作用距离
							SAR最大搜索方位角
							SAR发现目标概率
						可变参数	SAR目标定位精度
							SAR分辨率
				光电侦察载荷能力（有/无）	红外侦察载荷能力（有/无）	固定参数	红外载荷重量
							红外同时跟踪目标数目
						可变参数	红外最大作用距离
							红外最大搜索方位角
							红外可接受最低对比度
							红外发现目标概率
						可变参数	红外目标定位精度
							红外分辨率

续表

装备类型	平台	层次	能力项	能力分解	参数类型	参数项
				可见光侦察载荷能力(有/无)	固定参数	可见光载荷重量
						可见光同时跟踪目标数目
						可见光最大作用距离
						可见光最大搜索方位角
						可见光可接受最低对比度
					可变参数	可见光发现目标概率
						可见光目标定位精度
						可见光分辨率
				电子侦察载荷能力(有/无)	固定参数	频率覆盖范围
						空间覆盖范围
						信号识别能力
					可变参数	测量精度
						侦察距离
						截获概率
		决策能力(有/无)		计算能力	固定参数	算力大小
		执行能力(有/无)		打击载荷能力	固定参数	每个弹的重量
						毁伤范围
						打击速度
						打击距离
					可变参数	带弹个数

续表

装备类型	平台	层次	能力项	能力分解	参数类型	参数项
6	导弹	机体层	导弹状况（好/坏）	导弹基本参数	固定参数	导弹移动速度
					可变参数	导弹载荷重量
						导弹位置
		通信层	通信能力（有/无）	通信载荷能力	固定参数	通信载荷重量
						通信距离
					可变参数	通信质量
						通信速度
		任务层	感知能力（无）	—	—	—
			决策能力（有/无）	计算能力	固定参数	算力大小
			执行能力（有/无）	打击载荷能力	固定参数	每个弹的重量
						毁伤范围
						打击速度
						打击距离
					可变参数	带弹个数

3.2　基于流网络的最优杀伤链动态构建与优化方法

3.2.1　体系任务能力流网络模型构建

假设已给定网络模型 $D=(V,E)$，若在连边 E 上定义一个函数 $f(e)$，则该函数称为该边的流量，此时的网络即为流网络。流网络模型在传统网络模型的基础上添加了对系统内部属性的考虑，具备更好的模型描述能力。同样地，完成任务水平也不能仅仅通过网络拓扑结构反应，更需要内部各平台载荷的能力属性去体现，在执行任务过程中，各载荷能力在网络模型的拓扑链路中流动。因此，3.1 节中建立多层网络模型过于简化，仅仅体现网络拓扑结构而无法表征模型链路和其对应的任务能力。基于此问题，本节对网络模型进行进一步的深化和扩展，对系统复杂网络模型中这种任务能力流动的特性加以流量化的描述并建立任务层流网络模型，基于文献综述相关研究提出任务层流网络模型的构建步骤如下。

步骤 1：分析确定任务流程。明确参与任务的构成，厘清整个任务过程，确定能力流动方向。

步骤 2：任务节点的抽取。根据作战过程中各任务单元、平台或系统在任务过程中执行功能的差异，将其抽象为 OODA 环中的感知类、决策类和执行类三类节点，将任务能力资源映射构成网络节点集。

步骤 3：任务连边的抽取。确定任务载荷节点之后，分析 OODA 环节点之间的关联关系，将具有能力流动的节点之间的关系抽象为网络中的杀伤链路，所有的杀伤链路构成网络边集。

步骤 4：任务层流网络模型的构建。以能力流为边，连接各个任务载荷映射成的节点，生成任务层流网络模型。

基于此四个步骤展开本节研究，首先对任务流程进行分析，确定基本任务构成及能力流动方向，然后基于此进行任务资源池与杀伤链的构建，实现任务节点与连边的抽取映射，并赋予能力流构成任务层流网络模型。

1. 任务流程分析

在执行任务过程中，各节点通过与其他个体在任务过程中的协同配合，促使取得更好的任务效果，这也使得在任务过程中涌现出单个节点所不具备的能力。为合理构建网络模型，对网络模型进行重点分析，一套合理有效的任务过程刻画机制显得很重要。

为了理解任务过程的本质，我们基于 John Boyd 定义的 OODA 环任务模型进行了解，此模型是由观察（Observation）、判断（Orientation）、决定（Decision）和行动（Action）构成的任务过程，旨在阐述空战中克敌制胜战术。OODA 环对个体任务模式进行了形象化拆分与描述，广泛应用于任务流程分析研究中。OODA 循环理论可用来描述装备体系的任务环建模思想，将装备体系中的执行不同功能的任务单元分为三类：感知类、决策类和执行类。考虑到任务过程中的信息来源和信息流向，一般将任务目标引入 OODA 环模型中，使得研究过程更加贴近实际情况。因此，完整的 OODA 环包含感知、决策、执行和目标四类节点。

鉴于现代任务的复杂性,为了完成任务,在实际行为中,一般一次完整任务执行活动需要多个感知和决策实体共同完成。感知类节点首先搜集场景与目标信息,选取重要信息通过通讯传递给决策类节点;决策类节点在进行信息处理后形成执行命令和执行方案;执行类节点接收到命令后对任务目标进行有效执行。复杂的任务网络模型就是由多个 OODA 环连通组成的。

平台在任务过程中扮演不同的角色,其本质是携带的载荷发挥的作用不同,划分如下。

1)感知与持续侦察装备(S):通过摄像头、雷达等载荷感知环境信息,从而进行目标信息获取等任务。

2)决策与指挥装备(D):通过智能载荷实现情报分析,并基于此进行任务规划与指挥控制。

3)执行类装备(I):通过携带的各任务载荷对目标实行各类操作,实现物资投放、定点打击等任务。

4)任务目标(T):使命任务的执行对象。

对某典型场景进行 OODA 分析,构建模型如图 3-16 所示。

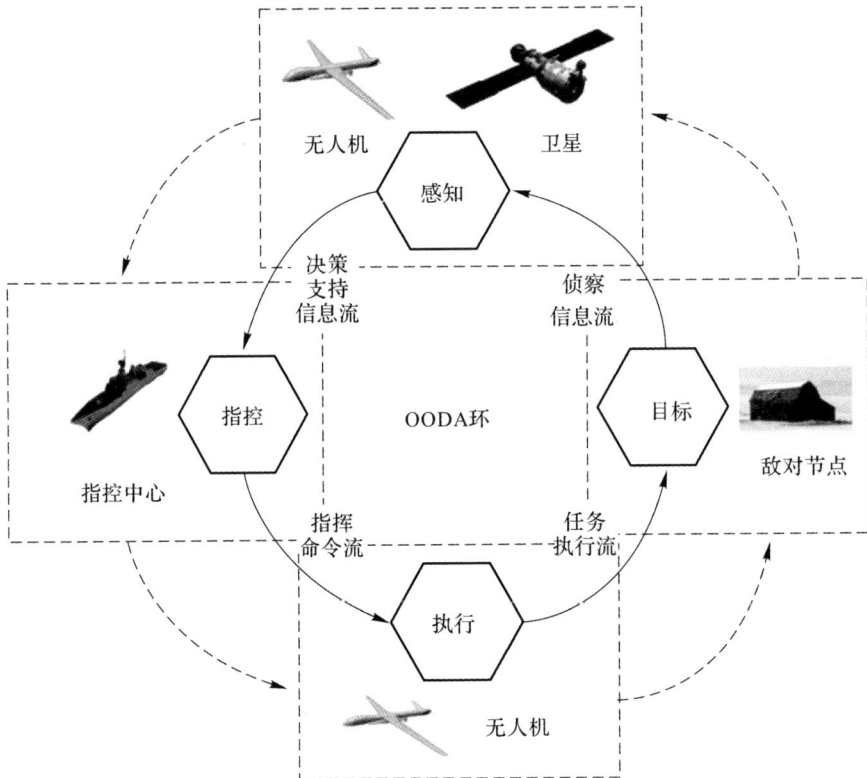

图 3-16　OODA 任务模型

同时参照上述分析,将任务过程定义为侦察感知、指挥控制和任务执行三部分,分别对应 OODA 模型中的"O"观察、"O-D"判断与决策和"A"执行,与目标联合构成完整的 OODA 环。因此,对我方进行任务映射,根据节点在任务过程中担当的"角色"以及执行的任务进行节点映射划分,分别定义为感知节点(S)、决策节点(D)、执行节点(I)以及目标节点(T),根据任务过程顺序连接,构成图 3-17 所示的标准 OODA 环。

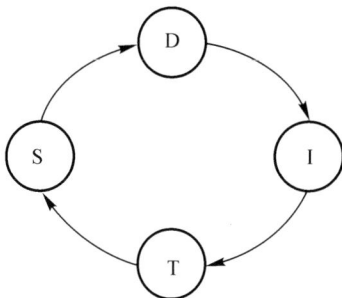

图 3-17　标准 OODA 环

2. 任务资源池与杀伤链的构建

资源池是指对抽象概念进行具象化并分类管理的技术,多用于计算机资源、网络资源等领域,这在很大程度上提高了系统提供的服务质量,方便进行资源调度的优化,有效利用大量空闲资源。因此,可借鉴基于资源池的聚合思想,由一定规模的相似资源协同提供服务。

资源池是一种对任务载荷实体进行抽象化、虚拟化后的聚合调度系统。对应任务层建模步骤 2,首先需要对各类型载荷设备提供统一的映射平台,即任务层网络,将物理设备实体映射接入任务层网络,将各载荷实体抽象为可以在复杂网络中表示的任务载荷节点,最后将任务载荷节点按节点类型聚类并将各聚类虚拟化为资源池。资源池在虚拟化任务资源的层面上进行分类研究,并方便为其设计合理的资源分配、调度和映射算法,以实现对任务资源充分高效的使用。

与以单机进行分析调度的传统模式相比较,基于资源池建立任务层网络进行分析调度具有以下特征。

①实现任务资源和物理设备的分离;

②提供更加灵活的资源层次结构和组织方式;

③根据任务需求,提供多种协同任务模式;

④资源池内部相互协作,资源池之间根据任务目标进行连接;

⑤任务从面向过程转为面向对象,更加高级抽象。

借助任务过程 OODA 分析,将系统中的执行不同功能的载荷分为三类:感知类(S)、决策类(D)和执行类(I)。一般而言,其中某些节点同时携带多种任务载荷,同时分属于不同节点类型,如美军 X-61A"小精灵"无人机一般同时携带火力打击载荷与红外探测载荷,与有人机协同配合满足自身的侦察探测、定位、火力打击的全过程。

因此,对机体层 G_2 来说,可根据其携带任务载荷种类对其进行分类,并将任务载荷抽象化为任务层 G_3 中的节点。同时基于 OODA 任务节点划分,在任务层中可构建三类资源池,即感知类资源池、决策类资源池和执行类资源池,并根据映射其中的任务载荷节点进行资源划分,同种类型任务载荷匹配对应资源池,构建资源池化的任务层网络。该过程建立的资源池化的任务层网络示意图如图 3-18 所示,任务层网络资源池化算法伪代码见表 3-2。

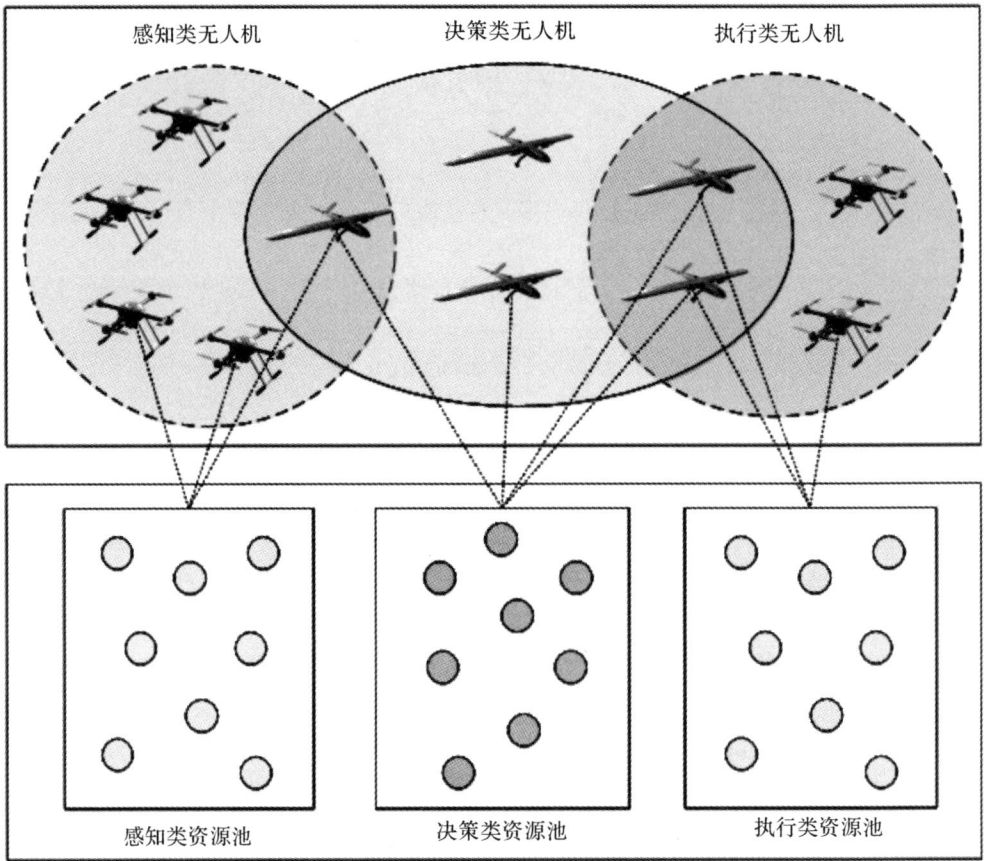

图 3-18 资源池化的化务层网络示意图

表 3-2 任务层网络资源池化算法

Algorithm 1：Mission layer network resource pooling algorithm
1：Initialization：$V_2[1...m]$,$V_3[1...n]$,n,m
2：**for** i← 1 to 3 **do**
3：resources[i] **in** pooling（S,D,I）
4：**end for**
5：**for** i←1 to m **do**
6：$V_2[i] \to V_3[j]$
7：**for** j← 1 to n **do**
8：type（$V_3[j]$）$\to$ same type resources[i]
9：**end for**
10：end for

任务层建模步骤 3,在确定任务载荷节点并进行资源池化后,应对各资源池中载荷节点的关联关系进行分析定义,将具有信息、能力流动的节点之间的关系抽象为网络中的连接边。基于 OODA 环对中存在的任务单元连边关系进行分析可知,对于标准 OODA 模型,存在两类连接关系:情报上传链路(S→D)与指令下达链路(D→I),如图 3-19 所示。

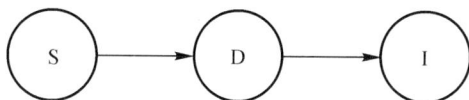

图 3-19 任务单元连接关系示意图

因此,基于此两类连边关系,对任务载荷的连边关系进行抽象提取,其连边构建规则如下。

1)初始化:根据载荷配置确定任务层网络的节点数量、位置分布,假设对任务层网络生成 n 个节点,其任务载荷种类数对应上节资源池数,为 3 种,每种载荷下的节点个数为 $n_i (i = 1, 2, 3)$,其中 $n_1 + n_2 + n_3 = n$ 。

2)连接:

①规定各类型任务载荷的连接顺序:S→D→I。

②不同任务资源池,即不同种类任务载荷之间按照自由组合算法进行连接,即 S、D、I 三种任务载荷对应的载荷数分别为 n_1、n_2、n_3,则共有 $n_1 \times n_2 \times n_3$ 种可连接方式。

③所有连接中均要求两节点之间不能有重边,也不能有自环。

3)结束:在网络中所有节点、连边都生成后,输出所构造的任务层网络链路模型示意图如图 3-20 所示,图中虚线代表可连接的杀伤链路。

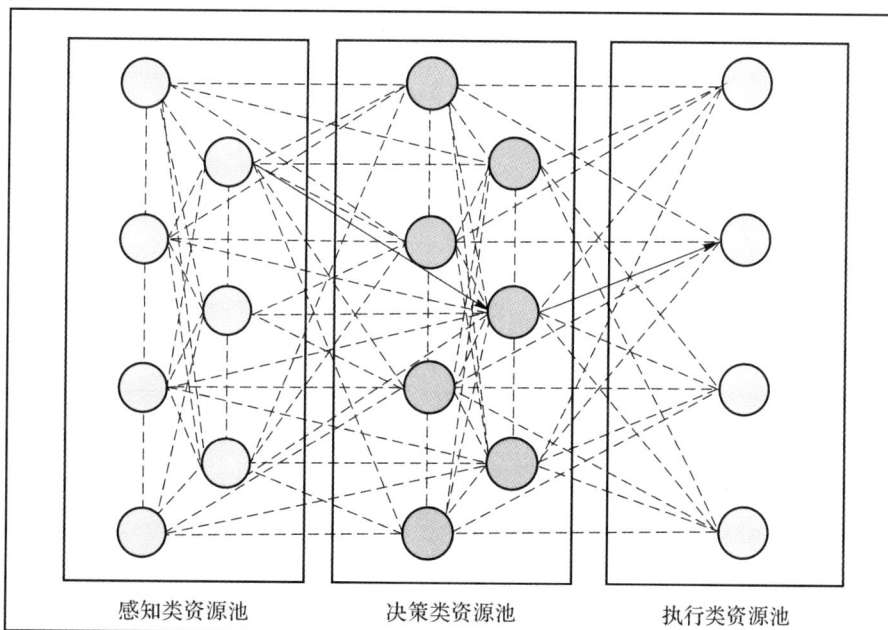

图 3-20 任务层网络链路模型示意图

其中,各类型的任务载荷按照规定的顺序连接构成一条连通链路(如 S→D→I),载荷按次序发挥其任务能力,从而完成任务,此连通链路即为杀伤链(如图中红线所示)。以载荷链路的形式执行任务,反映了其优势及特点,即可将任务的各个环节及承担各子任务的载荷分布到大量可通讯的单机上,协同配合完成任务,提高整体任务能力及任务成功率。

在任务层网络模型中,杀伤链路表示了最基本的任务过程。杀伤链路的数量在一定程度上反映出可以完成任务的方案数量,任务层网络中杀伤链路越多,完成任务的潜力就越大,执行任务的方案也越多,方案的抗毁性也越强。只要杀伤链是连通的,就说明任务网络是连通的,任务网络具有完成任务的能力。同时任务网络中的任务载荷是冗余的,任务层网络具有鲁棒性,因此在任务过程中出现个体失效仍能保证任务完成的能力,具备更高的任务能力与任务成功率。

3. 任务层流网络模型构建

通过上述部分对进行任务节点的抽象与聚合、信息能力流的抽象与定义,进而确定任务层网络的节点集与边集,构建单向无环的任务层网络三元模型 $G_3 = \{V_3, E_3, C_3\}$。其中,$V_3 = \{V_{31}, V_{32}, \cdots, V_{3n}\}$ 对应网络中的节点集,代表各类装备所携带的任务载荷实体抽象成的节点,载荷节点按次序发挥其任务能力构成 OODA 过程,连接形成杀伤链,即 $E_3 = \{E_{31}, E_{32}, \cdots, E_{3m}\}$,代表对应信息能力流抽象成的连边,两载荷之间是否有连接关系由对应的连接关系决定。

此外,载荷在任务过程中发挥的作用即是其任务能力的体现,因此在任务层网络模型 G_3 中,节点需具备对应任务载荷的任务能力作为其属性值,即 $C_3 = \{C_{31}, C_{32}, \cdots, C_{3n}\}$,$n$ 为节点数量。若任务过程为侦察感知→自主决策→任务执行,则对应杀伤链中任务载荷所应具备的任务能力值为感知能力、决策能力和执行能力。由此,此任务层赋值网络既考虑了单机任务能力,又考虑了协同工作方式,为下文涌现性能力分析问题奠定了基础。

具体来说,任务层网络模型的构建过程可以被描述如下。

①基于机体层网络的节点 V_2 进行映射,将任务载荷抽象为任务层网络的节点 V_3,并基于资源池化思想进行聚合;

②任务层网络节点按照杀伤链路的构成规则进行连接;

③将任务载荷所对应的任务能力赋予对应节点。

基于以上描述,建立含有节点属性值的有向网络模型。该过程伪代码见表3-3。

表3-3 任务层网络建模算法伪代码

Algorithm 1: Mission layer network modeling algorithm

1: **Initialization**: $V_2[1\ldots m], V_3[1\ldots n], C_3[1\ldots n], n, m$

2: **for** i←1 to m do

3:   addedge($V_2[m], V_3[n]$)

4: **end for**

续表

Algorithm 1：Mission layer network modeling algorithm
5：**for** i←1 to 3 **do**
6：　**for** j←1 to n **do**
7：　　$V_3[j]$ →resources[i]
8：　　addedge（$V_3[j]$,$V_3[else]$）**in** resources[i]，（$V_3[j]$ in resources[i]），（$V_3[j]$ in resources[i+1]）
9：　**end for**
10：**end for**
11：**for**i←1 to *n* **do**
12：　**assignment**$C_3[n]$ **to** $V_3[n]$
13：**end for**

以上建立的任务层网络模型,为一含有节点属性的有向图 $G_3=\{V_3,E_3,C_3\}$,其中的节点属性值 $C_3=\{C_{31},C_{32},\cdots,C_{3n}\}$ 代表了对应载荷理论上能发挥的最大任务能力。而在实际任务过程中,杀伤链路中每个节点的能力发挥不仅取决于自身能力值,也会受同一链路中其他节点能力的限制,导致其能力无法完全发挥。此特性与容量网络(capacity network)具有一定的相似性,因此可参考其相关研究成果对任务层网络进行分析研究。

而对节点的能力属性来说,其难以在网络图中直观表现出来,也难以利用图论的相关算法进行分析计算。对有向容量网络而言,一般会对其进行流量化处理,即将节点能力属性转换为杀伤链路流量属性。在系统层面,即是将对任务的完成情况进行流量化处理,任务层网络中流动的流量就是完成任务的能力流。

通过上述分析,将任务层网络模型可等效为一流网络 $G'=\{V',E',F'\}$,为一连通无环的有向图。其中,V' 为网络的节点集,$E'=\{e_1,e_2,\cdots,e_n\}$ 为网络的边集,$F'=\{f_1,f_2,\cdots,f_n\}$ 为网络的流量函数,流量函数是定义在边集 E' 上的非负数值。在网络内能力的流动依靠任务载荷节点之间的拓扑关系,能力从感知节点流向决策节点,再流向执行节点,不同节点间能力同时流动,共同构成整体的任务能力流,$f_i(1\leqslant i\leqslant n)$ 对应于相应链路 $e_i(1\leqslant i\leqslant n)$ 上的任务能力流,其传递关系如图 3-21 所示,网络邻接矩阵为

$$
\begin{array}{c}
\begin{array}{ccccc} v_1 & v_2 & \cdots & v_{n-1} & v_n \end{array}\\
\begin{array}{c} v_1\\ v_2\\ \vdots\\ v_{n-1}\\ v_n \end{array}
\begin{bmatrix}
0 & (f_{12}) & \cdots & (f_{1\cdot n-1}) & (f_{1\cdot n})\\
 & 0 & \cdots & (f_{2\cdot n-1}) & (f_{2\cdot n})\\
\vdots & \vdots & & \vdots & \vdots\\
 & 0 & \cdots & 0 & (f_{n-1\cdot n})\\
0 & & \cdots & & 0
\end{bmatrix}
\end{array}
\tag{3-1}
$$

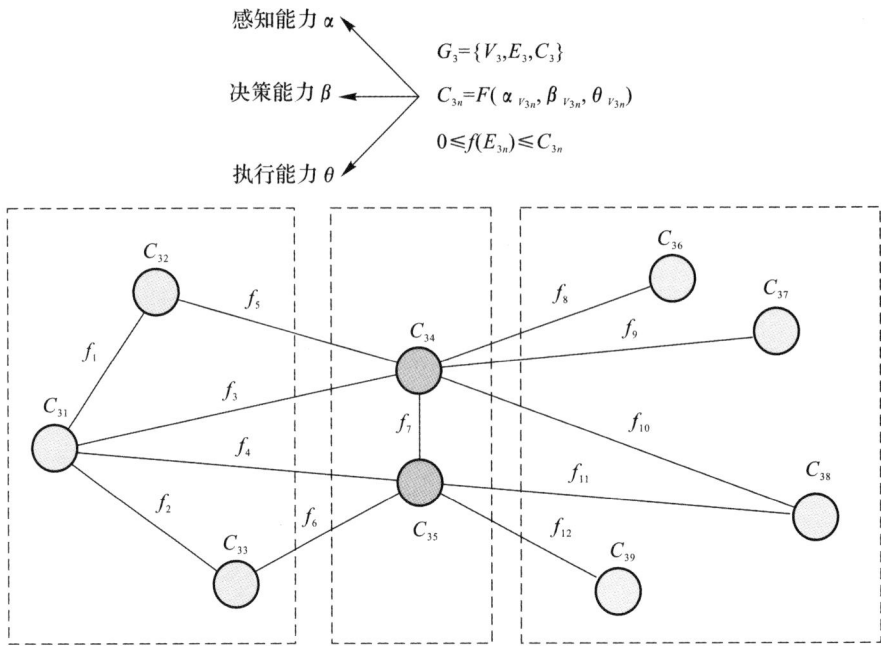

$G_3 = \{ V_3, E_3, C_3 \}$

$C_{3n} = F(\alpha_{V_{3n}}, \beta_{V_{3n}}, \theta_{V_{3n}})$

$0 \leqslant f(E_{3n}) \leqslant C_{3n}$

图 3-21　任务网络流量示意图

3.2.2　基于任务需求的动态杀伤链构建方法

1.效能评价指标体系

从装备载荷层面分析效能,是体系效能评价所需考虑的最小元素。因此,选择借助指标体系由装备性能参数进行效能评价,此类型问题已被广泛研究,采用最为常见的 ADC 方法进行效能评价,其模型为

$$E = A \times D \times C \qquad (3-2)$$

在该模型中,载荷性能通过能力矩阵反应,它也是求解系统效能的核心。通过建立的装备级效能指标体系,结合组合赋权法进行指标权重计算可得到对应能力矩阵,最后通过 ADC 模型计算得到装备的单项效能。

利用组合赋权法计算任务能力的具体流程如下。

1)选取层次分析法作为主观赋权法计算主观权重,设主观权重为 w_a。

层次分析法(Analytic Hierarchy Process)是近年来在实际应用中最为广泛的主观赋权法,其执行步骤如下。

①分类问题涉及的因素,并构建一个层次结构模型描述因素之间连结关系;

②基于层次结构图,构造权重判断矩阵;

③因同时对多个指标比较时,分析判断结果会出现思维一致性偏差,需对判断矩阵进行一致性检验,若满足条件,则可根据判断矩阵计算指标的主观权重。

2)选取 CRITIC 权重法作为客观赋权法计算客观权重,设客观权重为 w_b。

CRITIC 权重法的步骤如下。

①构建原始指标数据矩阵,假设有 n 个待评价样本及 p 项评价指标。

$$X = \begin{pmatrix} x_{11} & \cdots & x_{1p} \\ \vdots & & \vdots \\ x_{n1} & \cdots & x_{np} \end{pmatrix} \qquad (3-3)$$

式中: x_{ij} 表示第 i 个样本中第 j 项指标的数值。

②进行无量纲化处理,使用正向化或逆向化的处理方式。

所用的值越大越好(正向指标):

$$x'_{ij} = \frac{x_j - x_{\min}}{x_{\min_{\max}}} \qquad (3-4)$$

所用的值越小越好(逆向指标):

$$x'_{ij} = \frac{x_{j_{\max}}}{x_{\min_{\max}}} \qquad (3-5)$$

后续计算过程中 $x_{ij} = x'_{ij}$ 。

③计算信息量,需要先计算指标变异性和指标冲突性。

指标变异性的计算公式为

$$\bar{x}_j = \frac{1}{n} \sum_{i=1}^{n} x_{ij} \qquad (3-6)$$

$$S_j = \sqrt{\frac{\sum_{i=1}^{n} (x_{ij} - \bar{x}_j)^2}{n-1}} \qquad (3-7)$$

指标冲突性的计算公式为

$$R_j = \sum_{i=1}^{p} (1 - r_{ij}) \qquad (3-8)$$

式中: r_{ij} 表示指标间的相关系数。

信息量的计算公式为

$$C_j = S_j \times R_j \qquad (3-9)$$

④根据信息量,计算指标权重的公式为

$$w_{bj} = \frac{c_j}{\sum_{j=1}^{p} c_j} \qquad (3-10)$$

3)选择最小二乘原理的组合赋权法,计算组合权重,设组合权重为 w 。

最小二乘原理的组合赋权法的步骤如下。

①结合主观与客观权重,建立如下的目标规划函数,该函数具有唯一最优解:

$$\min \sum_{i=1}^{p} (w_i - w_{ai})^2 + \sum_{i=1}^{p} (w_i - w_{bi})^2 \qquad (3-11)$$

$$\sum_{i=1}^{p} w_i = 1, w_i \geqslant 0 \qquad (3-12)$$

②根据上式,求解得到组合权重。

通过以上步骤,得到单机任务能力值,用于赋予能力矩阵中。

需要说明的是,客观赋权法需依赖足够的样本数据,当样本数据不足时,客观赋权法不再适用,此时仅采用层次分析法对单机任务能力进行评价。

感知效能指的是作战行动中装备系统进行侦察探测行为满足任务要求的程度。其对应的装备性能指标体系见表3-4。

表3-4 感知效能对应的装备性能指标体系

单项能力指标	装备性能指标		
感知能力	电子侦察载荷能力	/	/
	光电侦察载荷能力	红外侦察载荷能力	红外载荷重量
			红外发现目标概率
			红外最大作用距离
			红外同时跟踪目标数
			红外目标定位精度
			红外分辨率
			红外可接受最低对比度
		可见光侦察载荷能力	可见光载荷重量
			可见光发现目标概率
			可见光最大作用距离
			可见光最大搜索方位角
			可见光同时跟踪目标数
			可见光目标定位精度
			可见光分辨率
			可见光可接受最低对比度
	雷达侦察载荷能力	SAR侦察载荷能力	SAR载荷重量
			SAR发现目标概率
			SAR最大作用距离
			SAR最大搜索方位角
			SAR同时跟踪目标数
			SAR目标定位精度
			SAR分辨率

感知效能指标体系包含要求的三类感知任务载荷,主要分为红外侦察载荷能力、可见光侦察载荷能力和雷达侦察载荷能力。

指控效能指的是作战行动中根据现有情报进行决策指挥行为满足任务要求的程度。其对应的装备性能指标体系见表3-5。

如表 3-5 所示,以下决策效能指标体系包含要求的一类决策任务载荷。

表 3-5　决策效能对应的装备性能指标体系

单项能力指标	装备性能指标	
决策能力	通信载荷能力	通信距离
		通信质量
		通信速度
	计算能力	算力大小

执行效能指的是行动中运用机载装备系统进行火力攻击行为满足任务要求的程度。其对应的装备性能指标体系见表 3-6。

如表 3-6 所示,以下执行效能指标体系包含要求的一类执行任务载荷。

表 3-6　执行效能对应的装备性能指标体系

单项能力指标	装备性能指标	
执行能力	打击载荷能力	带弹量
		毁伤范围
		打击速度
		打击距离

基于效能评价方法可以对执行任务过程中各类节点的效能进行评价,并据此形成基于任务需求的动态杀伤链构建方法。基于执行任务模式进行任务层节点映射与划分,并且考虑单机任务能力要素,构建了任务层流网络模型,本节基于此模型进行动态杀伤链构建方法的研究。此外,为对应真实的任务场景,还需在此网络的基础上加入任务节点,构成由"感知—决策—执行—目标"组成的完整 OODA 杀伤链路,如图 3-22 所示,而其中杀伤链路的连接方式决定了的网络结构与整体任务流量情况,也是资源调度策略的网络表现形式。

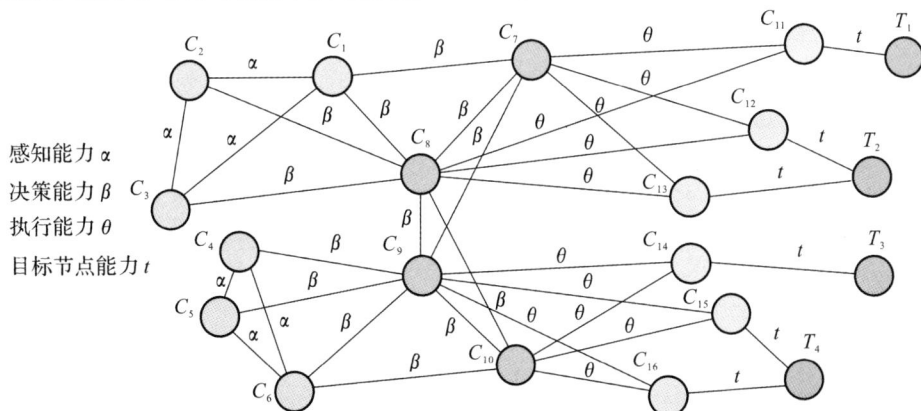

图 3-22　杀伤链构建模型示意图

此外,为对应提出的任务流网络流量,所加入的任务目标节点也需有其对应的任务能力。因此,根据实际情况下感知系统所能侦察到的情况,将目标节点所对应的任务能力视为三部分构成:目标坚固程度、目标体积与执行时间需求,分别代表目标节点需求投入的任务资源量与目标节点在整体任务中的紧急程度。

至此,本书构建了以感知节点、决策节点、执行节点与目标节点构成杀伤链构建网络。基于前述任务能力评价,将任务需求转化为网络中达到目标节点的能力流量需求,符合能力需求的杀伤链即为任务过程中的可行杀伤链。

在对任务能力进行有效评价的基础上,为保证任务资源的高可靠运用与合理科学调度最大化的优势,本节利用复杂网络理论的流量特性及其网络结构提取高效的调度规则,把杀伤链构建问题转换为网络上节点的遍历问题。

2. 最优杀伤链构建优化目标及约束研究

优化目标是最优杀伤链形成的核心。在本方法中,依据三层复杂网络的特性,以任务能力作为决策约束,从任务可靠性、任务成本、任务需求三方面综合选取指标,实现对任务资源的合理调度。本节重点研究杀伤链调度优化过程中调度优化目标和约束的构建,基于对影响杀伤链价值的因素的分析,构建杀伤链的结构价值权衡函数作为调度优化目标,基于任务层流网络模型,确定能力的流动方向,利用最大流算法,计算杀伤链的任务能力作为调度优化约束。

构建杀伤链的结构价值权衡函数前,需对杀伤链价值影响因素进行简单分析。时间是宝贵的资源,任务的完成时间是衡量杀伤链价值的必不可少的因素;同时杀伤链的任务可靠性反映了杀伤链成功完成任务的概率,在分析杀伤链价值过程中也应作为其中一个因素;此外,抛开成本空谈效果是不切实际的,任务成本也是判断杀伤链好坏的必要因素。因此,杀伤链价值影响因素主要包含任务时间、任务可靠度与任务成本。考虑从任务时间、任务可靠度、任务成本三方面角度构建杀伤链的结构价值权衡函数,将杀伤链的结构价值权衡函数的构建分为如下几步:

①构建任务时间函数;

②构建任务可靠性函数;

③构建费用函数;

④将任务时间函数、任务可靠性函数、费用函数以一定权重相加,得到最终的结构价值权衡函数。

(1)任务时间函数的构建

任务时间函数可分为两个部分。对于任务目标,存在一个期望的处理时间,此时间仅由任务目标决定,反应了处理任务目标的时间紧迫性,设为 T_{ta},是一个长度为任务目标数量的一维数组。对于执行节点执行任务、处理任务目标的过程,也存在一个执行时间,此时间与执行节点本身的性能和执行节点到目标节点的链路相关,此处假设该时间与执行节点的速度与执行节点到目标节点的距离相关,可由执行节点到目标节点的距离除以执行节点的速度计算得到,设为 T_{act}。

基于以上分析,将两类时间结合起来。对于一个任务,执行时间越短,期望的处理任务目标的时间越长,则任务越容易完成。因此,考虑将每个任务目标在杀伤链中对应的执行时间除以其期望的处理时间,构建任务时间数组 T_{ar}。任务时间函数取任务时间数组中的最大值。设任务时间函数为 T,则 T 的计算公式如下:

$$T_{ar} = \frac{T_{act}}{T_{ta}} \tag{3-13}$$

$$T = \max\{T_{ar}\} \tag{3-14}$$

(2)任务可靠性函数的构建

对于一个简单的系统,可考虑采用传统可靠性的方法,建立可靠性模型对系统可靠性进行分析。然而,对于无人机执行任务的情况,任务目标可能存在多个。由于一条杀伤链对应一个任务目标,因此,杀伤链也可能存在多条。多条杀伤链若存在交叉,则会形成网络。链路数目越多,交叉情况越复杂,形成的网络复杂程度越高。此时,传统可靠性已无法完整描述一组杀伤链的可靠性。因此,此处考虑将网络可靠性作为描述杀伤链可靠性的一部分,分别计算传统可靠性和网络可靠性,将两者以一定方式结合,即可得到杀伤链的任务可靠性函数。

对于传统可靠性,可建立可靠性框图模型进行分析。此处做出如下假设,一组杀伤链中,任意无人机的故障都将导致该组杀伤链无法完成任务。基于此假设,可采用串联模型计算链路的传统可靠性。于是,可以给出计算传统可靠性的流程。首先,根据各无人机的MTBF计算各无人机当前的可靠度,然后将可靠度赋予节点属性,然后提取一组杀伤链中的每个节点的可靠度,将可靠度进行相乘即可得到一组杀伤链的传统可靠性。令传统可靠性为 R_t,则 R_t 的计算公式如下:

$$R_t = \prod_{i=1}^{n} R_{ti} \tag{3-15}$$

式中:n 为一组杀伤链中节点的数量。

计算传统可靠性的流程图如图 3-23 所示。

图 3-23　计算传统可靠性的流程图

目前国内外对网络可靠性的研究已有一定进展。此处选择基于网络的脆弱性指标对网络可靠性进行分析。脆弱性定义为一个基础设施系统或组件的设计、生产、运行和(或)管理中,使系统在遇到危险或威胁时很容易受到破坏或功能失效,或者使系统降低恢复稳定能力的缺陷和薄弱环节。脆弱性指标可由权重度数和权重介数加权得到。

在复杂网络理论中,某节点的度数是指与该节点所连边的数目,反映了该节点在整个网络中局部重要程度,度数越大,说明该节点与其余节点联系越多,但无法反映该节点在整个网络中的重要程度。在"任务网"中,当网络节点被删除,与该节点相连的边也将被删除,高度数的节点被删除会带来更多的边被删除,这将会影响网络的传输性能;同时,网络中节点的权重用以描述节点的重要程度,权重越大,代表该节点的重要程度越大。其中,无人机网络由结构层、通信层和任务层构成,结构层节点的权重代表单机的保持队形能力,通信层节点的权重代表单机的信息传输能力,任务层节点的权重代表单机的任务执行能力。

介数是能够较好反映网络节点在网络拓扑中重要程度的指标。与度数指标不同的是,介数反映了节点在网络的全局重要度。节点介数为网络中所有最短路径经过该节点的路径数目占所有最短路径总数的比值。考虑到搭建的"任务网"模型是有方向的,某个节点到另一节点的最短路径应该在原有定义上加以改进,同理节点介数的定义也应适当改进。考虑到任务网络的实际物理意义,将介数改编为所有现存杀伤链经过某节点的路径数目占所有现存杀伤链总数的比值,利用比值来反映该节点的全局重要度。

令脆弱性指标为 P,权重度数指标为 q_i,权重介数指标为 u_i。其中,q_i 可由如下公式计算得到:

$$w_i = d_i / \sum d_i \qquad (3-16)$$

$$p_i = P_i / \sum P_i \qquad (3-17)$$

$$q_i = w_i p_i \qquad (3-18)$$

式中:w_i 为该节点的度数重要度;d_i 为网络节点 i 的度数;p_i 为节点任务能力重要度;p_i 为节点所代表的任务能力。

u_i 可由下式计算得到:

$$v_i = \sum \delta_{ou}(i) / \delta_{ou} \qquad (3-19)$$

$$u_i = v_i' p_i \qquad (3-20)$$

式中:v_i 为节点 i 介数;v_i' 为其归一化结果;δ_{ou} 为所有的杀伤链的数目;$\delta_{ou}(i)$ 为通过节点 i 的杀伤链数目。

于是,脆弱性可由下式计算:

$$I_i = 0.5q_i + 0.5u_i \qquad (3-21)$$

$$P = I = \sum I_i \qquad (3-22)$$

网络可靠性:

$$R_{net} = 1 - P \qquad (3-23)$$

需要注意的是,当一组杀伤链中各条杀伤链都不存在节点交叉的情况时,杀伤链间不构成网络,此时将网络可靠性视为1。

基于传统可靠性和网络可靠性的计算,将传统可靠性和网络可靠性进行相乘,即可得到杀伤链的任务可靠性函数。令任务可靠性函数为 R,其计算公式如下:

$$R = R_t R_{net} \qquad (3-24)$$

(3)费用函数的构建

在执行任务的过程中,无人机携带的任务载荷的运作需要成本,该成本对应任务载荷,即对应任务层流网络模型中的节点,因此可视为节点成本。同时,无人机之间的相互通信也会产生成本,该成本对应通信层网络节点间的链路。由于任务层流网络的链路与通信层网络节点间的链路基本对应,因此该成本可视为链路成本。基于上述判断,将费用分为节点成本和链路成本,分别计算节点成本和链路成本,将两者以一定方式结合,即可得到杀伤链的费用函数。

对于节点成本,参考将任务能力赋予节点属性的思路,将每个节点的成本赋予节点属性,然后提取一组杀伤链中的每个节点的成本,将每个节点的成本进行相加即可得到一组杀伤链的节点成本 P_{node}。计算节点成本流程图如图 3-24 所示。

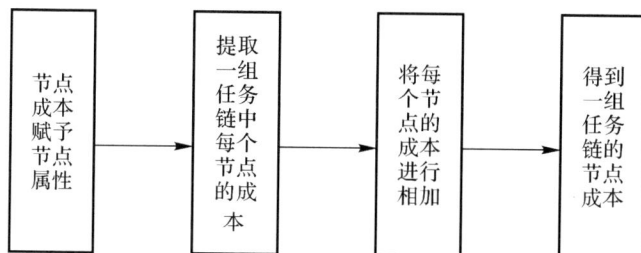

图 3-24　计算节点成本流程图

对丁链路成本,此处作出如下假设:无人机单机的通信能力存在好、中、差三种情况;两个单机之间的通信情况越好,其间链路成本越低;两个单机之间的通信情况可由两个单机通信能力决定;链路的复用会增加该链路的成本。据此,可以给出计算链路成本的流程。首先,将每个单机的通信能力赋予节点属性,然后计算一组杀伤链中每条链路的复用情况,接着提取该组杀伤链中每个节点的通信属性,根据两个节点的通信属性和链路的复用情况可计算其间的链路成本,将每条链路成本相加即可得到一组杀伤链的链路成本 P_{edge}。计算链路成本的流程图如图 3-25 所示。

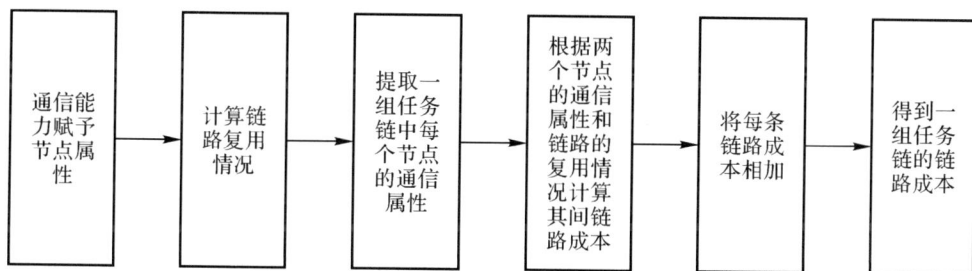

图 3-25　计算链路成本的流程图

将节点成本和链路成本相加,即可得到杀伤链的费用函数。计算公式如下:

$$P = P_{node} + P_{edge} \tag{3-25}$$

(4)权衡函数的构建

将以上三个函数分别按照 w_1、w_2、w_3 的权重相加,最终可得到杀伤链的结构价值权衡函数 B,公式如下:

$$B = w_1 T + w_2 R + w_3 P \tag{3-26}$$

在任务层流网络模型中,任务能力的流动方向:从感知到决策节点、从决策到执行节点、从执行到目标节点。从感知到决策到执行到目标,即构成了一条基本的杀伤链,其间流动的能力,即该条杀伤链的任务能力,基于流网络流量函数的约束条件,可简单得到该条杀伤链的任务能力。

然而,在执行任务的过程中,往往存在多个任务目标,杀伤链的数量随任务目标数量的增加而增加。当不同的杀伤链中复用同一个节点时,杀伤链将会出现交叉的情况。随着杀伤链数量的增加,出现杀伤链交叉的情况更加频繁,逐渐形成复杂的网络结构。简单的计算已无法求解形成网络结构的一组杀伤链的任务能力,此处提出使用最大流算法计算一组杀伤链的任务能力,最大流算法的基本流程如图 3-26 所示。

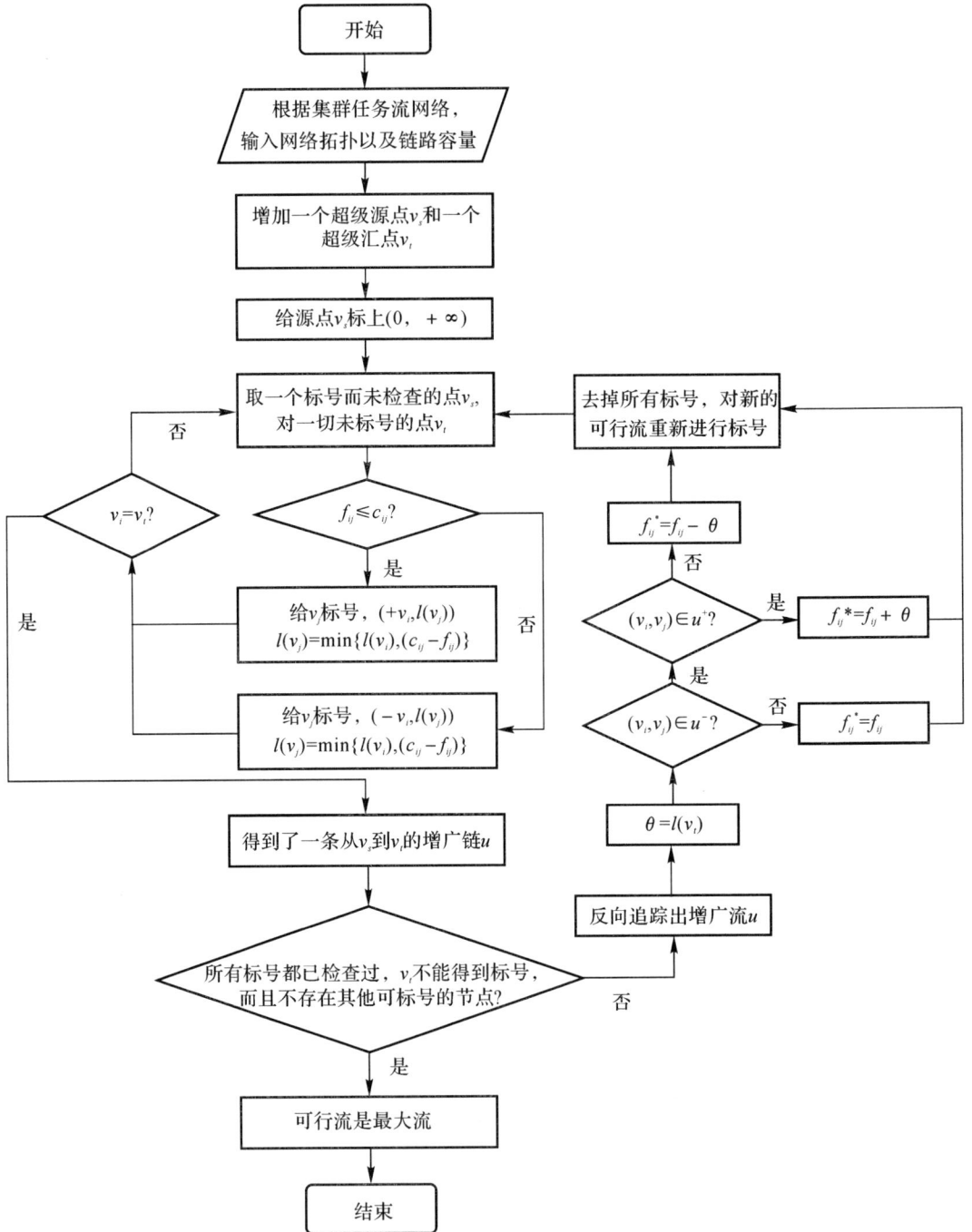

图 3-26　最大流算法的基本流程

具体步骤如下。

首先给出一个可用最大流算法计算流量的网络,如图 3-27 所示。

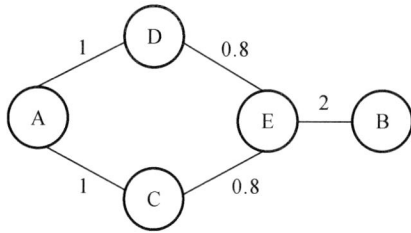

图 3-27　简单网络图

其中,1、0.8、2 等代表该连边允许通过的最大流量(容量)。此网络可以直接通过最大流算法来计算流量。计算得到从节点 A 到节点 B 能够通过的最大流量为 1.6。

一组杀伤链构成的网络,在任务层网络模型中都可找到。而前面部分构造的任务层流网络模型,节点具有数值确定的任务能力属性,而连边具有的流量函数,其值是不确定的。任务层网络形式图(只反应任务能力在网络中的体现,不反应实际的网络构造)如图 3-28 所示。

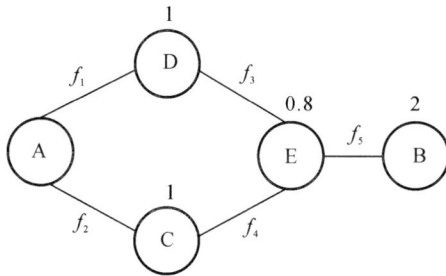

图 3-28　任务层网络形式图

其中,f_1、f_2、f_3、f_4、f_5 表示流量函数,根据流量函数的约束条件,应有如下结论:$f_1 < 1, f_2 < 1, f_3 < 1, f_4 < 1, f_3 + f_4 < 0.8, f_5 < 0.8, f_5 < 2$。

此种形式无法直接通过最大流算法计算任务能力,需要进行进一步处理。考虑将节点能力属性赋予连边最大流量。节点属性赋予连边容量的网络图如图 3-29 所示。

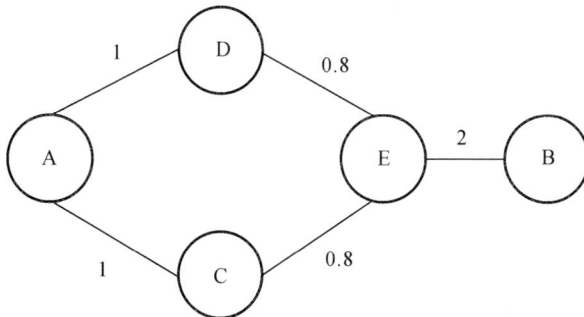

图 3-29　节点属性赋予连边容量的网络图

实际上,此时的网络即上面的简单网络,可以利用最大流算法进行计算,计算得到从节点 A 到节点 B 能够通过的最大流量为 1.6。然而,根据原本任务层网络流量函数的约束条件易得,节点 A 到节点 B 能够通过的最大流量应为 0.8。出现此问题的原因在于,E 节点左侧的连边不能都达到 0.8 的流量,否则将超出 B 节点的承受能力。因此,考虑对网络继续进行如图 3-30 的改造。

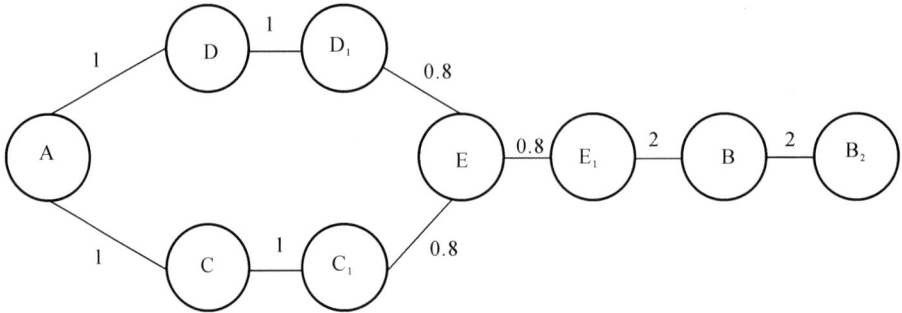

图 3-30 用于计算的网络图

其中,A、B、C、D、E 是原有的节点。此处采用图论的方法,将节点拆分为入点和出点。具体实现过程为:除 A 节点外,在原有节点后添加一个节点,删去原有节点与后续节点的连边,并添加新节点与原有节点及新节点与原有节点后续节点的连边。其中,新点与原有节点连边的属性为节点的任务能力,新节点与原有节点后续节点连边的属性等于原有节点与后续节点连边的属性。作此改进后,即可使用最大流算法计算 A、B 节点间的任务能力。

上述改造思路,适用于完整的任务层流网络及任意条杀伤链组合而成的网络。

3. 杀伤链构建优化算法研究

上述研究已建立了杀伤链构建问题模型,并构建了杀伤链的结构价值权衡函数作为调度优化目标,提出了作为调度约束的杀伤链的任务能力的计算方法。在此基础上,需要继续对杀伤链调度优化算法展开研究,最终计算得到最优的杀伤链。从复杂网络的角度看待杀伤链构建问题,可将其视为网络上起始与终止节点间路径的遍历问题。因此,遍历算法必然能处理杀伤链构建问题。然而,随着规模与任务目标数量的增加,遍历算法所需的时间急剧增长,此时智能算法等优化算法因其计算速度快的特点,显著优于遍历算法。本方法将利用蚁群算法,进行杀伤链寻优,给出实现最优调度策略的方法。

蚁群算法的执行流程如下。

1)初始化蚁群参数。需要基于已构建的任务层流网络,获取任务层流网络中感知节点、执行节点、决策节点、目标节点四类节点的信息(包括节点的数量、编号、任务能力等),以及节点间连边的信息(连边可能允许通过的最大任务能力流量,可由节点任务能力表示)。依据或考虑这些信息,设置蚁群的参数,包括所有蚂蚁数目、信息素重要程度因子(信息素因子)、启发函数重要程度因子(启发式因子)、信息素常量、挥发因子及最大迭代次数,同时建立初始的启发信息矩阵、信息素矩阵及任务能力矩阵。其中,任务能力矩阵反应的是节点间连边允许通过的最大任务能力流量信息。

2）开始循环。

设置每只蚂蚁的初始位置，此处建立一个源点作为蚂蚁的起始节点。

依据目标节点的数量，将蚂蚁进行分组，每组蚂蚁的数量为目标节点的数量。每组中每只蚂蚁根据转移概率遍历所有可转移的节点，进行下一节点的选择，直至走过一条完整的杀伤链。

处于源点的蚂蚁，向感知类节点进行转移。节点选择的概率如下：

$$P = \begin{cases} \dfrac{\tau_{ij}^{a}(t) * \eta_{ij}^{\beta}(t)}{\sum_{j \in \text{allowed}_k} \tau_{ij}^{a}(t) * \eta_{ij}^{\beta}(t)}, & j \in \text{allowed}_k \\ 0 \end{cases} \tag{3-27}$$

式中：$\tau_{ij}(t)$ 为时间 t 时由节点 i 到 j 的信息素浓度；α 为信息素因子；$n_{ij}(t)$ 为时间 t 时由节点 i 到 j 的启发信息，选择节点 i 到 j 的连边允许通过的最大能力流作为节点间的启发信息，因此，启发信息可由节点 j 的任务能力表示，β 为启发式因子；allowed_k 为允许访问的节点，此处为所有感知节点。

处于感知类节点的蚂蚁，将向决策类节点进行转移，节点选择的概率也按照上述公式计算。其中，allowed_k 为所有决策节点。

处于决策类节点的蚂蚁，将向执行类节点进行转移，节点选择的概率也按照上述公式计算。其中，allowed_k 为所有执行节点。

处于执行类节点的蚂蚁，将向目标节点进行转移，节点选择的概率同样按照上述公式计算。其中，allowed_k 为此组中前面的蚂蚁尚未访问的目标节点。

处于目标节点时，蚂蚁已经走过一条完整的杀伤链。开始下一只蚂蚁的转移。

对一组蚂蚁来说，共走了目标节点数量的杀伤链。在此过程中，需满足如下约束条件：一组蚂蚁走出的杀伤链中包含所有的目标节点。将这些杀伤链存储在一个集合中，设为一组杀伤链，一组杀伤链需满足任务能力的约束。

3）更新信息素矩阵。此处以每一组蚂蚁得到的杀伤链集合的杀伤链的结构价值权衡函数为信息素更新的依据，按如下的公式进行更新：

$$\tau_{ij}(t+1) = \tau_{ij}(t) * (1-\rho) + \Delta\tau_{ij}, \quad 0 < \rho < 1 \tag{3-28}$$

$$\Delta\tau_{ij} = \sum_{k=1}^{m} \Delta\tau_{ij}^{k} \tag{3-29}$$

式中：ρ 为信息素挥发因子；$\Delta\tau_{ij}$ 为新增信息素含量；$\Delta\tau_{ij}^{k}$ 由信息素常量和第 k 组杀伤链的目标函数相乘得到。

为避免算法陷入局部最优，对算法中信息素更新的规则进行改进，改进后添加的公式如下：

$$\tau_{ij}(t+1) < m \tag{3-30}$$

$$\tau_{ij}(t+1) = m \tag{3-31}$$

式中：m 为设定的信息素浓度的最低值。

当迭代次数到达规定迭代次数后，算法停止，得到最优的杀伤链集合，即为以杀伤链权衡函数为优化目标情况下蚁群算法所得的最优调度策略。

蚁群算法执行流程图如图 3-31 所示。

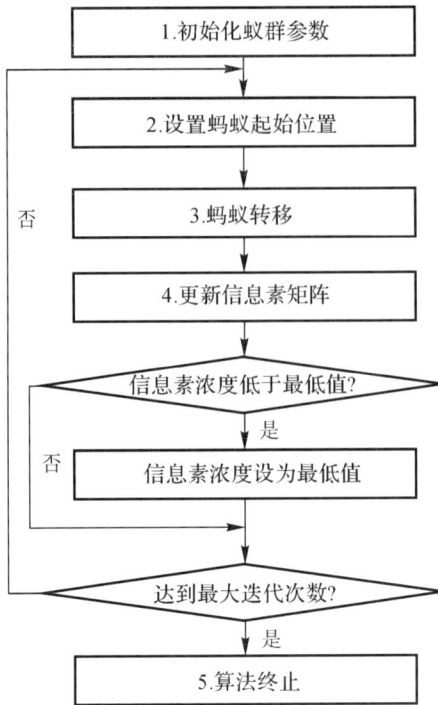

图 3 - 31　蚁群算法执行流程图

4. 软件工具设计与开发

为了实现典型作战场景仿真验证,开发了杀伤链设计工具,包括想定生成与编辑、任务推演控制以及任务评估三个模块。推演控制程序主界面如图 3 - 32 所示。

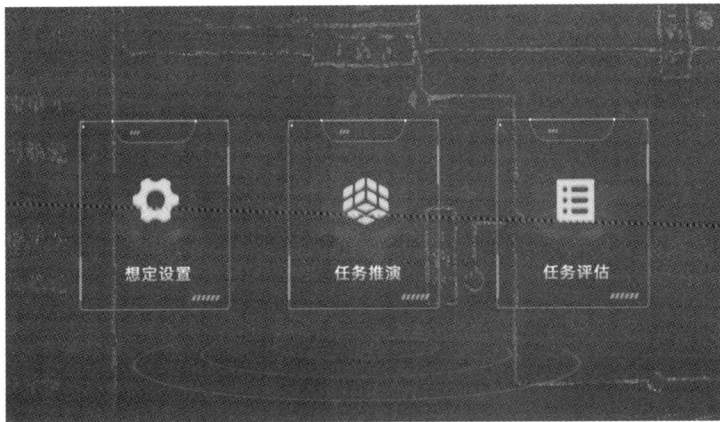

图 3 - 32　推演控制程序主界面

(1)想定生成与编辑

想定生成与编辑主要用于想定设置,包括对红方装备的初始位置、视角位置进行编辑保存,在这一模块中可以进行想定内容保存、想定内容加载、想定内容修改等。推演控制程序装备参数设置界面如图 3 - 33 所示。

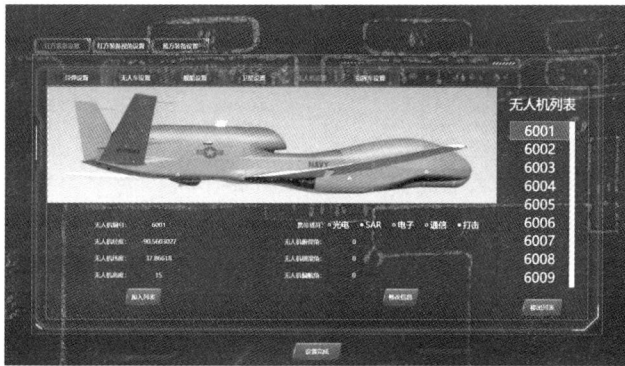

图 3 - 33　推演控制程序装备参数设置界面

（2）任务推演控制

任务推演控制模块主要包括装备单步运行、任务事件处理、推演规则设定以及其他控制。推演控制程序推演初始化界面如图 3 - 34 所示。

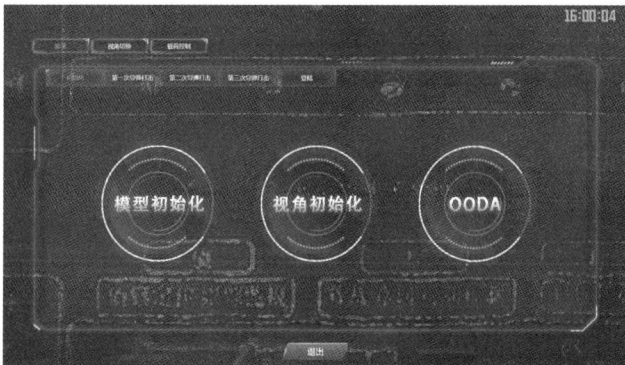

图 3 - 34　推演控制程序推演初始化界面

（3）效能评估

效能评估主要用于动态显示智能、非智能算法的虚警概率、检测概率、计算耗时等实时结果及其智能算法相比非智能算法的提升情况。具体效能评估界面设计如图 3 - 35 所示。

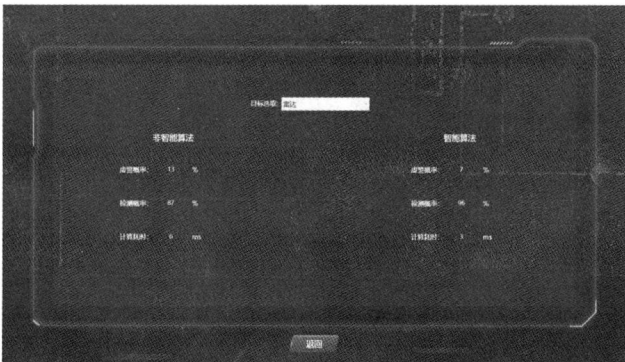

图 3 - 35　效能评估界面设计

3.3 案 例 研 究

通过软件定义方法动态构建杀伤链,从而更加灵活高效调度任务资源,是实现作战能力提升的有效手段。"杀伤链"思想在美军马赛克战理论中已经有了初步应用。

马赛克战是一种作战理论,其核心思想是利用出乎敌人意料的大和不对称的武器和平台与敌人作战。这些武器和平台来自不同的等级、大小和类型,每一种战斗方式都与马赛克中的瓷砖一样不同,与敌人的类似武器和平台正面交锋相比具有压倒性优势。马赛克战概念是由美国国防高级研究计划局(DARPA)构思和推出的。它借鉴了马赛克拼图的思路,从功能角度将各类传感器、指控系统、武器平台、兵力编队等各种作战要素视为"马赛克碎片",通过动态弹性通信网络将这些"碎片"链接形成一张物理和功能高度分散、灵活机动、动态协同组合的弹性作战效果网。

这种作战方式利用人工指挥和机器控制,快速、灵活、自主地重组一支更加解耦合型的军事力量,以创造己方的适应性,并提升敌方的决策复杂度或不确定性。马赛克战是一种不连贯的、多领域的方法,它让每个领域的各个平台——空中、陆地、海洋、网络、太空等共同创造一幅更大的图景,展示出广泛而压倒性的力量,同时也让敌人很难确定一种方式来对抗这样一个令人困惑的、五花八门的对手。

一个典型的马赛克作战系统如图 3-36 所示,其中包括有人机、无人机、地面火箭、高空卫星、水下潜艇、水上船只等组成一个完整的作战体系。其中各个组分,按照马赛克战的观点,行动可以被分解为指挥、决策、感知和行动四个马赛克碎片。其中,指挥碎片为具备指挥功能的人或单元,其处于作战指挥的中心地位,主要负责作战意图的制定与调整、作战计划和作战任务的明确与下发等,对应于杀伤链路的动态生成方法,即对感知(S)、决策(D)、行动(A)三个马赛克碎片的动态调度。对于以上作战体系,可以应用基于流网络的杀伤链动态调度算法,对马赛克单元进行充分调配。

图 3-36 马赛克战系统示意图

以某岸防作战场景为例,对于马赛克战系统,其具有六类可以调度的作战平台各一个,分别为有人机(E1)、无人机(E2)、高空卫星(E3)、地面火箭(E4)、水下潜艇(E5)、水上船只

（E6）。同时,场景中存在三个目标 T1、T2 和 T3。作战任务为高效、可靠地消灭所有任务目标。为了达成任务目标,马赛克战体系需要组合马赛克碎片,构建任务中的杀伤链路,在杀伤链路中包含完整的感知（S）、决策（D）、行动（A）三个马赛克碎片。基于软件定义方法,对六类平台进行能力分解,将其具有的任务能力根据携带的载荷分解为若干马赛克碎片,对六个装备平台的能力进行分解后,其马赛克战的场景示意图可以表示为图 3-37 的形式。

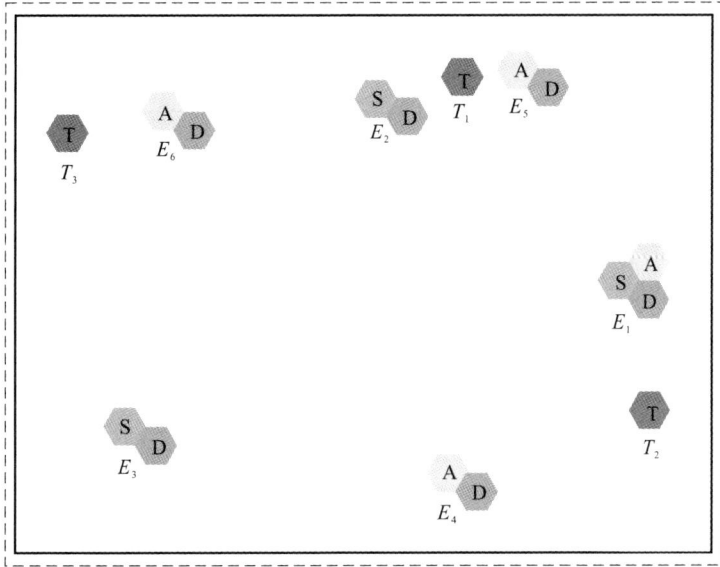

图 3-37　马赛克战场景示意图

基于以上的马赛克分解,流网络的杀伤链决策生成算法可以对任务进行决策。首先,场景中的每个马赛克碎片可以被视为一个任务能力资源节点。在本场景中,共存在 3 个感知节点、6 个决策节点和 4 个执行节点,各节点根据其自身状态被赋予不同大小的任务能力。根据场景中不同任务能力资源点所属的平台以及不同任务平台间的空间位置关系可以形成任务网络的拓扑结构。在构建作战体系的任务层网络过程中,通过将目标节点引入任务网络,可形成闭合的 S—D—A—T 的杀伤链,从而执行打击任务消灭目标。场景中各马赛克碎片能力属性见表 3-7。

表 3-7　马赛克碎片能力属性表

马赛克碎片名称	所属平台	碎片类型	效能值
S1	E_1	感知	0.8
D1	E_1	决策	0.8
A1	E_1	执行	0.5
S2	E_2	感知	0.4
D2	E_2	决策	0.4
S3	E_3	感知	0.6

续表

马赛克碎片名称	所属平台	碎片类型	效能值
D3	E_3	决策	0.3
D4	E_4	决策	0.7
A2	E_4	执行	0.9
D5	E_5	决策	0.2
A3	E_5	执行	0.7
D6	E_6	决策	0.4
A4	E_6	执行	0.8

针对上图场景,其任务层网络结构可以表现为图 3-38 的形式。

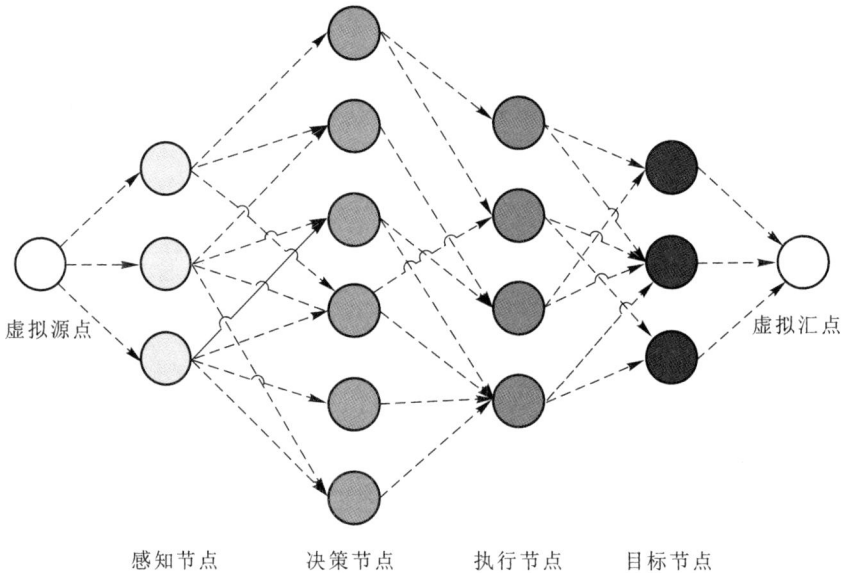

图 3-38 任务层网络拓扑

基于杀伤链构建算法,需要在抽象出的任务层拓扑中选取合适的杀伤链路抽取合适的杀伤链,使得杀伤链满足:①所选取的杀伤链组合的最大流满足任务约束;②所选取的杀伤链路的评估指标最优。计算任务网络最大流和杀伤链路评估的方法参见杀伤链生成方法介绍。使用蚁群算法迭代过程中所求得的最优任务链路组合结果变化见表 3-8。

表 3-8 使用蚁群算法迭代过程中所求得的最优任务链路组合结果

迭代次数	决策结果	对应平台	权衡函数值
1	S1—D1—A1—T1 S2—D2—A2—T2 S3—D3—A3—T3	E1—T1 E2—E4—T2 E3—E5—T3	0.51

续表

迭代次数	决策结果	对应平台	权衡函数值
10	S1—D1—A1—T1 S2—D2—A2—T2 S3—D3—A4—T3	E1—T1 E2—E4—T2 E3—E6—T3	0.54
50	S2—D5—A3—T1 S1—D1—A2—T2 S3—D3—A4—T3	E2—E5—T1 E1—E4—T2 E3—E6—T3	0.63
100	S2—D2—A3—T1 S1—D1—A2—T2 S3—D3—A4—T3	E2—E5—T1 E1—E4—T2 E3—E6—T3	0.78
⋮	⋮	⋮	⋮
1 000	S2—D2—A3—T1 S1—D4—A2—T2 S3—D3—A4—T3	E2—E5—T1 E1—E4—T2 E3—E6—T3	0.89

经计算,基于流网络的杀伤链生成方法在该场景下,算法搜索到的最优杀伤链路组合为 S2—D2—A3—T1、S1—D4—A2—T2 和 S3—D3—A4—T3,杀伤链生成如图 3 - 39 所示。

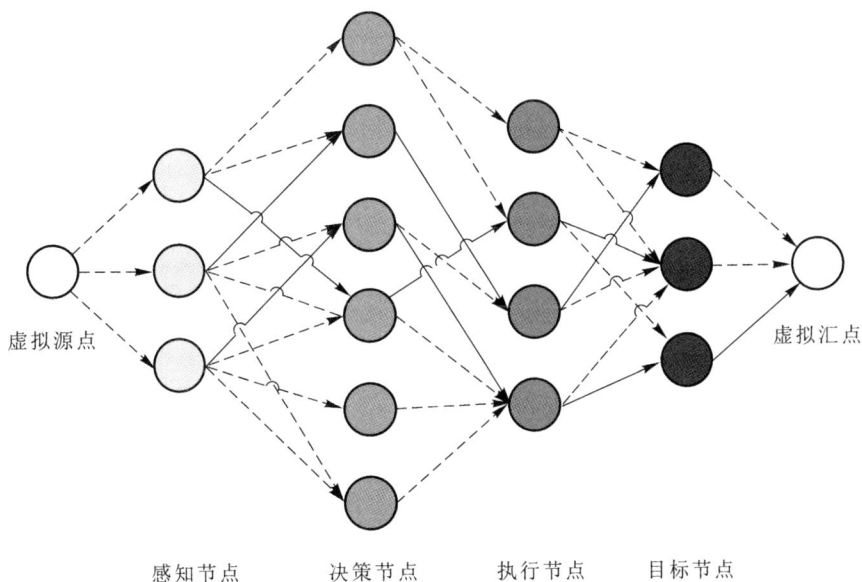

感知节点　　　决策节点　　　执行节点　　　目标节点

图 3 - 39　杀伤链生成

对应于生成的杀伤链,根据选取的任务载荷反向映射任务所在的平台得到杀伤链的平台执行链路为 E2—E5—T1、E1—E4—T2 和 E3—E6—T3。任务执行示意图如图 3 - 40 所示。

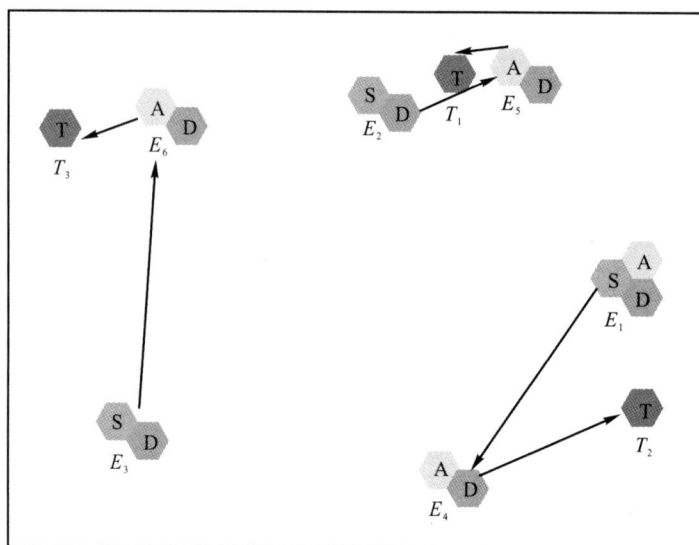

图 3 - 40　任务执行示意图

可以看到,使用基于流网络的杀伤链生成方法,马赛克战中的马赛克碎片得到了充分调度。通过组合作战资源,实现了对预定任务目标的打击。

第4章 基于知识图谱的体系架构评估

体系架构是体系各组件系统的结构、它们之间的关系,以及制约它们设计和随时间演进的原则和指南。对作战体系而言,体系架构确定了体系的要素组成、连接关系、部署形态、组织关系、作战流程、信息交互等,是决定体系效能有效发挥的关键所在。体系架构评估旨在为辨识候选体系架构在结构、行为等方面的优势与缺陷提供依据,以保证体系架构决策是正确的,是能满足能力需求的。模型是体系架构评估的载体,将较为流行的 DoDAF 体系架构视图模型作为表征形态,在此基础上开展体系架构评估。

体系架构评估分为多个层次,但最基础的仍是逻辑性评估,这是开展后续一系列评估的基础。目前的体系架构逻辑性评估严重依赖人工经验,评估机制和工具匮乏,因此提出基于知识图谱和语义、数值推理的体系架构评估方法。通过突破体系架构的知识图谱表征和基于知识图谱推理的体系架构评估技术,为体系架构的自动评估机制建立提供一定的技术支撑。

4.1 体系架构的知识图谱表征方法

4.1.1 本体和知识图谱

本体作为一种对特定领域知识进行概念化表示的方法,它通过精细定义领域内的概念、属性和关系,构建出一套描述该领域知识体系的框架。它旨在提供一个共同的认知基础,以促进知识共享和跨领域的交流。本体不仅能够清晰界定系统的性质和组件结构,还能深入揭示系统环境的复杂性,从而有助于更全面地理解系统。

本体的构建是一个持续进化和优化的过程,可以通过抽取来自结构化或半结构化业务数据库的信息来初步构建本体。这一过程通常包括以下七个阶段:将实体映射为本体元素,对概念进行抽象,定义属性特征,建立实体之间的联系,确立本体内部关系,执行本体的一致性校验,以及记录本体的不同版本。这些步骤共同确保了本体知识库的准确性和可持续性。

知识图谱则是一种用图结构表示知识的方法,它将实体、关系和属性以图的形式组织和表示,以便于知识的表示、存储、共享和推理。本体为知识图谱的构建提供了坚实的理论基础和语义框架。它们之间的关系是密切且互补的:本体定义了知识图谱中的概念、属性和关系的语义基础,而知识图谱则将这些语义结构具象化,使之成为可被计算机处理和推理的图形化模型。

知识图谱通过将实体表示为图中的节点,关系表示为有向边,属性表示为节点的标签或属性,使得知识表示更加直观、清晰和易于理解。知识图谱的构建过程通常包括知识抽取、知识表示和知识存储等步骤。知识抽取是从原始数据中抽取有用的实体、关系和属性等信息,形成知识图谱的基本元素。知识表示是将抽取得到的知识元素表示为图结构,以便于计算机处理和理解。知识存储是将表示好的知识图谱存储在数据库或图数据库中，以支持高效的查询和分析。

在知识图谱中，知识通常以三元组（Triple）的形式进行表示。三元组是知识图谱的基本组成单元，它包含三个部分：主体（Subject）、谓词（Predicate）和客体（Object）。这种结构简洁直观，适合表示实体之间的各种关系。例如，"火力打击中心—发射—导弹"是一个作战系统知识图谱中的三元组，这个三元组表示火力打击中心发射导弹这一作战活动。通过这种方式，可以将复杂的作战系统分解为多个简单的三元组，从而清晰地表示实体之间的各种关系。

体系架构 DoDAF 视图模型是基于元模型 DM2 构建的，而知识图谱则是基于本体构建的。元模型和本体在目的上都致力于为知识的组织和解释提供逻辑范式，因此，它们具有高度的相似性。但它们的关注点又存在差别，本体关注于概念、属性和关系，聚焦概念之间的逻辑关系和含义，这些概念既可以是抽象的，也可以是具体领域系统（如雷达、声呐）的，而元模型则关注架构的底层元素和结构，是较为抽象的。当然，知识图谱底层逻辑与体系架构底层元模型仍是具有高度相通性的，这也为体系架构视图模型转换为知识图谱提供了理论基础。

本方法以本体、知识图谱和元模型为根本，总体思路如图 4-1 所示。通过建立体系架构模型和知识图谱的映射转换机制，形成体系架构的知识图谱表征，在生成的知识图谱基础上，开展基于规则和基于数据的体系架构评估。

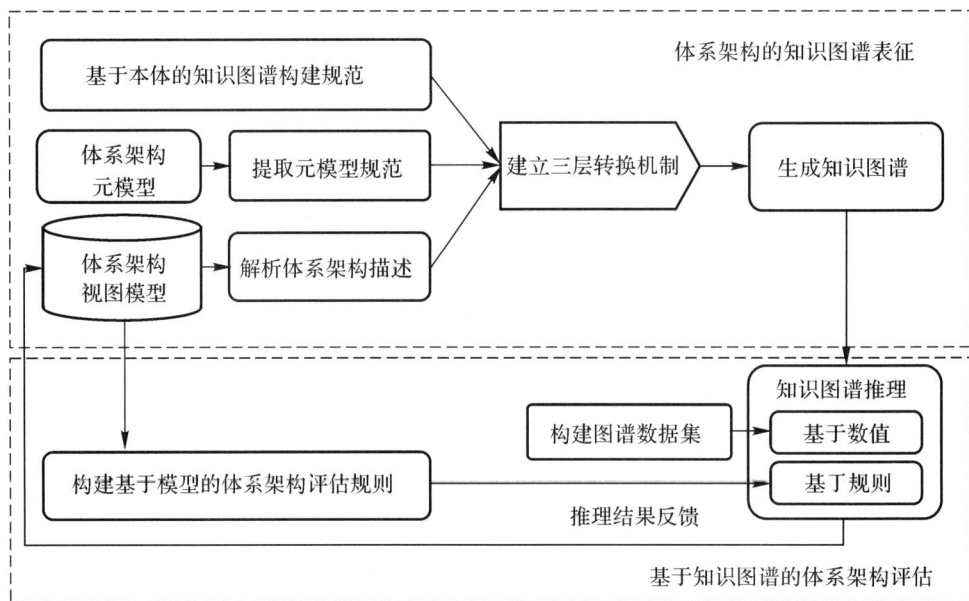

图 4-1　基于知识图谱的体系架构评估方法概览

4.1.2　视图模型与知识图谱的三层映射机制

元模型和本体是体系架构模型转换的基石，通过梳理模型、元模型、本体等概念的关系建立如图 4-2 所示的体系架构视图模型—知识图谱三层映射机制。

对基于 DoDAF 的体系架构视图模型而言，其构建是以体系架构元模型为规范约束的。体系架构元模型规范定义了体系架构的数据元素，例如对象类型、对象类型间的关系、对象类型的属性以及结合对象类型和关系的规则。体系架构元模型的构建是基于国际国防企业架构规范(International Defense Enterprise Architecture Specification,IDEAS)。因此,自下而上通过 IDEAS→元模型(DM2)→视图模型的层次关系逐层具象化。

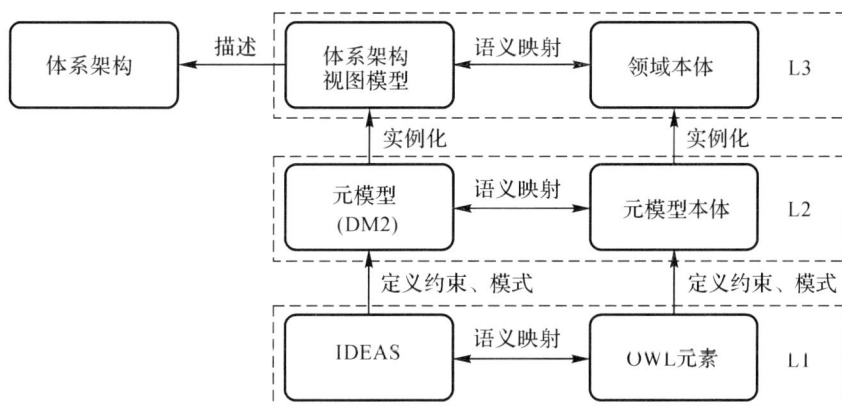

图 4 - 2　体系架构视图模型—知识图谱三层映射机制

从知识图谱的角度而言,网络本体语言(Ontology Web Language,OWL)是万维网联盟(W3C)推荐的一种用于描述知识图谱的语言,为复杂知识的表达和共享提供了一种标准化形式,是本体语义约束和模式的基础。因此,OWL 构成元素是最底层的基石,通过 OWL 建立知识本体。为了与体系架构视图模型对应,将本体分为元模型本体和领域本体。元模型本体即是元模型对应的本体,领域本体则是指将元模型本体实例化为具体领域的概念和关系,用于描述特定领域内的具体事物和过程。领域本体和元模型本体之间的关系与体系架构视图模型和体系架构元模型之间的关系一样,都是实例和被实例化的关系。

由此,将体系架构视图模型—知识图谱转换过程表示为三层语义映射的过程,分别对应图 4 - 2 中的 L1、L2、L3 层,由下往上分别包括:①IDEAS 与 OWL 元素之间的语义映射,主要确保 IDEAS 中定义的元素能够通过 OWL 的语法和词汇得到准确转换;②体系架构元模型与元模型本体之间的语义映射,关注于将体系架构元模型中的抽象概念转化为元模型本体中的具体语义表示;③体系架构视图模型与领域本体之间的语义映射,目的是将具体的体系架构实例映射到领域本体中的具体概念,实现从抽象模型到具体领域知识图谱的转换。这一映射框架不仅确保了知识图谱构建的规范性和一致性,而且还促进了体系架构信息的有效转换和利用。

1. DoDAF 元模型与 OWL 本体映射机制

作为最底层的映射基础,这里关注于将 IDEAS 定义的数据元素和结构转换为 OWL 的语法和词汇,从而为后续的本体构建和知识图谱的生成打下坚实的语义基础。

IDEAS 提供了一种优秀的上层本体结构,为基于形式化本体的体系架构元模型的构建奠定了坚实基础。通过 IDEAS,DM2 能够更有效地定义和描述复杂的国防和企业架构,为体系架构师提供了一个清晰、系统的建模框架,以支持其在多领域和多层次上的架构设计和分析工作。在 IDEAS 中,事物(Thing)类存在三个子类型:事物类型(Type)或集合;个体(Individual),即具有时空特征的事物;事物之间的元组(Tuple)或序关系,如图 4 - 3 所示。

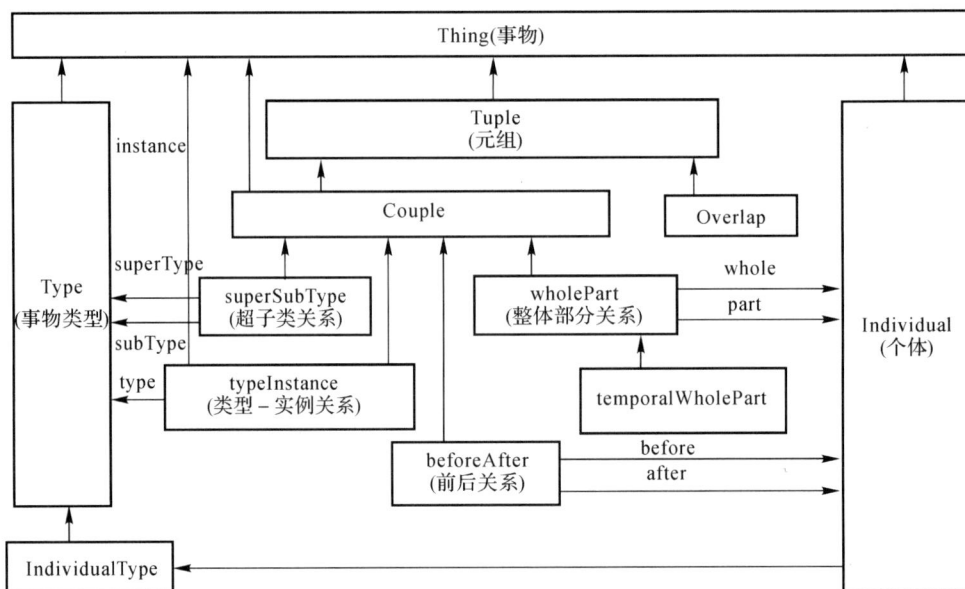

图 4 - 3　IDEAS 顶层表示示意

因此,DM2 所有元素可以分为三类:类型、个体和元组。虽然基于 UAF DMM 描述的 DM2 对此进行了扩展并包含有六个基本元素,包括类型、个体、元组、抽象、枚举和外部类型,但在建立与 OWL 的映射规则时,主要关注 DM2 所涵盖的前三个核心元素。

在 OWL 语法中,最基本的构成要素包括类、属性和个体。类在本体中代表了对领域概念的抽象描述,它是一组具有共同特征的实例的集合。个体则是这些类的具体实例,代表了领域中的具体实体。而属性则定义了类与类、类与个体以及个体与个体之间的各种关系。如图 4 - 4 所示,将 IDEAS 中的属性对应到 OWL 结构,建立如下的映射规则。

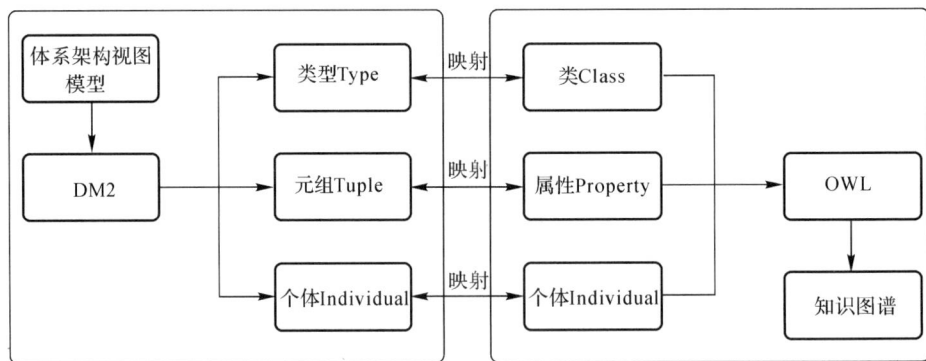

图 4 - 4　IDEAS - OWL 元素的映射

①DM2 中的类型映射为 OWL 中的类;
②DM2 中的元组映射为 OWL 中的属性;
③DM2 中的个体映射为 OWL 中的个体。

例如,在体系架构视图模型中,一个名为"打击"的作战活动,其对应的 DM2 元素为

"Activity",属于类型 Type,因此根据图 4-4 可以将其映射到 OWL 的类 Class 的元素下面(同样命名为 Activity),被表征为知识图谱中的一个实体"打击"。

2.体系架构元模型—元模型本体映射

在底层语义映射的基础上,实现体系架构元模型和元模型本体之间的映射,将体系架构元模型中的抽象元素(如对象类型、关系)映射到元模型本体中的相应概念,具体表现为将 DM2 中的"类型"和"元组"映射到 OWL 中的"类"和"属性"。通过这一过程,可以明确地定义所有实体和它们之间的关系,从而解决了传统方法中因实体类型众多且缺乏统一标准而引起的混乱问题。

首先,采用 OWL 中的类来一一对应 DM2 中的类型,包括 Capability(能力)、OperationalPerformer(作战节点)、Function(功能)等核心概念。在 OWL 中,所有类的描述都基于一种层级化的树结构,其中,"OWL:Thing"作为根节点,代表所有类的顶级父类。其他类则作为该根节点的子节点被创建和定义。在 OWL 中创建类时,将其声明为命名类,确保每个类都有一个唯一的标识和清晰的定义,通过这种方式构建的本体类结构如图 4-5 所示。

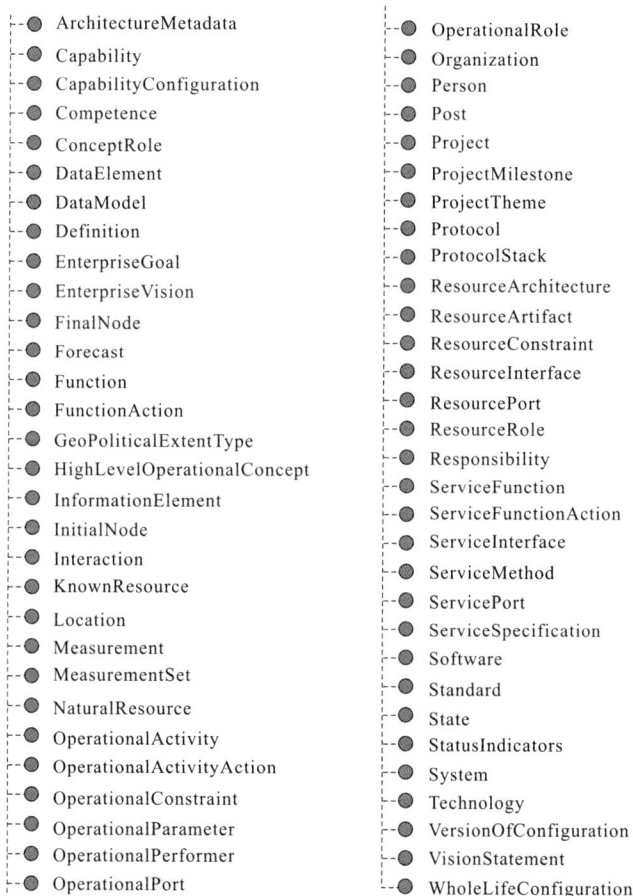

- ArchitectureMetadata
- Capability
- CapabilityConfiguration
- Competence
- ConceptRole
- DataElement
- DataModel
- Definition
- EnterpriseGoal
- EnterpriseVision
- FinalNode
- Forecast
- Function
- FunctionAction
- GeoPoliticalExtentType
- HighLevelOperationalConcept
- InformationElement
- InitialNode
- Interaction
- KnownResource
- Location
- Measurement
- MeasurementSet
- NaturalResource
- OperationalActivity
- OperationalActivityAction
- OperationalConstraint
- OperationalParameter
- OperationalPerformer
- OperationalPort

- OperationalRole
- Organization
- Person
- Post
- Project
- ProjectMilestone
- ProjectTheme
- Protocol
- ProtocolStack
- ResourceArchitecture
- ResourceArtifact
- ResourceConstraint
- ResourceInterface
- ResourcePort
- ResourceRole
- Responsibility
- ServiceFunction
- ServiceFunctionAction
- ServiceInterface
- ServiceMethod
- ServicePort
- ServiceSpecification
- Software
- Standard
- State
- StatusIndicators
- System
- Technology
- VersionOfConfiguration
- VisionStatement
- WholeLifeConfiguration

图 4-5　DM2 类型对应的 OWL 中的类

继而利用 OWL 中的属性概念描述 DM2 中元组的概念,包括 IsCapableToPerform(具备执行能力)、OperationalControlFlow(作战控制流)等关键概念。在 OWL 中,属性分为两类:数据属性和对象属性。数据属性用于描述类实例与基本数据类型之间的关系,例如,导弹的射程可以视为该导弹实例的一个数据属性。对象属性则用于表达两个类实例之间的关联,比如,两台雷达之间的信息交换关系就可以定义为雷达的对象属性。DM2 中的元组主要被映射为对象属性,如图 4-6 所示。为了在知识图谱中更加全面地刻画实体间的关系,可以为每个对象属性构造逆属性,通过在原始属性名称后添加"From"关键字来实现。例如,对于对象属性"IsCapableToPerform",可以创建一个名为"IsCapableToPerformFrom"的逆属性,以表示原始属性的反向关系。

图 4-6   DM2 元组对应的 OWL 中的对象属性

最后,在 OWL 中定义数据属性。对于架构模型中的部分内容,仅依靠转换为类和对象属性难以将其所有信息在 OWL 本体文件表示出来。例如,某型鱼雷的射程为 20 km,这个数值属性并不属于对象属性,而是数据属性。因此,可以根据实际需求自定义相应的本体数据属性(鱼雷的射程被定义为"Range"),如图 4-7 所示。

3.体系架构视图模型—领域本体映射

映射过程的最顶层关注于将实例化的体系架构视图模型(如卫星系统、探测活动)映射到领域本体中的具体概念。两者都以图形化的方式描述数据,因此转换前、后的结构和关系能够被直观地理解和评估,转换示例如图 4-8 所示。

这一步在构建完整的元模型本体基础上,每个体系架构

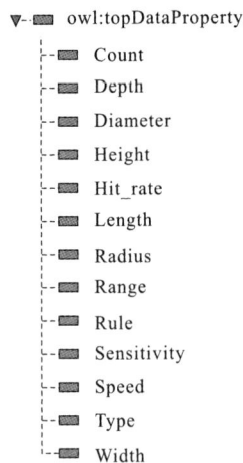

图 4-7   OWL 中的数据属性

模型元素(如探测活动、雷达系统)可以通过其元模型找到相应的元模型本体,继而生成相应的领域本体(即元模型本体的实例)。元模型本体和领域本体共同生成知识图谱,从而能以三元组的形式完整地表达体系架构视图模型。

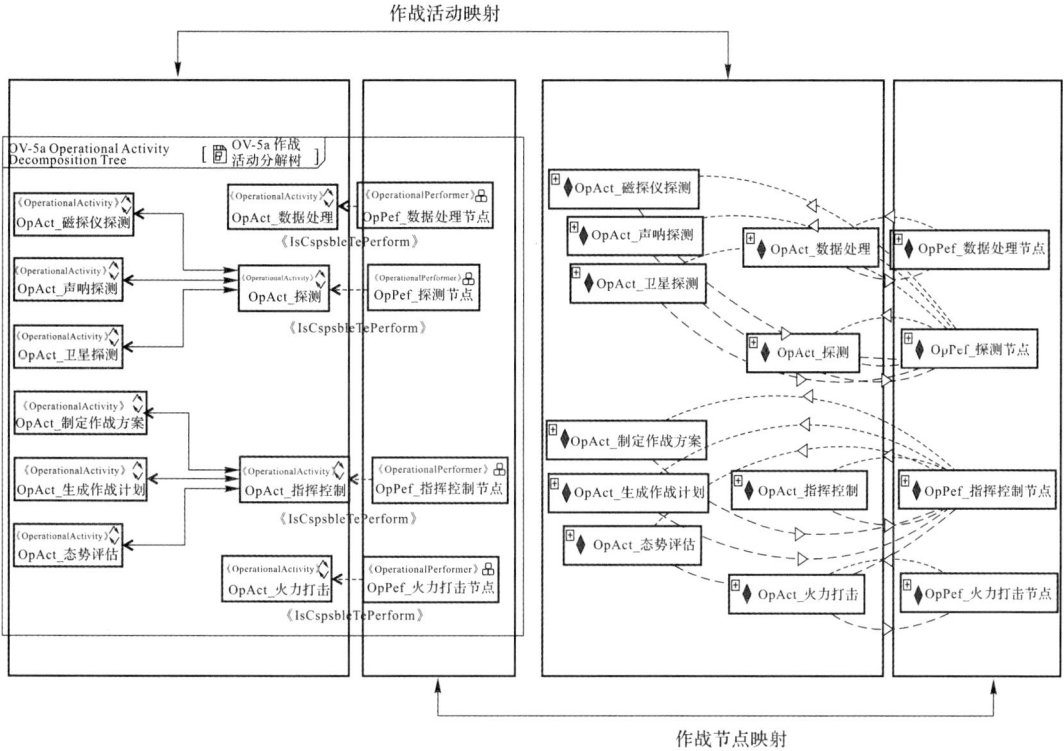

图 4 - 8　体系架构视图模型—领域本体的映射示例

4. 基于映射机制的转换算法

基于三层映射机制,提出体系架构视图模型和领域本体的转换算法,底层逻辑如图4 - 9所示。在对体系架构模型元素的处理中,第一步是对其基本类型进行分类,可以是类型(如"活动""执行者")或元组(如"能够执行",这是"活动"和"执行者"之间的关系)。

由于体系架构视图模型构建需要依赖系统建模语言(SysML)和统一建模语言(UML),核心是 UML,所以对 DM2 元素的底层描述是通过 UML 类型间接实现的。因此,从 DM2 到 OWL 的映射过程实质上转化成了解析 UML 语言的模型数据,从而间接完成整个映射过程。

DM2 中的 Type 类型元素在 UML 中的表示可以分为 Class(基本元素类型)、Property(属性类元素类型)、CallBehaviorAction(动作类元素,如 OperationalActivityAction)、ActivityParameterNode(参数节点类元素,如活动上的接口)等不同的基本类型。DM2 中的 Tuple 类型元素在 UML 则可以分为 Abstraction(基本抽象关系)、InformationFlow(表示信息流动的关系)、Flow(控制流和对象流)、Message(表示消息传递的关系)、Transition(状态转换关系)等不同的基本类型,用来表示 UML 中不同元素之间的关系。此外,也引入了一些 UML 本身的基本类型来帮助构建体系架构模型。这些基本类型包括 UML 基本元素类型：InitialNode(初始节点)、FinalNode(终止节点)，以及 UML 的五种基本关系：Dependency(依赖关系)、Composite(组合关系)、Associate(关联关系)、Generalization(泛化关系)、Realization(实现关系)。这些类型和关系也需要在元模型本体中预先创建，有助于丰富和优化架构模型的表述，使生成的知识图谱更加完善。

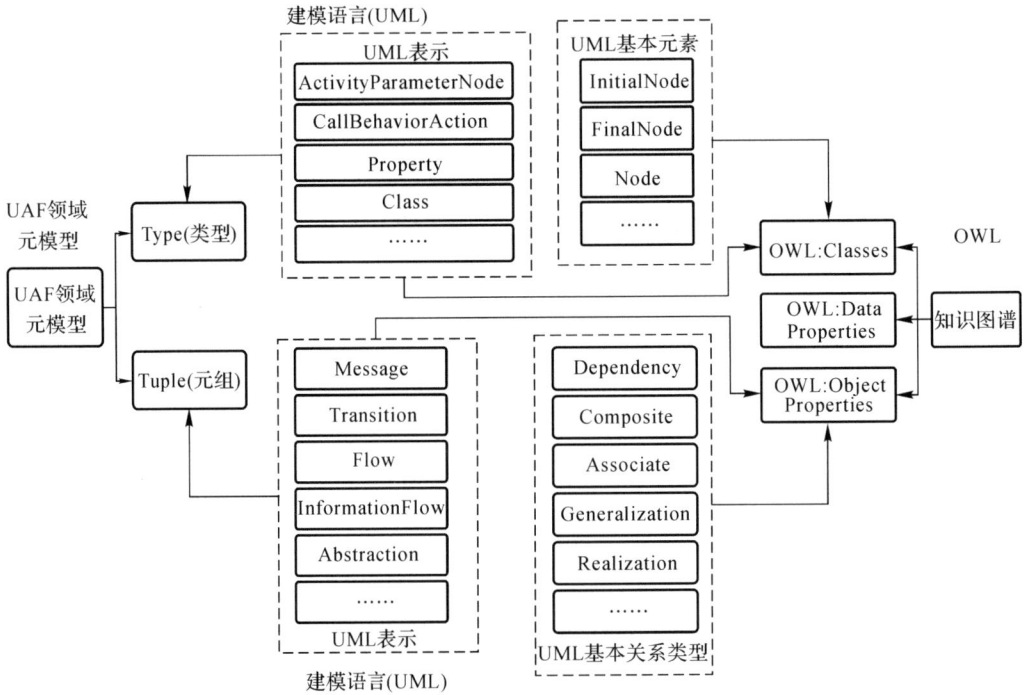

图 4-9　体系架构视图模型—领域本体转换过程

基于 Java OWL API 开发了自动转换算法，如算法 4-1 所示。

算法 4-1：体系架构视图模型—知识图谱转换算法

输入：　XML 文件(体系架构视图模型)

输出：　OWL 文件(知识图谱)

// 初始化本体环境

1：Ontology manager = OWLManager. createOntology ();

2：DataFactory factory = manager. getOWLDataFactory();

// 创建本体模型

3：OWLOntology ontology = manager. createOntology();

// 解析 XML 并映射到本体

4：Document doc = parseXML("arch_model. xml");

5：NodeList nodes = doc. getElements ("packagedElement");

// 映射节点到本体实例

6：for (Node node ：nodes) {

```
7：if (isRelevantUAFElement(node)) {
8：    createAndAssertIndividual(factory，node，ontology)；
9：  }
10：}
//   给本体实例添加属性
11：function createAndAssertIndividual(factory，node，ontology) {
12：OWLIndividual individual = createIndividual(factory，node)；
14：addClassAssertion(individual，  getNodeClass(node)，ontology)；
15：}
//   将构建的知识图谱保存为 OWL 格式
16：saveOntologyToFile(ontology，"knowledge_graph.owl")；
```

4.2　基于知识图谱的体系架构评估方法

4.2.1　基于规则推理的体系架构评估

首先围绕体系架构在完整性、一致性和正确性等方面的问题构建一套规则集,继而采用基于规则的知识图谱推理技术,对体系架构进行冲突检测和错误识别。基于规则推理的体系架构评估方法如图 4 - 10 所示。

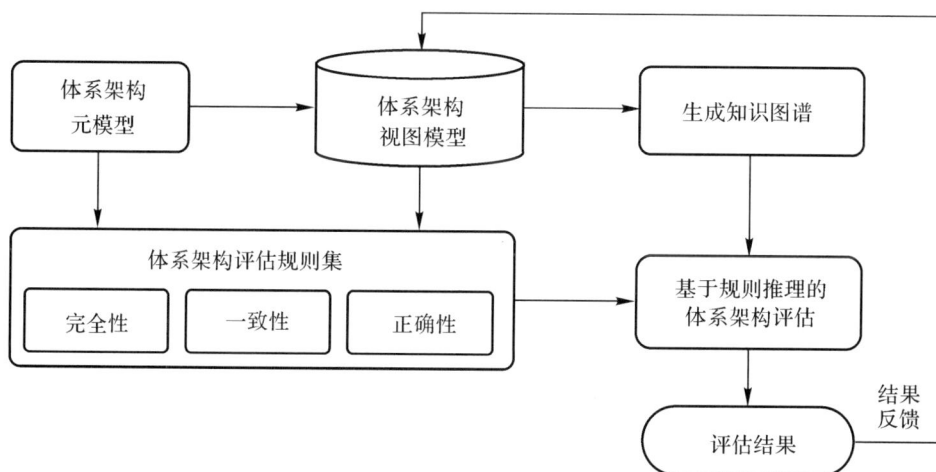

图 4 - 10　基于规则推理的体系架构评估方法

1.体系架构推理规则构建

对于基于 DoDAF 模型表征的体系架构,根据体系架构的评估内涵,从三个关键维度构建规则集,即完全性、一致性和正确性。采用 Jena 推理器的规则语言来建立规范的规则集。目前已经制定了 31 条规则,并将对规则进行持续扩展。下面仅对完全性、一致性和正确性的评估规则做举例说明。

(1)完全性评估规则

完全性评估主要用于评价一个架构视图内部以及不同视图之间是否包含了所有必要的信息和元素,以及这些元素是否被充分描述。完全性是要确保体系架构中所有元素和关系都得到了定义和描述,并且没有缺失的元素和关系;确保模型中的所有元素和关系都得到了正确的分类和分配,并且没有缺失分类和分配;确保模型中的所有元素、关系都符合 DM2 元模型的定义,并且没有未定义的元素和关系、视图等。完全性规则示例如下。

规则描述:在作战资源流描述(OV-2)模型中,作战节点至少与其他一个作战节点发生资源交换,作战节点通过 OperationalExchange 指向另一个作战节点发生资源交换,或者通过 OperationalExchange 的逆属性 OperationalExchangeFrom 被另一个作战节点指向。如果作战节点没有和任何节点发生资源交换,那么将会输出"该作战节点没有与其他作战节点建立资源交换"。规则表示如下。

Rule1:(? x rdf:type http://example. com/ontology♯OperationalPerformer),

noValue(? x,http://example. com/ontology♯OperationalExchange),

noValue(? x,http://example. com/ontology♯OperationalExchangeFrom)

→print(? x,'该作战节点没有与其他作战节点建立资源交换')

其中,第一行表示选择所有实体? x,这些实体在知识图谱中具有类型 OperationalPerformer,即它们是执行作战操作的节点。第二行是一个否定断言,它检查实体? x 是否没有与任何其他实体建立 OperationalExchange 关系,即没有资源交换到其他节点。同样,第三行也是一个否定断言,它检查实体? x 是否也没有从任何其他实体接收 OperationalExchangeFrom 关系,即没有资源交换来自其他节点。第四行表示当上述两个条件都为真时,推理机将输出信息,指出实体? x 没有与其他作战节点建立任何资源交换。

(2)一致性评估规则

一致性评估规则用于检测知识图谱中的潜在矛盾和冲突,确保架构模型内外的信息是一致的;确保模型中的所有元素和关系的名称、定义、描述、分类、分配等信息在不同视图中的定义是一致的,并且不会存在定义不一致的情况;确保模型中的所有元素和关系之间的相互关系是一致的;确保模型中的所有视图的结构和内容是一致的;等等。一致性规则示例如下。

规则描述:在作战活动分解树(OV-5a)中,作战活动与作战活动之间建立层级关系,但不能互为整体与部分的关系。如果互为整体与部分的关系,那么将会输出"作战活动间整体和部分关系存在矛盾"。规则表示如下。

Rule2:(? x rdf:type http://example. com/ontology♯OperationalActivity),

(? y rdf:type http://example. com/ontology♯OperationalActivity),

(? x,http://example. com/ontology♯WholePartType ? y),

(? y,http://example. com/ontology♯WholePartType ? x)

→print(? x 和? y,'作战活动间整体和部分关系存在矛盾')

其中,第一行指定选择所有实体? x,这些实体在知识图谱中被分类为 OperationalActivity 类型,即它们代表某种作战活动。第二行选择所有实体? y,它们同样被分类为 OperationalActivity 类型,也代表某种作战活动。第三行表示实体? x 与实体? y 之间存在一个 WholePartType 关系,即? x 被视为整体,而? y 是它的一个部分。第四行表示实体? y 与实体? x 之间存在一个反向的 WholePartType 关系,即? y 被视为整体,而? x 是它的一个部分。第五行表示当实体? x 既是实体? y 的整体,同时实体? y 又是实体? x 的整体时,这将导致一个逻辑矛盾。在这种情况下,推理机会输出信息,指出? x 和? y 之间的作战活动整体和部分关系存在矛盾。

（3）正确性评估规则

正确性评估规则关注知识图谱中知识的准确性和真实性。这些规则确保架构模型符合 DoDAF 框架的定义和标准,包括检查模型中各元素属性的属性值是否正确、两个元素之间的关系连接是否正确等。正确性规则示例如下。

规则描述:在系统接口描述(SV-1)模型中,对于特定的对象系统,如反潜作战系统,若鱼雷的射程小于目标距离,则无法摧毁目标。规则表示如下。

Rule3:(? x rdf:type http://example.com/ontology♯ResourceRole),
$\qquad$(? x http://example.com/ontology♯TypeOf ? y),
$\qquad$equal(? y, http://example.com/ontology♯Sys_I_鱼雷),
$\qquad$(? x, http://example.com/ontology♯SvMS_射程 ? z),
$\qquad$lessThan(? z, Trange)
$\qquad$→print(? x,'鱼雷无法击中目标')

其中,第一行指定选择所有实体? x,这些实体在知识图谱中被分类为具有 ResourceRole 类型,代表某种特定的资源角色。第二行表明实体? x 与另一个实体? y 之间存在 TypeOf 关系,表示? x 是某种资源的角色。第三行检查实体? y 是否等于 http://example.com/ontology♯Sys_I_鱼雷,即实体? x 的角色关联的资源类型是否是"鱼雷"。第四行表示实体? x 具有一个名为 SvMS_射程的属性,并且这个属性的值是? z。第五行是一个比较操作,它检查? z 的值是否小于 Trange,在这里,Trange 代表了某种射程的阈值。第六行表示如果实体? x 代表的角色与"鱼雷"资源相关联,并且其射程属性值小于 Trange,那么推理机会输出信息,指出该"鱼雷"角色无法击中目标。

2.基于规则推理的体系架构评估方法

基于规则推理的体系架构评估算法的伪代码如算法 4-2 所示。首先,输入为体系架构视图模型转换而来的知识图谱 OWL 文件,然后使用 Jena 提供的 API 读取 OWL 文件,加载到 OntModel 对象。推理规则集需存储在文本文件中,通过 URL 规则读取方法读取这些规则,并创建一个通用规则推理器对象作为规则执行引擎。将本体模型和推理规则相结合,通过模型工厂创建推理模型的方法生成一个推理模型对象,该对象包含了根据规则推理出的隐含知识。最后,通过调用推理引擎的输出函数获取推理结果。这一过程既可以将推理结果保存为 OWL 文件,也可将其输出到控制台,以便架构人员进行检查和分析。以上过程实现了一套完整的规则推理机制,为知识图谱的自动化推理提供了有效支持。

算法 4－2:基于规则推理的体系架构评估算法

输入：OWL 文件(知识图谱)

输出：推理结果

// 初始化 Jena 本体模型环境

1：OntModel ontModel ＝ ModelFactory. createOntologyModel(OntModelSpec. OWL_MEM)；

// 读取 OWL 本体文件

2：ontModel ＝ FileManager. get(). readModel(ontModel，"knowledge_graph. owl")；

// 读取规则文件

3：List<Rule> rules ＝ Rule. rulesFromURL("rules. txt")；

// 创建规则执行引擎

4：Reasoner reasoner ＝ new GenericRuleReasoner(rules)；

// 进行推理

5：InfModel infModel ＝ ModelFactory. createInfModel(reasoner，ontModel)；

// 输出推理结果

6：Model deductionsModel ＝ infModel. getDeductionsModel()；

7：printInferences(deductionsModel)；

// 输出推理结果到文件或控制台

8：function printInferences(Model model) ｛

// 实现具体输出逻辑 9：｝

4.2.2　基于数据驱动的体系架构评估

规则驱动的体系架构评估的前提是建立完善的、清晰的规则集,然而体系架构中存在很多规则无法定义的问题。例如,两个本体实例之间的对象属性关系是否显著("打击节点应执行火力打击活动而不是探测活动",即打击节点与执行火力打击活动的相关性显著,而与探测活动的相关性不显著),基于规则的推理只能通过烦琐且枚举式的规则定义,才能尝试捕捉这些复杂的逻辑关系,这不仅效率低下,而且难以覆盖所有潜在的评估场景。为了克服这些限制,引入基于数据驱动的方法,通过向量嵌入构建数值形态的知识图谱,从而利用机器学习算法实现推理。

1. KG－BERT 算法

基于自注意力模型(Transformer)的多层双向编码器预训练上下文语言表示(BERT)模型是谷歌提出的革命性自然语言处理模型。在 BERT 模型的基础上,美国西北大学提出了一种结合 BERT 深度双向变换能力与知识图谱结构信息的 KG－BERT 模型,能更准确地捕捉和推理实例之间的复杂关系。KG－BERT 模型在 BERT 的基础上,通过添加一层实体类型嵌入向量和位置嵌入向量来描述句子中的实体,并结合知识图谱信息对输入文本进行处理和表示。KG－BERT 模型的输入、输出表示如图 4－11 所示。

KG－BERT 利用双向 Transformer 结构,充分捕捉文本中的上下文信息,使模型能够在预训练过程中更好地学习实体和关系的内在联系。同时,借助知识图谱的结构化数据,提升对实体之间复杂关系的推理能力。体系架构视图模型中的元素可被视为 KG－BERT 输入,例如,视图模型中的三元组信息(火力打击具有毁伤能力),可以被分别标识为头实体、尾实体和关系,这些输入将分别被映射为高维空间中的向量。在处理这样的三元组时,KG-BERT 能够综合考虑上下文信息,评估这些关系的显著性,并最终以一个标签的形式输出其推理结果。

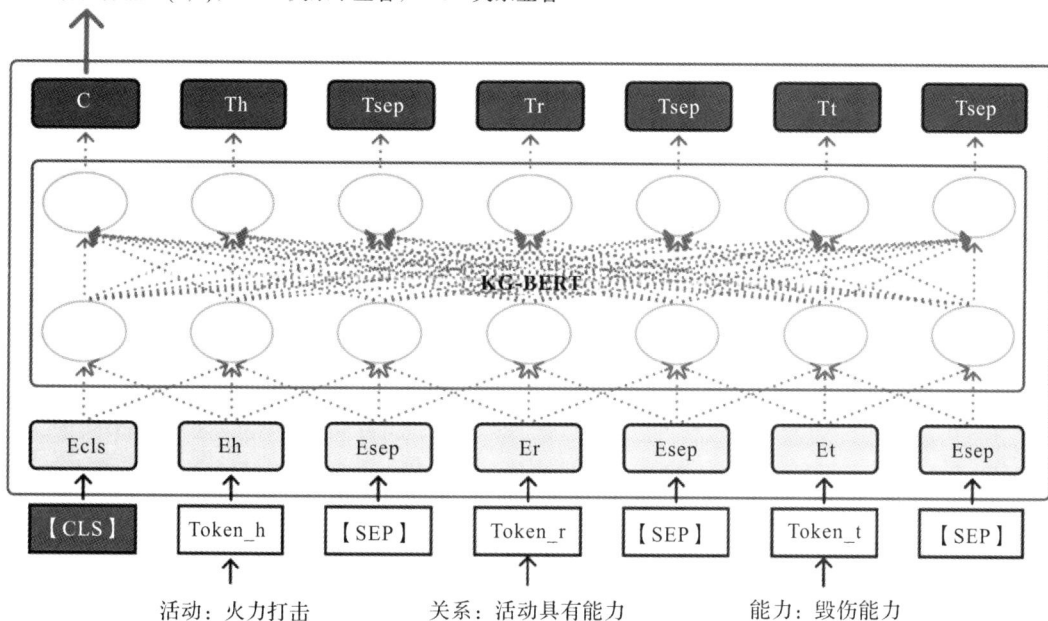

图 4-11　KG-BERT 模型的输入输出表示

2.基于 KG-BERT 推理的体系架构评估方法

基于 KG-BERT 模型的体系架构评估方法如图 4-12 所示。

在将体系架构视图模型转化为 OWL 知识图谱的过程中,已建立起一系列本体实例,并明确了它们之间的对象属性关系。这些采用 OWL 语言表达的本体数据能够与 KG-BERT 算法模型所需的知识三元组输入格式无缝对接。如图 4-13 所示,本体实例转化为三元组中的实体(即头实体和尾实体),而实例间的对象属性则转变为三元组中的关系(谓词 predicate)。通过这种转换,可以直接从 OWL 本体文件中抽取待评估的模型数据,并以三元组格式导入 KG-BERT 模型进行评估。这为利用 KG-BERT 算法对体系架构模型的正确性进行评估提供了一种有效途径。

本质上,该评估过程执行的是二分类任务:对于每个输入的三元组,KG-BERT 模型均会基于该三元组的关系显著性进行推理判断,并输出一个布尔值作为结果。若输出为"1",则表明该三元组表示的关系是正确的;若输出为"0",则意味着该三元组存在错误。因此,该过程评估结果能反映体系架构中的数据关系正确性。

基于 KG-BERT 的体系架构正确性评估可分为四个阶段:训练数据集准备、KG-BERT 模型训练、验证集数据准备、体系架构正确性评估。训练数据集准备是确保 KG-BERT 模型输入质量的关键,需要从原始数据中提取有用的信息,并将其转换为适合模型训练的格式。KG－BERT 模型训练利用预处理后的数据来训练模型，使其能够学习和推理体系架构中的复杂关系。验证集数据准备是将体系架构视图模型转换成待评估数据的格式。最后将验证集数据输入到训练好的模型中进行正确性评估。

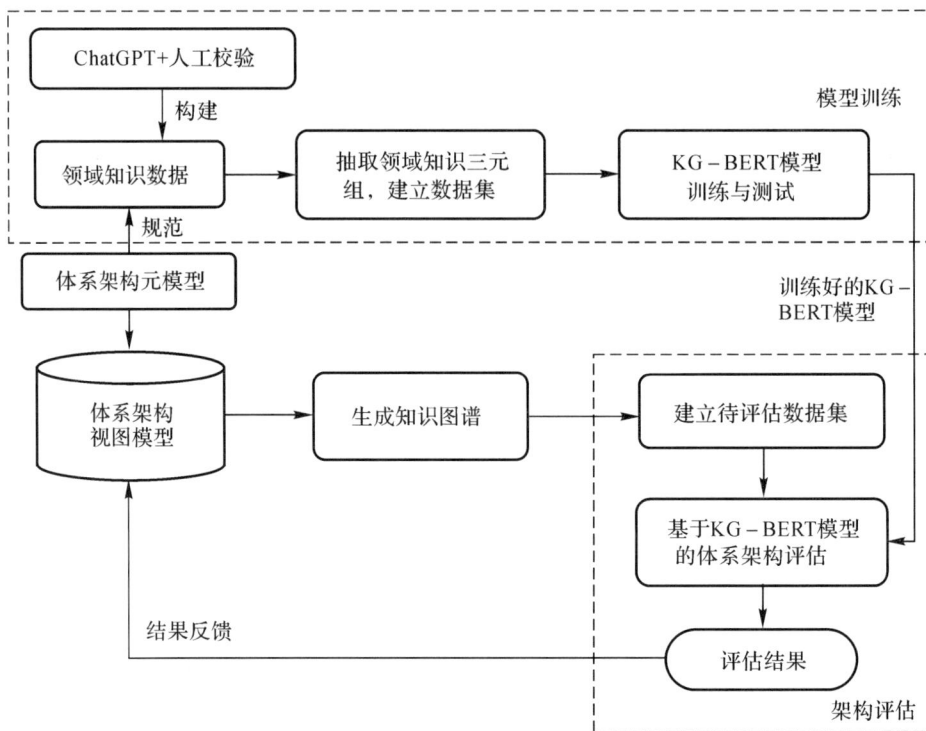

图 4-12　基于 KG－BERT 模型的体系架构评估方法

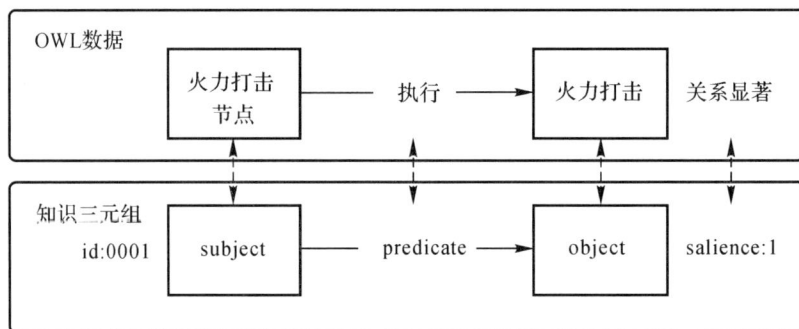

图 4-13　OWL 和知识三元组对应关系

（1）训练数据集准备

训练集数据需要借助外部数据作为来源，针对待评估的体系架构模型所在的某一军事作战领域，获取该领域的相关文档资料，也可直接从已有的军事知识图谱上获取信息。这些原始数据并不能直接作为模型的输入进行训练，需要对其进行预处理，包括分析、清洗和转换等步骤，形成适合模型输入的格式。

每条训练集数据都是一个三元组，用来表征一个主谓宾结构的信息。三元组数据集的每一行都是一个 JSON 串(一种轻量级的数据交换格式),其中包括三元组的编号(triple_id)、头实体(subject)、尾实体(object)、关系(predicate)和显著性关系标签(salience)。其中,为了将数据限定在一定范围,并得到更具有针对性和准确性的结果,目前只考虑了"系统支持活动""系统包含系统"和"活动具有能力"三种类型的关系,具体如下。

1)"系统支持活动"关系代表系统到作战活动的对应关系,可以对应 DoDAF 模型中的系统—功能追溯矩阵(SV-5)。如果一个系统功能和作战活动有映射关系,那么可以认为该系统功能所属的系统能够支持相应的作战活动。例如,若武器系统鱼雷能够支持反潜打击作战活动,则可以得到数据:{"triple_id":"0001","subject":"鱼雷","object":"反潜打击","predicate":"系统支持活动","salience":"1"}。

2)"系统包含系统"关系代表系统到系统之间的包含关系,可以对应 DoDAF 模型中的系统接口描述(SV-1)。如果一个系统有所包含的子系统,那么可以认为该系统对其子系统形成包含关系。例如,若武器系统鱼雷包含其子系统导引装置,则可以得到数据:{"triple_id":"0003","subject":"鱼雷","object":"导引装置","predicate":"系统包含系统","salience":"1"}。

3)"活动具有能力"关系代表作战活动到能力的对应关系,可以对应 DoDAF 模型中的能力—作战活动映射(CV-6)。如果一个作战活动和能力有映射关系,那么可认为作战活动具有该能力。例如,若作战活动火力打击具有毁伤目标这一能力,则可以得到数据:{"triple_id":"0002","subject":"火力打击","object":"毁伤能力","predicate":"活动具有能力","salience":"1"}。

这些示例数据的 salience 值都为 1,代表关系显著,即认为该头实体和尾实体之间的关系正确,这些数据统称为正样本数据。

为了帮助机器学习模型更好地区分和分类不同的数据,同时构建负样本数据,在训练过程中,负样本可以帮助模型学习到更全面、准确的特征和规律,从而帮助模型减少过拟合的风险,提高模型的泛化能力和鲁棒性。负样本数据示例:{"triple_id":"1001","subject":"声呐","object":"打击","predicate":"系统支持活动","salience":"0"},显然,系统声呐是不支持打击的。

另外,在数据准备的过程中,将原始训练数据集的 10% 划分出来作为测试集,用于评估训练出的模型效果。

(2)KG-BERT 模型训练

将训练集文件输入到基于 Python 语言实现的 KG-BERT 算法中,模型针对三元组数据集执行训练任务。在训练过程中,KG-BERT 专注于提取语义信息,并将词汇映射至多维向量空间,以精准捕捉数据间的相互关系。由于 BERT 预训练中的下一句预测任务与三元组分类任务在本质上的相似性,KG-BERT 能够输出较高准确度的分类结果。考虑到 SV-5、SV-1 和 CV-6 视图的正确性评估与三元组分类任务具有相似性,故采用 JSON 格式的三元组训练数据集作为模型输入,推进 KG-BERT 模型的训练进程。

(3)验证集数据准备

前面提到,体系架构模型已被表征为 OWL 知识图谱,为了适应 KG-BERT 模型的输入要求,进一步将这些 OWL 知识图谱转换成 JSON 格式的三元组数据。这种转换使知识图谱中的实体和关系能够以结构化的形式被模型高效处理,确保了评估的准确性和可靠性,同时简化了数据准备工作。在训练集的准备阶段,三元组关系已被限定为三种类型,分别对应 SV-5、SV-1 和 CV-6 三个视图。因此,可以针对性地从这三个视图中提取出待评估的验证集数据。

在验证集数据中,与训练集相比,唯一的不同是省略了显著性标签。例如,在 SV-5 视图的架构模型中,将系统雷达与探测这一作战活动关联起来,表明雷达提供对探测活动的支持。当需要验证这一数据的正确性时,相应的验证集数据将如下所示:{"triple_id":"1111","subject":"雷达","object":"探测","predicate":"系统支持活动"}。在此数据中,缺失的"salience"标签即表示该三元组关系正确性的待评估结果。

(4)体系架构模型正确性评估

在评估阶段,采用训练完毕的 KG-BERT 模型对体系结构模型数据进行正确性评估。模型针对每个输入的三元组输出一个布尔标识,其中,"1"代表三元组所表达的关系显著,即头实体与尾实体间的关系被认为是正确的;而"0"则意味着关系不显著,暗示着头尾实体间的关系可能存在问题。通过细致分析那些评估结果为"0"的三元组,能够识别出体系结构模型中的潜在错误数据。评估结果的示例数据集为{"salience":1,"triple_id":"0001"},这些评估结果与验证集中的数据通过唯一的编号进行了一一对应,以便于后续的错误排查和模型优化。

KG-BERT 体系架构模型正确性评估如算法 4-3 所示。

算法 4-3:基于向量嵌入的体系架构模型正确性评估算法

输入:JSON 文件(三元组训练数据集),JSON 文件(三元组验证数据集)
输出:JSON 文件(评估结果)
// 加载训练集和测试集数据
1:with open('path_to_data', 'r', encoding='UTF-8') as file:
2:data = [JSON.loads(line) for line in file]
// 构建数据集
3:random.shuffle(train_data)
4:validation_size = int(len(train_data) * 0.1)
5:train_data, dev_data = train_data[validation_size:], train_data[:validation_size]
// 构建迭代器
6:train_iter = DataLoader(train_data[:offset], shuffle=True, batch_size = config.batch_size, drop_last=True)
7:dev_iter = DataLoader(train_data[offset:], shuffle=False, batch_size=config.batch_size)
8:test_iter = DataLoader(test_data, shuffle=False, batch_size=config.batch_size)
// 定义模型配置
9:config = Config(args)
// 定义模型结构
10:model = Model(config).to(config.device)
// 使用训练集对模型进行训练
11:optimizer = torch.optim.Adam(model.parameters(), lr=config.learning_rate)
12:for epoch in range(config.epochs):

```
13: for batch in train_iter:
14:    pmi = model(batch)
15:    loss = F. binary_cross_entropy(pmi, labels. float(), reduction='sum')
16:    optimizer. zero_grad()
17:    loss. backward()
18:    optimizer. step()
// 模型预测
19: with torch. no_grad():
20: for batch in test_iter:
21:    input_ids, attention_mask, type_ids, position_ids = gettoken(config, sent)
22:    predicts = model(batch)
// 将预测结果保存到文件中
23: with open(config. save_path + "predict_result. JSONl", "w") as file:
24: for predict in predicts:
25:    file. write(JSON. dumps(predict) + '\n')
```

4.2.3　体系架构评估软件

根据基于知识图谱的体系架构评估方法,构建体系架构评估软件,其启动界面如图 4-14 所示。用户可点击"导入体系架构模型(XML 格式)"按钮导入 DoDAF 体系架构视图模型的 XML 文件。为了便于查看和发现视图模型中的问题,用户可自行筛选不同视角的体系架构视图进行查看。

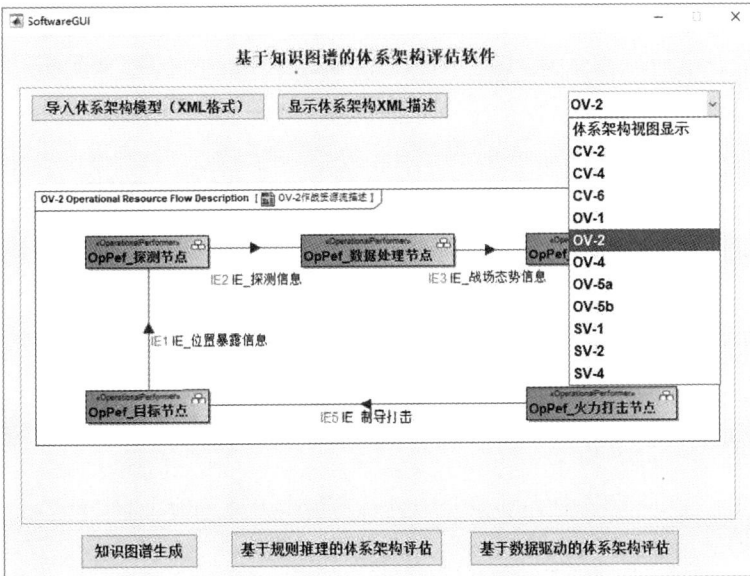

图 4-14　基于知识图谱的体系架构评估软件开启界面示意图

在导入体系架构 XML 描述的基础上,点击"知识图谱生成"按钮,进入图 4-15 所示的界面。点击"体系架构视图模型转换为知识图谱",即可生成与体系架构 XML 描述相对应的 OWL 描述,并能可视化展现知识图谱。

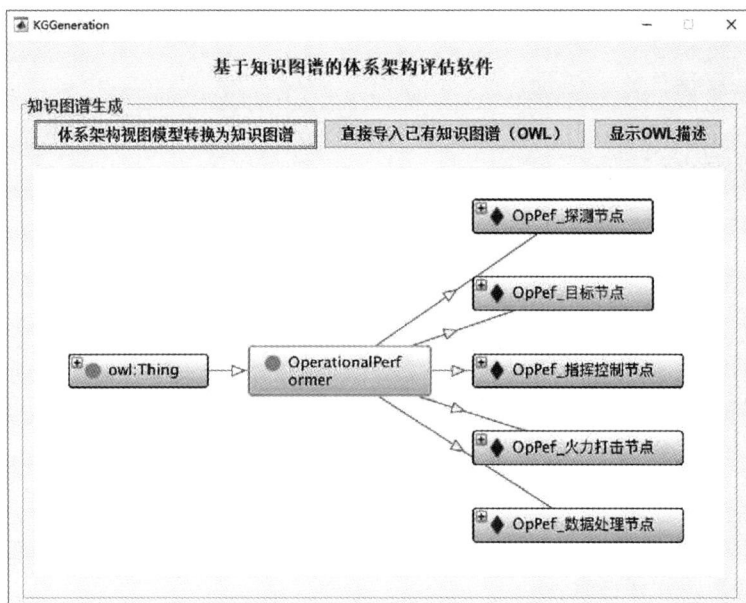

图 4 - 15　知识图谱生成界面示意图

　　完成知识图谱转换后,在主界面中分别点击"基于规则推理的体系架构评估"按钮和"基于数据驱动的体系架构评估"按钮,可分别生成如图 4 - 16 和图 4 - 17 所示的界面。

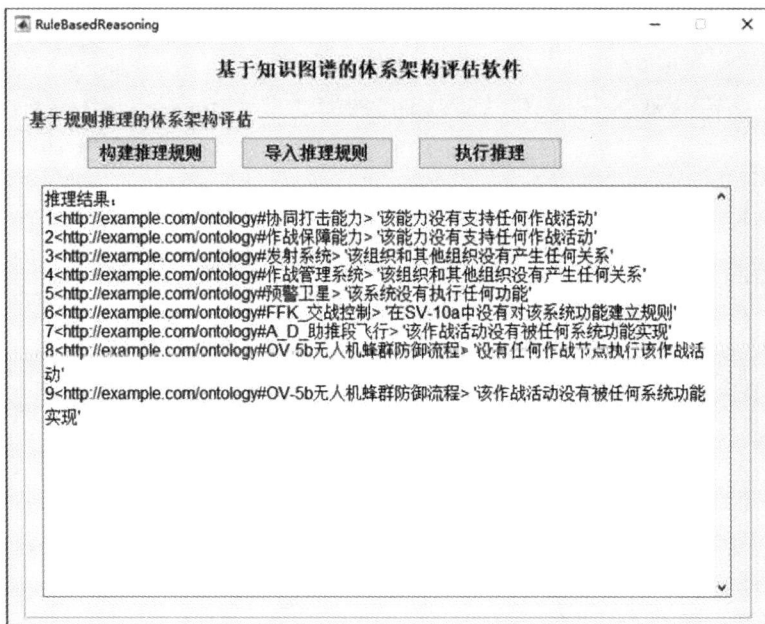

图 4 - 16　基于规则推理的体系架构评估界面示意图

　　在基于规则推理的体系架构评估界面中,用户可直接点击"执行推理",采用默认的推理规则进行推理,也可自行添加新的推理规则。

在基于数据驱动的体系架构评估界面中,用户可导入训练集,进行 KG – BERT 模型训练和测试,继而"导入待评估数据",点击"执行推理",可输出评估有效性的相关指标,包括准确率、精确率、召回率和 F1 值,并指出问题数据。

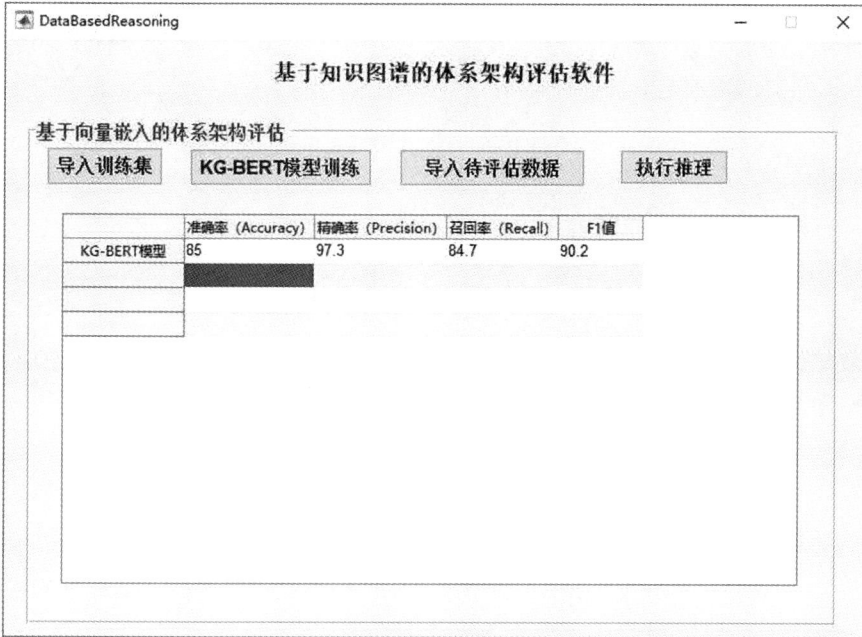

图 4 – 17　基于数据驱动的体系架构评估界面示意图

4.3　案　例　研　究

4.3.1　案例背景

近年来,美国海军积极实践水下作战概念创新,2016 年发布《水下战科学与技术战略目标》指导文件,该文件提出了 10 个重点领域的科学与技术目标,力图提升体系化攻防对抗及网络化作战能力。美军水下作战体系主要由水下预警监控系统、指挥通信系统、攻防作战系统、综合保障系统等构成。水下预警监控系统包括水声监控、太空监控、电磁监控、空中监控等手段;指挥通信系统中的水下通信系统,主要采用水声通信,未来可能会采用的蓝绿激光通信;攻防作战系统包括水下力量和空中、水面、岸基反潜力量;综合保障系统包括海洋地理环境、海洋水文气象、海洋工程建设、搜索救援、导航定位、基础数据建设保障等。

美国的水下攻防对抗体系基于新型远程传感平台和新一代水下通信系统,强化水下攻防对抗网络,新增水下立体攻防对抗装备,并积极研制水下机器人与新概念水下预置平台,探索有人无人协同作战理念。美军水下作战体系指挥信息系统组成示意图如图 4 – 18 所示,将在战略层面加强近海反潜作战能力,战略中心转移至近海/深海并行发展;在战术层面从平台密集型向传感器密集型转变,通过指挥链和情报链的不断建设,缩短反潜作战的观察—判断—决策—行动(OODA)环闭合时间。

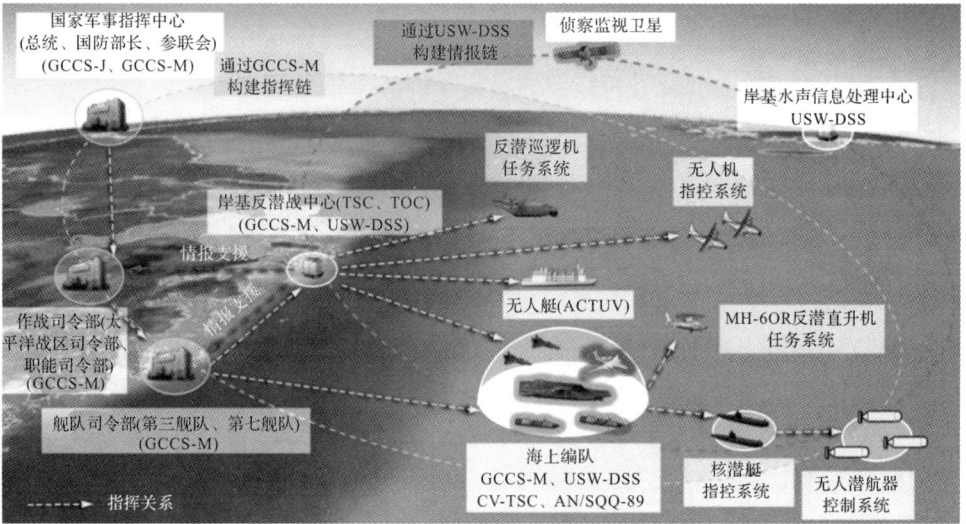

图 4-18　美军水下作战体系指挥信息系统组成示意图

4.3.2　体系架构视图模型及知识图谱表征

在美军体系化反潜作战的背景下,利用 DoDAF 构建多视角的体系架构视图模型,明确作战体系需求,组成要素、连接关系和配系部署,作战体系在执行不同作战任务时的架构层级、组织关系、作战过程、信息交互关系等不同侧面的体系架构描述,并转换形成统一的知识图谱,如图 4-19 所示。该反潜作战的体系架构可能存在装备系统使用不充分(即某系统不支持任何作战活动)、系统接口缺失(即支撑具有信息交互的两个作战活动的两个系统间缺少关联关系)等问题。

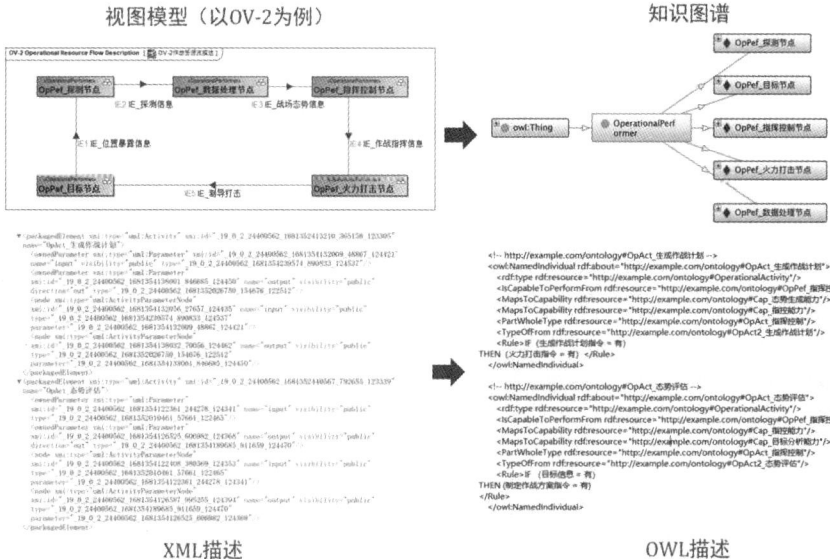

图 4-19　反潜作战体系架构视图及知识图谱示例

4.3.3　体系架构评估

1. 基于规则推理的反潜作战体系架构评估

鉴于 DoDAF 模型表达了反潜作战体系架构的不同侧面,而这些侧面是相互关联的,因此从完全性、一致性和正确性三个方面开展评估。基于体系架构对应的 OWL 模型和 31 条规则文件,"未发现错误的"评估输出结果如图 4 - 20 所示。

```
<------开始推理------>
没有发现任何错误!
<------推理结束------>
```

图 4 - 20　"未发现错误的"评估输出结果

为了验证所提出的方法能否准确评估模型中的问题,对体系架构模型在完全性、一致性和正确性方面进行改动。部分评估结果展示如下。

(1) CV - 2 一致性评估

在 CV - 2 中,能力与能力之间的泛化关系只能是单向的,如果两个能力之间存在互为泛化的关系,那么模型将出现一致性问题。规则如下。

CV - 2_Rule1: (? x rdf:type http://example.com/ontology#Capability),
　　　　　　　 (? y rdf:type http://example.com/ontology#Capability),
　　　　　　　 (? x, http://example.com/ontology#Generalize ? y),
　　　　　　　 (? y, http://example.com/ontology#Generalize ? x)
　　　　　　　 →print(? x,'该作战节点没有与其他作战节点建立资源交换')

当"打击能力"和"协同能力"互为泛化关系时,评估结果如图 4 - 21 所示。

```
<http://example.com/ontology#Cap_打击能力> <和> <http://example.com/ontology#Cap_协同能力> '能力泛化关系存在矛盾'
<http://example.com/ontology#Cap_协同能力> <和> <http://example.com/ontology#Cap_打击能力> '能力泛化关系存在矛盾'
```

图 4 - 21　CV - 2 一致性评估结果

(2) CV - 6 完全性评估

在 CV - 6 中,能力需要支持至少一个作战活动,作战活动也至少需要被一个能力支持。如果不符合该条件,那么模型将存在完全性问题。规则如下。

CV - 6_Rule1: (? x rdf:type http://example.com/ontology#Capability),
　　　　　　　 noValue(? x, http://example.com/ontology#GeneralizeFrom),
　　　　　　　 noValue(? x, http://example.com/ontology#MapsToCapabilityFrom)
　　　　　　　 →print(? x,'该能力没有支持任何作战活动')

CV - 6_Rule2: (? x rdf:type http://example.com/ontology#OperationalActivity),
　　　　　　　 noValue(? x, http://example.com/ontology#MapsToCapability)
　　　　　　　 →print(? x,'该作战活动没有被任何能力支持')

当"识别能力"和"跟踪定位能力"没有与相关作战活动建立映射关系,或者"数据处

理"和"火力打击"没有与相关能力建立映射关系时,评估结果分别如图 4-22 和图 4-23
所示。

```
<http://example.com/ontology#Cap_跟踪定位能力>  '该能力没有支持任何作战活动'
<http://example.com/ontology#Cap_识别能力>    '该能力没有支持任何作战活动'
```

图 4-22 CV-6 完全性评估结果 1

```
<http://example.com/ontology#OpAct_数据处理>  '该作战活动没有被任何能力支持'
<http://example.com/ontology#OpAct_火力打击>  '该作战活动没有被任何能力支持'
```

图 4-23 CV-6 完全性评估结果 2

（3）OV-2 完全性评估

在 OV-2 中,作战节点应该至少与其他一个作战节点发生资源交换。如果不符合该条
件,模型将存在完全性问题。规则如下。

OV-2_Rule1:(? x rdf:type http://example.com/ontology#OperationalPerformer),
noValue(? x, http://example.com/ontology#OperationalExchange),
noValue(? x, http://example.com/ontology#OperationalExchangeFrom)
→print(? x,'该作战节点没有与其他作战节点建立资源交换')

当"数据处理节点"缺少与其他作战节点的资源流交换时,评估结果如图 4-24 所示。

```
<http://example.com/ontology#OpPef_数据处理节点>  '该作战节点没有与其他作战节点建立资源交换'
```

图 4-24 OV-2 完全性评估结果

（4）OV-5a 一致性评估

在 OV-5a 中,作战活动与作战活动之间存在层级关系,但不能互为整体与部分的关
系。如果互为整体与部分的关系,模型将存在一致性问题。规则如下。

OV-5a_Rule1:(? x rdf:type http://example.com/ontology#OperationalActivity),
(? y rdf:type http://example.com/ontology#OperationalActivity),
(? x, http://example.com/ontology#WholePartType ? y),
(? y, http://example.com/ontology#WholePartType ? x)
→print(? x 和 ? y,'作战活动间整体和部分关系存在矛盾')

当活动"探测"和"卫星探测"互为整体与部分关系时,评估结果如图 4-25 所示。

```
<http://example.com/ontology#OpAct_探测> 和 <http://example.com/ontology#OpAct_卫星探测>  '作战活动间整体和部分关系存在矛盾'
<http://example.com/ontology#OpAct_卫星探测> 和 <http://example.com/ontology#OpAct_探测>  '作战活动间整体和部分关系存在矛盾'
```

图 4-25 OV-5a 一致性评估结果

（5）SV-1 对象系统正确性评估

在反潜作战体系的 SV-1 模型中,声呐系统探测深度设定不能超过一定范围。如果该
属性数值超出预设范围 3 000 m,那么模型将存在正确性问题。规则如下。

SV-1_Rule1:(? x rdf:type http://example.com/ontology#ResourceRole),

(? x http://example.com/ontology#TypeOf ? y),

equal(? y, http://example.com/ontology#Sys_S_声呐浮标),

(? x, http://example.com/ontology#SvMS_深度 ? z),

greaterThan(? z, 3000)

→print(? x, 声呐探测深度超过指定范围)

当 SV-1 中 AN/SSQ 型号的声呐探测深度设定为 5 000 m 时,评估结果如图 4-26 所示。

```
<http://example.com/ontology#ResRole_S_AN/SSQ>  '声呐探测深度超过指定范围'
```

图 4-26　SV-1 对象系统正确性评估结果

评估结果表明,只要构建了相应的规则,那么基于规则推理的评估方法对模型中存在的逻辑错误便能进行有效识别。

2. 基于向量嵌入的反潜作战体系架构评估

基于数据驱动的反潜作战体系架构评估的难点之一在于训练数据的构建。利用 ChatGPT 问答形式和人工校验的方式构建一个领域数据集,这些数据覆盖了反潜作战的多个维度,如反潜武器系统、作战活动、作战能力等关键要素。通过对这些数据进行分析和清洗,将其转化为知识三元组,并进一步转换为 JSON 格式,以此作为模型训练的基础数据集。该数据集共包含 6 240 条记录,其中正样本 5 460 条,负样本 780 条。在数据标注过程中,依据专家经验进行了显著性标注,因此,这一过程会受到认知偏差的影响,从而为训练集的注释带来一定的主观性。部分 JSON 格式的三元组数据训练集如图 4-27 所示。

```
{"triple_id": "0263", "subject": "姿态控制", "object": "姿态控制能力", "predicate": "活动具有能力", "salience": "1"}
{"triple_id": "0264", "subject": "探测卫星", "object": "遥测监控", "predicate": "系统支持活动", "salience": "1"}
{"triple_id": "0265", "subject": "遥测监控", "object": "遥测监控能力", "predicate": "活动具有能力", "salience": "1"}
{"triple_id": "0266", "subject": "探测卫星", "object": "通信系统", "predicate": "系统包含系统", "salience": "1"}
{"triple_id": "1021", "subject": "探测卫星", "object": "点火系统", "predicate": "系统包含系统", "salience": "0"}
{"triple_id": "0267", "subject": "探测卫星", "object": "目标探测", "predicate": "系统支持活动", "salience": "1"}
{"triple_id": "0268", "subject": "目标探测", "object": "目标探测能力", "predicate": "活动具有能力", "salience": "1"}
{"triple_id": "0269", "subject": "探测卫星", "object": "红外装置", "predicate": "系统包含系统", "salience": "1"}
{"triple_id": "0270", "subject": "探测卫星", "object": "目标跟踪", "predicate": "系统支持活动", "salience": "1"}
{"triple_id": "0271", "subject": "目标跟踪", "object": "目标跟踪能力", "predicate": "活动具有能力", "salience": "1"}
{"triple_id": "0272", "subject": "探测卫星", "object": "雷达系统", "predicate": "系统包含系统", "salience": "1"}
{"triple_id": "1022", "subject": "探测卫星", "object": "战斗部", "predicate": "系统包含系统", "salience": "0"}
{"triple_id": "0273", "subject": "探测卫星", "object": "影像获取", "predicate": "系统支持活动", "salience": "1"}
{"triple_id": "0274", "subject": "影像获取", "object": "影像获取能力", "predicate": "活动具有能力", "salience": "1"}
{"triple_id": "0275", "subject": "探测卫星", "object": "星敏感器", "predicate": "系统包含系统", "salience": "1"}
{"triple_id": "0276", "subject": "探测卫星", "object": "数据传输", "predicate": "系统支持活动", "salience": "1"}
{"triple_id": "0277", "subject": "数据传输", "object": "数据传输能力", "predicate": "活动具有能力", "salience": "1"}
{"triple_id": "1023", "subject": "数据传输", "object": "数据分析能力", "predicate": "活动具有能力", "salience": "0"}
{"triple_id": "0278", "subject": "探测卫星", "object": "姿态控制", "predicate": "系统支持活动", "salience": "1"}
```

图 4-27　反潜作战知识三元组(部分)

由于 predicate 关系已被限定为三种类型,分别对应 SV-5、SV-1 和 CV-6 三个视图,因此在构建验证数据集的过程中,主要关注这三个视图。

（1）CV-6 评估

从 CV-6 视图对应的 OWL 数据中提取模型数据构成三元组，形成对应的验证数据集以进行评估。具体来说，梳理每一项能力与其对应的作战活动，将这些映射关系转化为可评估的数据条目。以作战活动"磁探仪探测"为例，和它相映射的作战能力有"跟踪定位能力""识别能力""搜索能力""探测能力"。通过这些数据可以得到验证集三元组如图 4-28 所示。

```
{"triple_id": "0001", "subject": "磁探仪探测", "object": "跟踪定位能力", "predicate": "活动具有能力"}
{"triple_id": "0002", "subject": "磁探仪探测", "object": "识别能力", "predicate": "活动具有能力"}
{"triple_id": "0003", "subject": "磁探仪探测", "object": "搜索能力", "predicate": "活动具有能力"}
{"triple_id": "0004", "subject": "磁探仪探测", "object": "探测能力", "predicate": "活动具有能力"}
```

图 4-28 CV-6 待评估数据（部分）

（2）SV-1 评估

从 SV-1 的 OWL 数据中提取验证数据。梳理每一个系统与其子系统，将这些整体与部分关系转化为可评估的数据条目。以系统"鱼雷"为例，"鱼雷"作为一个系统整体，下面包含许多子系统："姿态测量模块""供电支撑模块""动力模块""寻的模块""通信模块""战斗部""外壳""鱼雷控制模块"。通过这些数据可以得到验证集三元组如图 4-29 所示。

```
{"triple_id": "0075", "subject": "鱼雷", "object": "姿态测量模块", "predicate": "系统包含系统"}
{"triple_id": "0076", "subject": "鱼雷", "object": "供电支撑模块", "predicate": "系统包含系统"}
{"triple_id": "0077", "subject": "鱼雷", "object": "动力模块", "predicate": "系统包含系统"}
{"triple_id": "0078", "subject": "鱼雷", "object": "寻的模块", "predicate": "系统包含系统"}
{"triple_id": "0079", "subject": "鱼雷", "object": "通信模块", "predicate": "系统包含系统"}
{"triple_id": "0080", "subject": "鱼雷", "object": "战斗部", "predicate": "系统包含系统"}
{"triple_id": "0081", "subject": "鱼雷", "object": "外壳", "predicate": "系统包含系统"}
{"triple_id": "0082", "subject": "鱼雷", "object": "鱼雷控制模块", "predicate": "系统包含系统"}
```

图 4-29 SV-1 待评估数据（部分）

（3）SV-5 评估

从 SV-5 的 OWL 数据中提取验证数据。梳理每一个系统与其对应的作战活动，将这些映射关系转化为可评估的数据条目。以系统"声呐浮标"为例，和它相映射的作战活动有"声呐探测"和"探测"。通过这些数据可以得到验证集三元组如图 4-30 所示。

```
{"triple_id": "0052", "subject": "声呐浮标", "object": "声呐探测", "predicate": "系统支持活动"}
{"triple_id": "0053", "subject": "声呐浮标", "object": "探测", "predicate": "系统支持活动"}
```

图 4-30 SV-5 待评估数据（部分）

为了增强评估结果的对比性，手动生成了一批关系不显著的知识三元组，作为验证集中的错误信息，预期这些数据的显著性值为 0。最终构建了一个包含 200 条数据的验证集，其中，170 条源自模型提取，30 条为手动生成。评估完成后，生成了包含 200 条数据的评估结果集。通过对比验证集与结果集，对评估结果进行分析，结果显示，148 条数据的显著性值为 1(其中 144 条正确),52 条数据的显著性值为 0(26 条正确)。

采用准确率(Accuracy)、精确率(Precision)、召回率(Recall)和 F1 值对评估成效进行量化评估。准确率反映了预测正确样本占总样本的比例;精确率衡量了预测为正样本中实际为正样本的概率;召回率衡量了实际为正样本中被正确预测的概率;F1 值则是准确率和召回率的综合体现,其计算方法如下:

$$F1 = \frac{2 \cdot Accuracy \cdot Recall}{Accuracy + Recall} \times 100\% \tag{4-1}$$

各值计算结果见表 4-1。

表 4-1　显著性评估结果

单位:%

模　型	准确率	精确率	召回率	F1 值
KG-BERT	85.0	97.3	84.7	90.2

根据评估结果,准确率达到了 85.0%,表明模型对于正负样本的分类具有较高准确性。精确率达到 97.3%,凸显了模型在正样本预测上的高可靠性。召回率为 84.7%,说明模型在正样本识别方面的有效性有待进一步提高。F1 值达到了 90.2%,表明该方法在综合考量准确性与召回率方面表现良好。值得注意的是,这些指标也受到训练集数据质量和分布的显著影响。为了确保模型在更广泛的应用场景中保持高性能,未来进一步的工作需要关注训练数据的优化和扩充,以及模型对于不同数据分布的适应能力。总体而言,基于向量嵌入的体系架构模型在反潜作战领域的正确性校验中展现出了较高的准确性。

第5章　基于复杂网络的作战体系韧性评估

针对体系涌现性、演进性导致的体系动态评估难题,本章介绍一种基于复杂网络的作战体系韧性评估方法。该方法结合基于复杂网络方法的体系韧性理论方法,构建体系韧性评估指标体系,完成体系韧性结构分析,为复杂需求和动态环境下的体系评估提供理论支撑。

5.1　作战体系韧性机理

5.1.1　作战体系结构建模

从作战体系当前的需求背景出发开展了相关调研,以作战云体系作为典型体系示例,运用 DoDAF 体系建模方法建立作战云体系的能力视图,构建体系结构模型。"作战云"的概念由美军空军司令部的 Michael Hostage 将军于 2013 年首次提出。2014 年,前美国空军第一副参谋长 David A. Deptula 中将在此基础上对作战云进行了进一步阐述:作战云类似于云计算的方式,在高度分散、自我调节的网络中快速分享信息,对各种计算能力进行整合,并通过(Command,Control,Communication,Computer,Intelligence,Surveillance,Reconnaissance,C4ISR)系统,快速共享各个领域和组件之间的任何数据,整合各种作战资源,来提升作战系统的效能并得到规模效益。作战云系统试图用更少的作战资源在更大的影响区域内产生更高的效能。例如,作战云在完成攻击某单个目标的任务时,不用集结大量的作战飞机形成传统的打击部队,而是将各种互补的作战能力整合成一个联合武器系统,使其能在作战区域内动态执行分布式的任务。

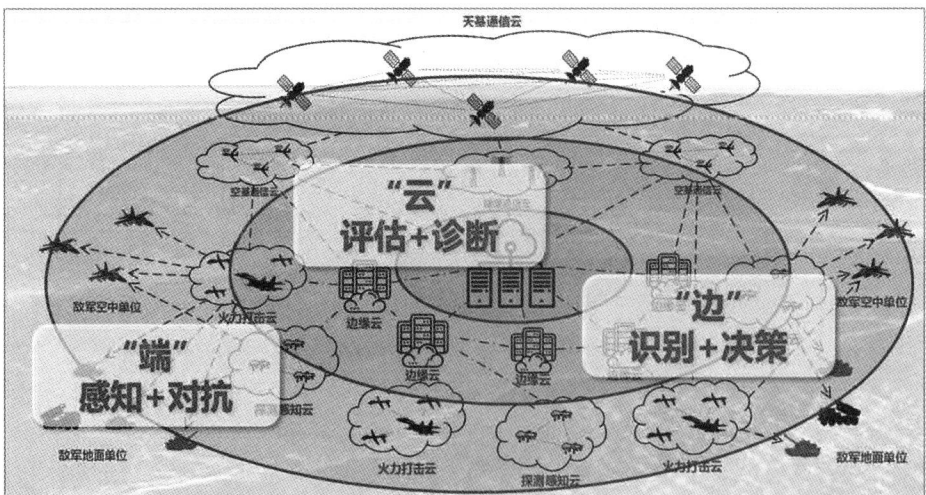

图 5-1　面向作战云的典型体系案例想定描述(OV-1)

1. 体系能力视图建模

针对典型体系云作战案例,首先运用 DoDAF 体系建模方法建立作战体系云的能力视图。基于云体系的功能需求,响应实现多云信息平台融合,作战资源网络互联化的需求牵引,能力视图重点关注由信息交互和任务决策构成的体系云通用能力。体系云作战体系能力模型可以分为以下三大部分,如图 5-2 所示。

1)体系专有能力:体系专有能力由预警感知能力、识别跟踪能力、指挥决策能力、火力打击能力、态势评估能力和综合保障能力构成。

2)信息交互能力:信息交互能力由信息分析能力、数据交换能力、信息治理能力、"云—边—端"部署能力和"云—边—端"协作能力构成。

3)任务决策能力:任务决策能力由自主感知能力、自主推理能力、自主判断能力、自优化能力和自适应能力构成。

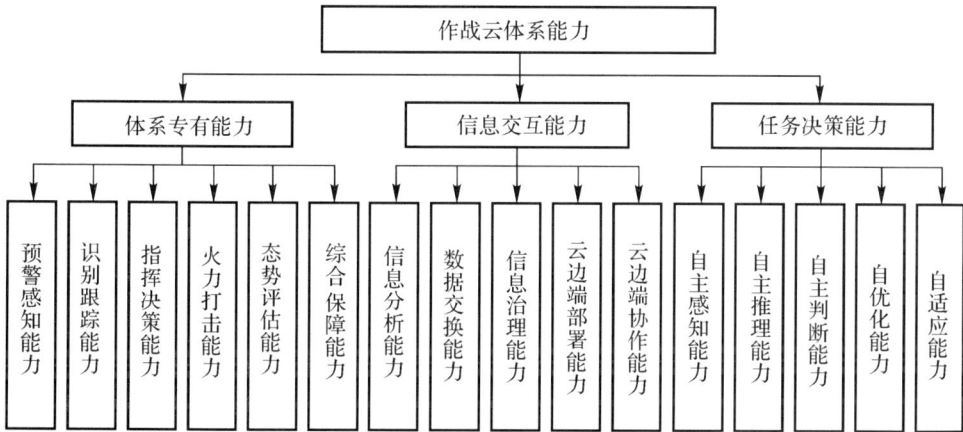

图 5-2　基于 DoDAF 的体系能力视图建模(CV-2)

2. 体系系统视图建模

能力的实现需要系统结构的支撑。作战云体系在组织结构层次上包含若干具有不同职能的子系统,通过不同系统间的配合与交互,共同实现复杂系统能力。在作战云体系需求的牵引下,基于 DoDAF 框架,构建了"云—边—端"的作战云体系信息交互架构,如图 5-3 所示。作战云体系结构上可分为中心作战云、边缘作战云和作战终端三层。

整体流程上看,侦察终端会进行目标区域侦察感知,将区域侦察发现的目标位置信息上传到边缘云进行目标识别和任务决策,基于拍卖算法完成"目标—打击终端"匹配,将目标分配给待命状态的打击终端。管辖不同区域的边缘云将各自的局部态势上传至中心云,中心云汇聚成整体态势开始评估体系效能,并进行体系缺陷诊断。由中心云依据诊断结果进行韧性重构策略生成,将重构策略下发至对应的边缘云,包括侦察、打击终端调拨和通信链路重建等,边缘云将重构资源池化并整合至管辖作战资源中,再通过持续的"感知—识别—决策—对抗"迭代运行恢复体系效能。

1)"云"要素是体系中心云系统,负责对全局态势进行整体的分析,进行全局态势评估、目标杀伤评估,并对作战云体系能力缺陷进行诊断。

2)"边"要素是边缘云系统,与中心云系统紧密相连,负责将其识别到的局域态势信息同步给中心云系统,以便中心云系统更准确地进行整体的态势分析。此外会进行区域评估与决策,对火力打击云系统下发打击命令。

3)"端"要素是作战终端,负责战场信息的收集与上传,并执行"云"和"边"的作战指令。作战终端的探测感知系统会对周围环境进行感知,监测是否有敌人出现。当探测到敌人空中或地面信息时,会将识别信息传送给边缘云系统。作战终端的火力打击系根据所下发的方案对空中与地面敌人进行攻击。完成攻击后,会将杀伤信息传送给中心云系统。

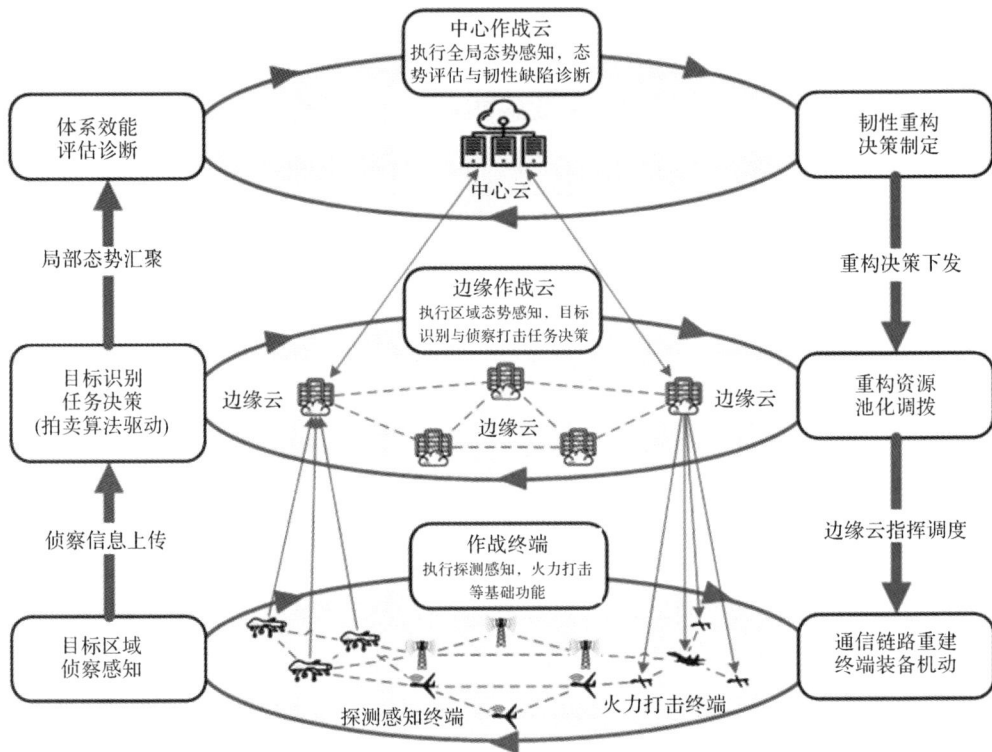

图5-3 基于DoDAF的体系系统视图建模(SV-4)

3.体系作战视图建模

结构模型是作战云体系的静态表征。作战云体系在实际对抗过程中,由哪些关键要素(关键要素在后续介绍时也称为智能体)驱动整个体系的任务决策链路,代表任务决策链路的一个环节(要素即智能体)内部由哪些时序的活动组成。要素与要素之间如何关联和交互等,都需要通过构建活动模型梳理清楚要素之间的时序依赖关系。根据体系通信架构以杀伤链热任务流程,体系的任务决策要素包括感知、识别、决策、对抗、评估和诊断六种,具体如下。

1)感知要素是任务决策过程中的信息收集过程,具体由侦察终端进行感知,通过进行区域探测与警戒来侦察视野内是否有未探索区域,从而进行战术机动实施。

2)识别要素由侦察终端对目标进行捕捉定位,并将信息上传至边缘作战云进行识别。

3)决策要素由边缘云将目标信息存储并对目标进行威胁评估,再由多轮拍卖算法驱动进行体系任务决策,实现目标—打击终端的智能匹配,并将相应目标信息下发至打击终端。边缘作战云还会将识别信息上传至中心作战云进行评估知识存储,全局态势融合和态势数据存储。

4)对抗要素指打击终端根据边缘云下发的目标信息实施火力打击。

5)评估要素指评估阶段中心云对感知效能、识别效能、决策效能、对抗效能四部分进行评估,进而对通信效能和杀伤链效能进行评估,得到体系整体能力的评估结果。

6)诊断要素指中心云通过区域效能对比得到性能缺陷定位,进而对感知资源和打击资源调拨、通信网络调整和作战区域划分情况进行诊断。

针对这六种体系任务决策要素,构建作战云体系的作战活动模型如图 5-4 所示,分为正常运行阶段和韧性重构阶段两种情况。

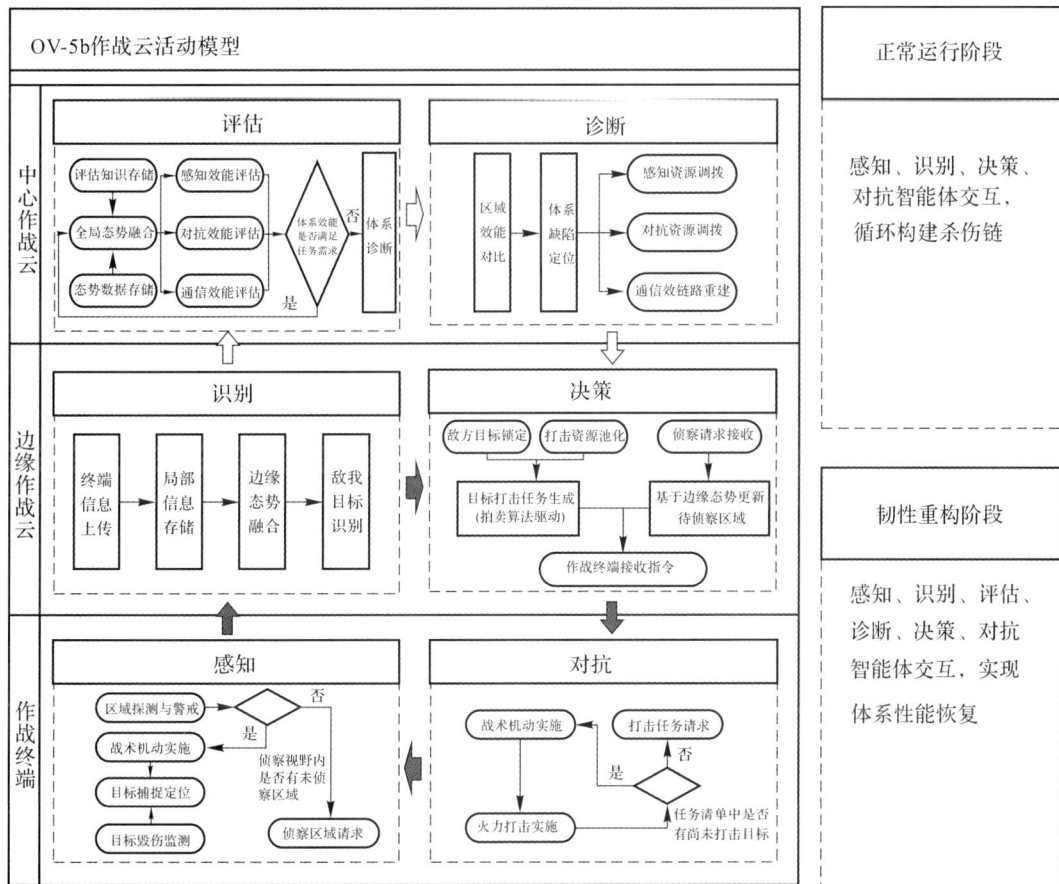

图 5-4　基于 DoDAF 的体系作战视图建模(OV-5b)

1)正常运行阶段下,感知、识别、决策、对抗四部分智能体交互,循环构建杀伤链。感知要素是任务决策过程中的信息收集过程,具体由侦察终端进行感知,通过进行区域探测与警戒来侦察视野内是否有未探索区域,从而进行战术机动实施。识别要素由侦察终端对目标进行捕捉定位,并将信息上传至边缘作战云进行识别。决策要素由边缘云将目标信息存储并对目标进行威胁评估,再由多轮拍卖算法驱动进行体系任务决策,实现目标—打击终端的智能匹配,并将相应目标信息下发至打击终端。边缘作战云还会将识别信息上传至中心作战云进行评估知识存储,全局态势融合和态势数据存储。对抗要素指打击终端根据边缘云下发的目标信息实施火力打击。

2)在韧性重构阶段下,感知、识别、评估、诊断、决策、对抗六部分智能体交互,实现体系性能恢复。感知、识别、决策、对抗环节与正常阶段相同。评估指评估阶段中心云对感知效能、识别效能、决策效能、对抗效能四部分进行评估,进而对通信效能和杀伤链效能进行评估,得到体系整体能力的评估结果。诊断指中心云通过区域效能对比得到性能缺陷定位,进而对感知资源和打击资源调拨、通信网络调整和作战区域划分情况进行诊断。

5.1.2 作战体系超网络模型构建

基于体系结构模型,从不同角度挖掘作战体系不同层次要素及要素间的关联关系,进而提取出体系的三层逻辑架构:任务层、协同层与物理层,完成体系超网络模型构建。任务层是作战体系架构的顶层,由包含感知、识别、决策、对抗、评估和诊断的六类任务决策要素构成,负责杀伤链的构建与闭合驱动,以及面向具体作战使命的作战任务生成;协同层是作战体系架构的中间层,主要由云—边—端的体系信息架构要素组成,云、边、端之间互相交互推动战场态势信息汇聚和作战指控信息分发,通过信息的快速流转驱动任务层杀伤链的高效闭合;物理层是体系架构的实体基础,由组成体系的具体装备、设施等构成,每个实体单元按预设的规则或功能要求运行或接收并执行上级指令。任务层中任务决策链路的驱动需要依赖信息交互架构的传输处理,协同层中信息交互架构的传输处理需要依赖物理层中装备实体和通信网络的正常运行。

为方便对作战体系开展定量分析,对照 DoDAF 系统视图的组织架构,基于能力视图—结构视图—行为视图分析,提取作战体系不同视图中的关键要素及要素间的关联关系,建立"物理层—协同层—任务层"三层系统决策模型架构,如图5-5所示。

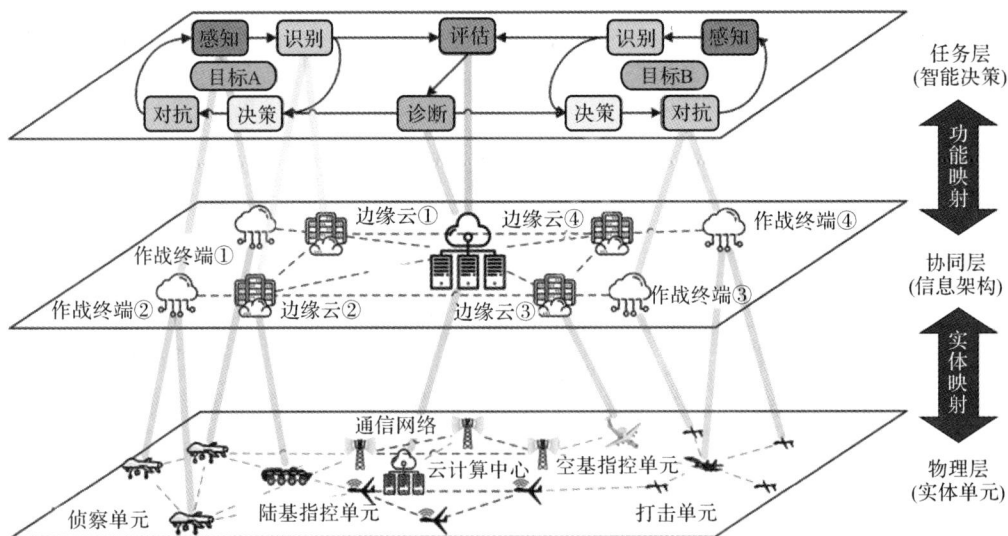

图5-5 作战体系物理—协同—任务三层超网络模型

1. 任务层

如图 5-6 左侧框图所示,作战体系超网络模型的任务层中,节点包括六类任务决策要素,即感知、识别、决策、对抗、评估和诊断。杀伤链流程如下:体系首先会对战区情况开展侦察活动,捕捉目标位置即对应探测感知功能;然后将目标信息传至边缘云,由边缘云开展敌我识别并形成边缘态势即对应目标识别功能;边缘云综合研判边缘态势,响应打击终端任务请求,基于拍卖算法分配目标给打击终端即对应指挥决策功能。打击终端执行打击任务即对应火力打击功能。边缘云会实时监测边缘态势并传输至中心云,中心云汇总边缘云态势信息开展体系效能评估即对应毁伤评估功能。当体系效能不满足使命任务要求时,中心云挖掘体系效能缺陷区域,并针对性生成响应的重构策略即对应缺陷诊断功能。结束后系统继续开始探测感知新的目标,杀伤链由探测感知到缺陷诊断,完成闭合。

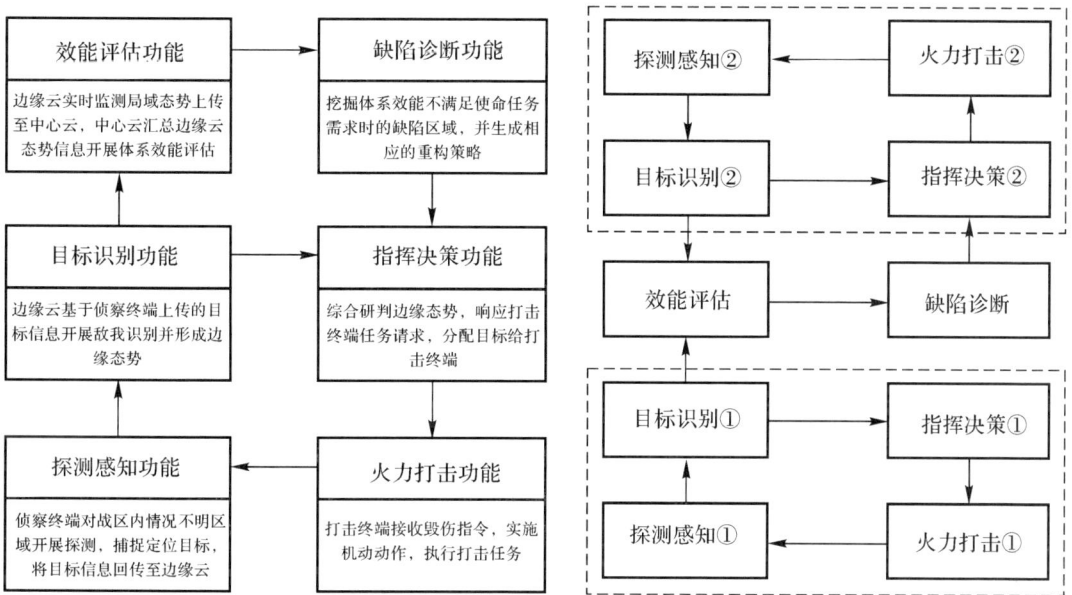

图 5-6　作战体系超网络模型任务层网络示意图

在正常运行阶段下,感知、识别、决策、对抗四类节点交互,循环构建杀伤链;在韧性重构阶段下,即当评估节点发现当前体系效能不满足使命要求时,则进入诊断节点生成相应的重构策略,实施资源调拨和链路重建等重构手段。如图 5-6 右侧循环图所示,杀伤链①即红色框图部分为正常运行阶段下的杀伤链,而杀伤链②即蓝色框图部分表示,效能评估环节下体系效能不满足使命要求而进入诊断环节,通过重构恢复整个杀伤链的运转,进而恢复体系效能。

2. 协同层

协同层中,每一个节点对应云、边、端三类信息架构要素的其中一类,即中心云、边缘云和以打击终端、侦察终端为代表的作战终端,其中协同层的每一类节点都与任务层中的任务决策节点存在相应的功能映射。中心云映射任务层中的评估和诊断节点,边缘云映射任务层中的识别和决策节点,作战终端的侦察和打击终端分别映射任务层中的感知和对抗节点。

协同层不同节点之间的连边包含以下几种:云边协同、边端协同和云端协同。云边协同主要映射"识别—评估"和"诊断—决策"两类决策链路,即边缘云将边缘态势上传和中心云将重构策略下发给存在缺陷的边缘云;边端协同主要映射"感知—识别"和"决策—对抗"两类决策链路,即侦察终端的信息上传以及边缘云对侦察终端和打击终端的任务下发,其中侦察终端对侦察资源全局优化调配,打击终端通过拍卖算法生成打击任务;云端协同主要存在于"诊断—决策"链路下,在中心云诊断并生成资源调拨策略后,备份的侦察和打击终端接收到中心云的指令调拨到对应的边缘云所属区域下,并完成相应作战资源在边缘云下的池化,即完成隶属关系转换进入对应边缘云的资源池中可用于调配。作战体系超网络模型中协同层网络示意图如图 5-7 所示。

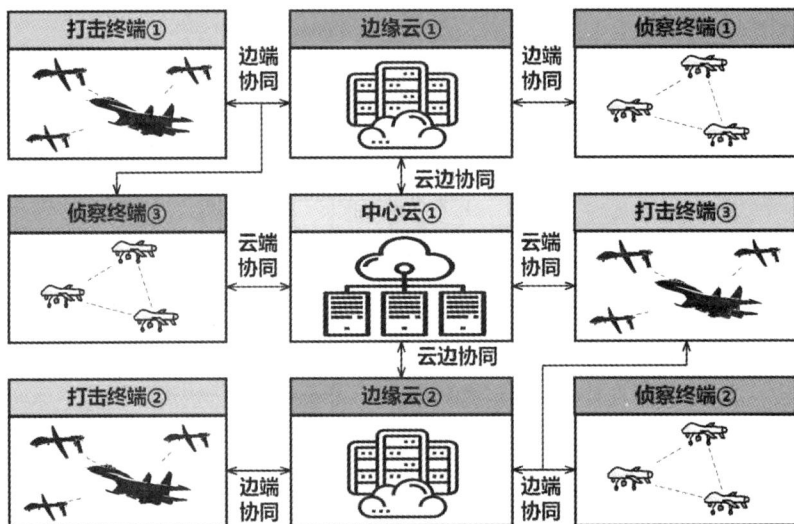

图 5-7　作战体系超网络模型协同层网络示意图

杀伤链流程是,系统首先对战区情况开展探测,捕捉目标位置即对应探测感知功能,然后将目标信息传至边缘云系统,由边缘云系统开展敌我识别,标定敌方目标并分析其威胁性即对应目标识别功能。当所有的目标都被探测感知,并将信息发送给边缘云研判之后,边缘云才会开始进行综合研判。经过综合研判,边缘云系统将目标分配给打击单元,并响应打击单元任务请求即对应指挥决策功能。打击单元实时打击任务即对应火力打击功能。边缘云会监测毁伤情况并评估效能,将毁伤情况传输至中心云系统即对应毁伤评估功能。中心云进行全局态势评估,对体系能力缺陷开展诊断即对应缺陷诊断功能。结束后系统继续开始探测感知新的目标,杀伤链由探测感知到缺陷诊断,完成闭合。

3.物理层

在物理层中,节点代表作战体系的实体装备,如侦察感知单元、打击单元、空中指挥所、地面机动指挥所、云计算中心等,以及由空天地基对应的通信单元组成的通信网络,天基包括高轨卫星、低轨卫星星座等,空基包括高海拔空基平台、无人机集群等,地基包括地面的通信基站、互联网节点等。

物理层的连边代表不同实体装备系统之间的通信关系,其中不同的装备通过接入空天地一体化通信网络实现彼此之间的信息传输,部分装备在距离较近时也能通过战术数据链等方式实现通信传输。作战体系超网络模型物理层网络示意图如图5-8所示。

云计算中心一般部署于地面,通过有线网络接入地面专网在地基不同类型的通信单元之间通信,云计算中心可以通过地基通信单元与空基、天基之间的无线链路进而与空中指挥所、无人机等跨域作战单元实现通信;边缘云的实体映射,如空中指挥所、地面机动指挥所等,通过地基无线网络、空基通信单元接入等手段实现与侦察单元、打击单元的通信;同时打击单元、侦察感知单元间彼此可以通过不同频段的战术数据链完成短距离通信。本书构建的仿真环境中仅考虑由天基的低轨卫星星座组成的通信网络,云、边、端对应的物理实体均通过接入卫星通信网络实现通信。

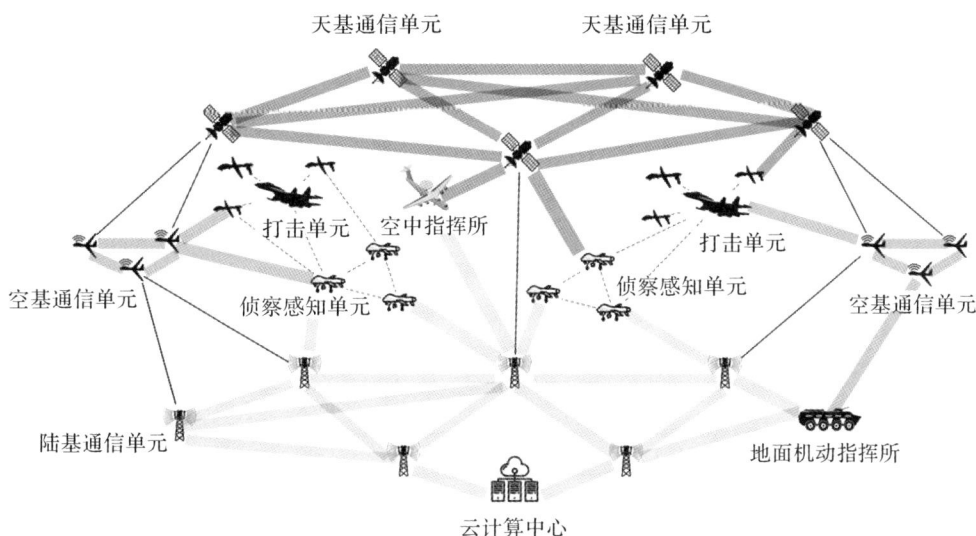

图5-8　作战体系超网络模型物理层网络示意图

4. 层间耦合关系

为方便后续对作战体系开展定量分析,对照DoDAF系统视图的组织架构,基于能力视图—结构视图—行为视图分析,提取作战体系不同视图中的关键要素及要素间的关联关系,建立"任务层—协同层—物理层"三层系统决策模型架构。

(1)通过"任务—协同"层间耦合达到功能映射

任务层中任务决策链路的驱动需要依赖信息交互架构的传输处理,其不同任务决策环节的实现要通过协同层的云、边、端完成。具体地,中心云映射任务层中的评估和诊断节点,结合相应的体系感知、对抗等效能指标算法以及重构策略生成算法,通过对所有边缘云的态势信息的汇聚和处理,完成体系效能的评估和缺陷诊断;边缘云映射任务层中的识别和决策节点,通过汇聚区域内所有侦察终端的上传的目标信息生成边缘态势并识别敌方目标,并基于拍卖算法驱动目标打击任务分配完成决策;作战终端的侦察和打击终端分别映射任务层中的感知和对抗节点,分别对应敌方态势的输入端和打击任务的执行端,即杀伤链的开始和结束。

(2)通过"协同—物理"层间耦合达到实体映射

协同层中信息交互架构的传输处理需要依赖物理层中装备实体和通信网络的正常运

行。具体地，云中心映射物理层中的云计算中心、大数据中心等地面运算处理设施，用于支撑全局态势的汇聚生成和缺陷区域的诊断，算力支撑相应的算法实现；边缘云映射物理层中的空基、地基指挥所等装备，其下沉在战场边缘，通过通信网络接收侦察终端的侦察信息，并通过自身配备的移动运算设备完成敌我目标识别和目标任务分配决策，并将打击任务指令通过通信网络下发给对应的打击终端；作战终端映射具体的侦察和打击装备，如无人侦察机、地面侦察车、战斗机、地面导弹发射车等，支撑态势信息获取和敌方目标歼灭。

5.1.3 作战体系韧性时空演化机理

本小节从面向体系使命任务的杀伤链相关指标出发，挖掘体系运行、对抗、重构的三个阶段，并研究体系运行、对抗和重构阶段下的网络韧性时空演化机理。

体系任务性能量化指标旨在衡量体系不断演化过程中的任务能力。基于本课题所选取的作战云体系，体的任务性能体现为能否精准、快速地闭合大规模杀伤链，形成对敌方目标高效率、大规模的打击。因此，本小节以由感知—识别—决策—对抗四个任务决策要素构成的作战云体系杀伤链为核心，依托所构建的任务—协同—物理多层超网络模型，设计体系任务性能指标见表5-1。

表5-1 体系任务性能指标

作战云体系超网络层次	体系任务性能指标	体系要素映射（任务决策）
任务层	体系杀伤链闭合速率	感知—识别—决策—对抗闭环
	体系杀伤链平均闭合时间	感知—识别—决策—对抗闭环
	体系区域侦察覆盖率	感知
	体系目标感知效率	感知、识别
	体系目标被响应率	决策
	体系目标锁定效率	对抗

体系杀伤链闭合速率的定义是体系在单位时间内完成感知—识别—决策—对抗闭环的杀伤链规模。该指标是作战云体系的顶层使命任务指标，直接反映作战云体系的作战效能。具体计算公式如下：

$$V_{\mathrm{CKC}} = \frac{N_{\mathrm{CKC}}^{T}}{T} \tag{5-1}$$

式中：T 表示体系的一段运行时间；N_{CKC}^{T} 表示 T 时间内体系杀伤链的闭合规模。

体系杀伤链平均闭合时间的定义是在单位时间内所有完成感知—识别—决策—对抗闭环的杀伤链的平均闭合时间。该指标从时间维度反映作战云体系的作战效能。具体计算公式如下：

$$\bar{T}_{\mathrm{CKC}} = \frac{\sum_{N_{\mathrm{CKC}}}^{i} T_{\mathrm{CKC}}^{i}}{N_{\mathrm{CKC}}} \tag{5-2}$$

式中：N_{CKC} 代表单位时间内闭合杀伤链的规模；T^i_{CKC} 代表单位时间内闭合的第 i 条杀伤链的闭合时间。

体系区域侦察覆盖率的定义是某时刻下体系已完成侦察任务的区域面积占整个战场区域的比例。由于战场环境存在动态时变、不确定性等特点，侦察任务存在时效性问题，已完成侦察的战场区域在一段时间后其下态势会重新回归战争迷雾。因此，体系区域侦察覆盖率反映体系对战场区域态势的实时掌控范围大小，主要通过体系任务决策中的感知要素实现。具体计算公式如下：

$$\alpha_{\mathrm{RC}} = \frac{S_{\mathrm{OR}}}{S_{\mathrm{HR}}} \tag{5-3}$$

式中：S_{OR} 表示某时刻下体系已完成侦察且时效性存在的总区域面积；S_{HR} 表示整个战场区域的面积。

体系目标感知效率的定义是单位时间内体系感知并识别敌方目标的规模。体系目标感知效率决定了体系从战场中获取准确敌方态势信息的速度，体系目标感知效率直接影响体系杀伤链后续决策和对抗的效果。具体计算公式如下：

$$V_{\mathrm{TO}} = \frac{N^T_{\mathrm{TO}}}{T} \tag{5-4}$$

式中：T 表示体系的一段运行时间；N^T_{TO} 表示 T 时间内体系感知并识别敌方目标的规模。

体系目标被响应率的定义是体系某时刻下，通过边缘云的决策能分配给火力打击单元的目标占当前已感知识别且未完成分配的目标比例。体系目标被响应率反映了体系实时作战资源和待打击目标即供和需之间的匹配能力，是体系多目标协同打击能力的核心体现。具体计算公式如下：

$$\alpha_{\mathrm{TR}} = \frac{S_{\mathrm{RT}}}{S_{\mathrm{HT}}} \tag{5-5}$$

式中：S_{RT} 表示某时刻下体系通过边缘云的决策能分配给火力打击单元的目标数量；S_{HR} 表示当前时刻下体系已感知识别且未完成分配的目标数量。

体系目标锁定效率的定义是单位时间内体系打击单元锁定的敌方目标数量。单个打击单元可以接收多个目标打击的任务分配，但同一时刻下锁定目标唯一。体系目标锁定反映体系随时间和空间演化下体系打击单元执行打击任务的效率，与杀伤链闭合直接相关。

$$V_{\mathrm{TL}} = \frac{N^T_{\mathrm{TL}}}{T} \tag{5-6}$$

式中：T 表示体系的一段运行时间；N^T_{TL} 表示 T 时间内体系火力打击单元锁定敌方目标的规模。

以杀伤力链闭合速率为例，针对体系任务性能指标进行仿真计算，可得到体系韧性的时空演化过程图如图 5-9 所示。

图中纵轴代表杀伤力链闭合速率，横轴代表体系仿真时间步长。根据体系的时空演化过程，体系能力分为以下三个部分。

1）抵抗能力：通过主动预防、规避和阻止攻击等方式，使体系遭到毁坏时至少能维持可用。

2）鲁棒能力：通过提高质量和备份的方式，尽可能降低各种事件造成的毁坏程度，使体系架构及其主要功能维持在可用水平。

3)恢复能力:通过快速重新配置、复位、重建等方式,修复体系各关键节点,使体系达到基本功能不完全丧失的水平。

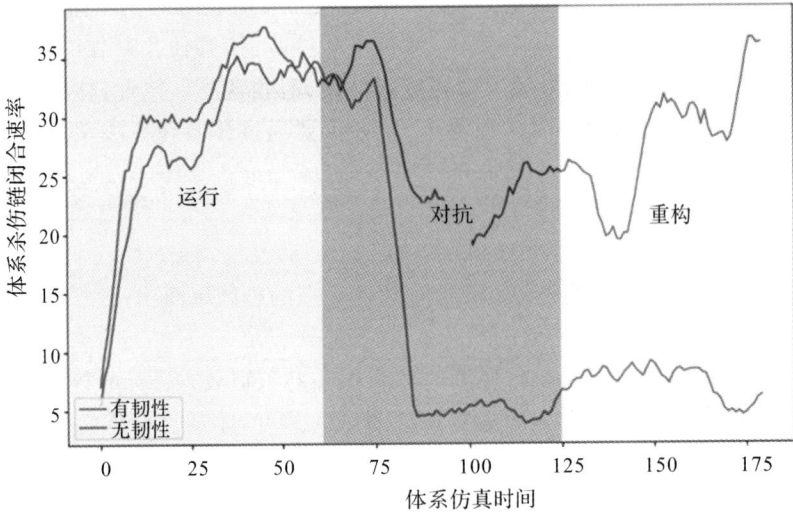

图 5-9　体系韧性时空演化过程图

在典型案例下对体系运行、对抗和重构阶段进行仿真,主要从面向体系使命任务的杀伤链相关指标出发,挖掘体系运行、对抗、重构的三个阶段,并研究体系运行、对抗和重构阶段下的网络韧性时空演化机理,体现体系韧性不同阶段下体系要素间交互模式的演化机理如图 5-10 所示。

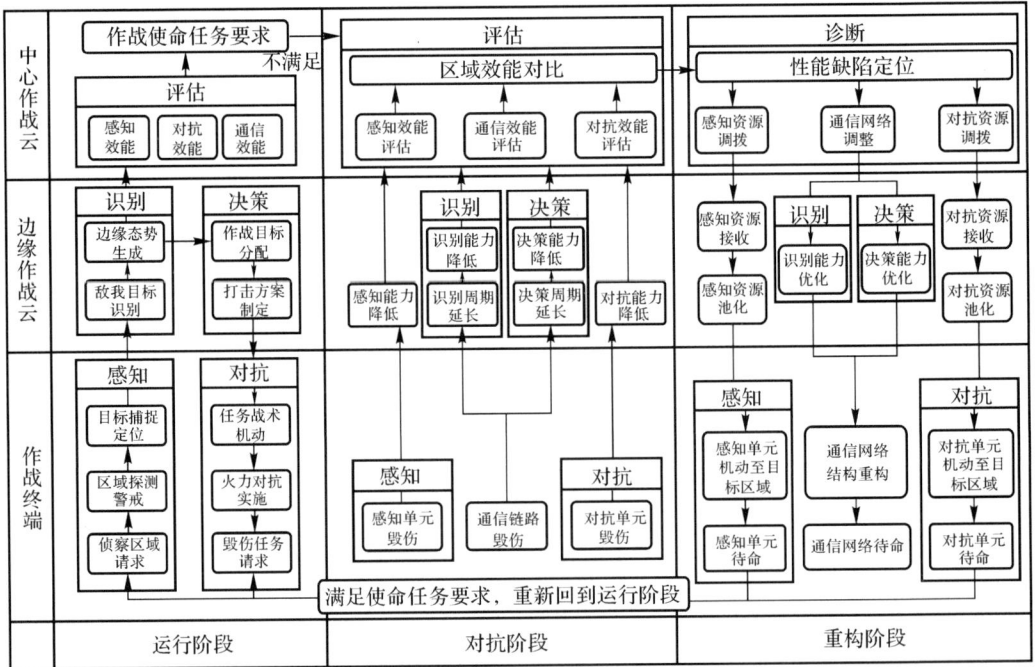

图 5-10　体系运行、对抗和重构阶段下的网络韧性时空演化机理

体系运行阶段网络特征见表 5-2。该表对两种体系在运行阶段即第 80 个仿真时间步之前的网络特征进行了总结。可以看出,由于运行阶段未受到任何外界影响,有韧性设计的体系和无韧性设计的体系在网络指标上没有明显差别,都能较为平稳地运行,达到相应的功能。

表 5-2　体系运行阶段网络特征

有无韧性	网络特征					
	装备网络平均最短路径	装备网络平均介数	装备网络平均度	通信效率	通信链路负载比例	通信网络平均加权度
有韧性体系	平稳	平稳	平稳	平稳	平稳	平稳
无韧性体系	平稳	平稳	平稳	平稳	平稳	平稳

对抗阶段网络特征见表 5-3。该表对两种体系在对抗阶段即第 80 个仿真时间步到特征指标跌到最低点时的网络特征进行了总结。可以看出,有韧性设计的体系的不同网络指标总体而言都能保持一个较为稳定的状态。虽然遭受了敌方打击,但由于具有装备重构、动态调配等功能,因此指标只会出现小幅的上升和下降。

表 5-3　对抗阶段网络特征

有无韧性	网络特征					
	装备网络平均最短路径	装备网络平均介数	装备网络平均度	通信效率	通信链路负载比例	通信网络平均加权度
有韧性体系	小幅下降	小幅上升	轻微下降	小幅下降	小幅下降	轻微下降
无韧性体系	快速大幅下降	快速大幅上升	大幅下降	大幅下降	大幅下降	大幅下降

恢复阶段网络特征见表 5-4。该表对两种体系在恢复阶段即特征指标跌到最低点之后的网络特征进行了总结。可以看出,没有韧性设计的体系网络特征指标在恢复阶段几乎都不能回到正常运行阶段的水平,只有少量部分恢复甚至无法恢复,而有韧性设计的体系在恢复速度和恢复程度方面都明显更优,主要原因在于没有韧性设计的体系在设计时未考虑恢复、重构等功能,因此网络一旦受到打击其内部结构就无法复原。

表 5-4　恢复阶段网络特征

有无韧性	网络特征					
	装备网络平均最短路径	装备网络平均介数	装备网络平均度	通信效率	通信链路负载比例	通信网络平均加权度
有韧性体系	快速完全恢复	彻底恢复	快速完全恢复	快速恢复	快速恢复	快速恢复
无韧性体系	无法恢复	无法恢复	无法恢复	无法恢复	无法恢复	无法恢复

上述过程表明,与无韧性体系相比,有韧性体系在遭受毁伤后,性能降低得更少,在性能降低后能恢复到可工作的水平。

5.2 作战体系韧性评估指标体系构建

本小节考虑体系的特点,从鲁棒性、抵抗性、恢复性及韧性全过程四个角度对体系的韧性进行评估,建立体系的韧性指标体系,包括鲁棒性、抵抗性、恢复性、韧性全过程在内的 13 个评价指标,并采用该指标体系对体系的任务性能变化进行分析,从而全方位刻画体系韧性能力。

5.2.1 作战体系韧性评估指标体系构建

韧性评估指标体系从鲁棒性、抵抗性、恢复性及韧性全过程四个角度对体系的韧性进行评估。从体系的鲁棒性角度,提出作战鲁棒水平、作战鲁棒临界等指标;从体系的抵抗性角度,提出作战抵抗水平、作战能力降级程度、作战能力降级速率、作战抗毁过程因子等指标;从体系的恢复性角度,提出作战恢复水平、作战能力恢复程度、作战能力恢复速率、作战恢复状态因子、作战恢复过程因子、作战恢复临界等指标;从体系的韧性全过程角度,提出作战过程韧性三角面积指标。综上,本小节建立了体系的韧性指标体系,包括鲁棒性、抵抗性、恢复性、韧性全过程在内的 13 个评价指标,如图 5-11 所示。

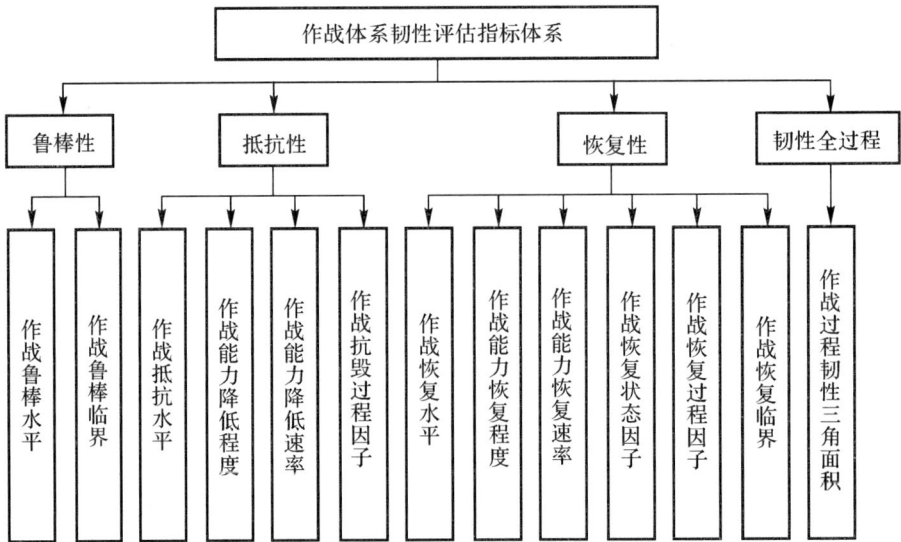

图 5-11 作战云体系韧性评估指标体系

作战鲁棒水平指标 L 表征体系吸收扰动的能力,定义为体系维持在正常工作性能阈值之上的前提下,在扰动施加条件下体系能力曲线面积与无扰动条件下体系能力曲线面积的比值,其物理内涵如图 5-12 所示,表达式为

$$L = \frac{\int_{t_a}^{t_c} MC(t)\,\mathrm{dt}}{\int_{t_a}^{t_c} MC(t_0)\,\mathrm{dt}} \tag{5-7}$$

式中：$MC(t)$ 为 t 时刻的体系能力；$\int_{t_a}^{t_c} MC(t)\mathrm{d}t$ 表示体系遭受攻击后,仍能维持正常工作性能时的累计能力；$\int_{t_a}^{t_c} MC(t_0)\mathrm{d}t$ 表示体系未遭到攻击时能维持正常工作性能的累计能力。

系统受不超过某一极限值的扰动作用时,若扰动作用停止,其性能不至于下降至体系正常工作性能阈值以下,这个极限值称为"鲁棒临界",记作 R_{c1},其物理内涵如图 5-13 所示。当加载的扰动作用强度小于 R_{c1} 时,系统能够以较高的可靠性水平正常运行；当加载的扰动作用强度大于 R_{c1} 时,系统将出现崩溃。

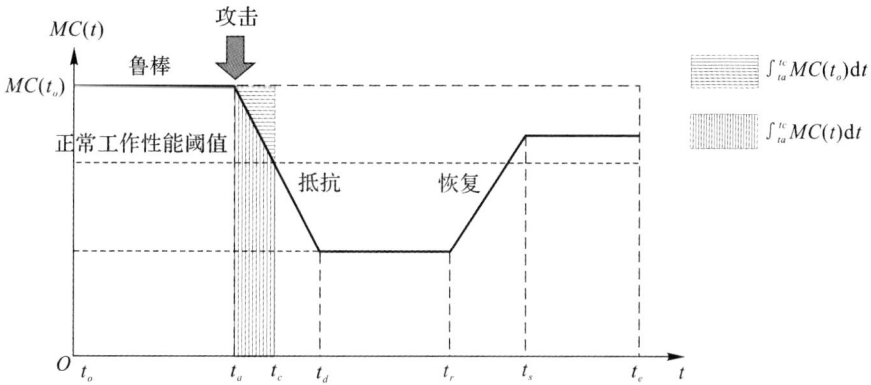

图 5-12 体系的作战鲁棒水平

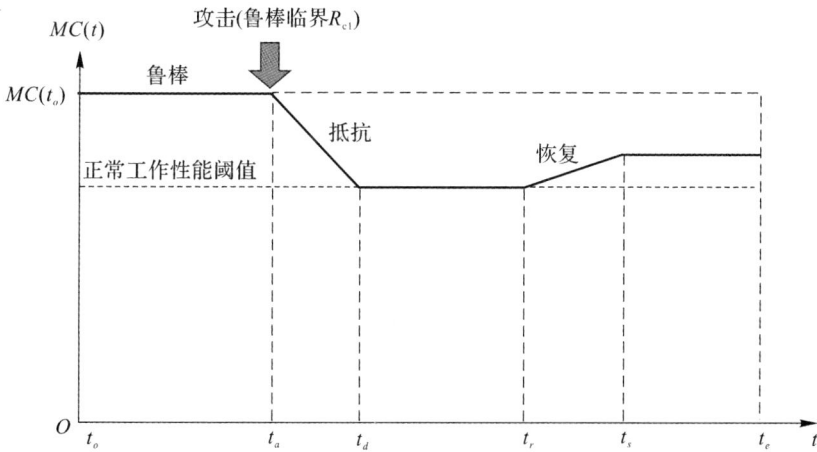

图 5-13 体系的鲁棒临界

抵抗水平 D 衡量的是系统吸收扰动影响、抵抗体系效能下降的能力,可用作战能力降低程度 d 与能力降低时间效率 v_d 的负指数函数表示,其物理内涵如图 5-14 所示,表达式为

$$D = \mathrm{e}^{-d \cdot v_d} \tag{5-8}$$

式中：能力降低时间效率 v_d 表示为

$$v_d = \frac{t_s - t_a}{t_d - t_a} \qquad (5-9)$$

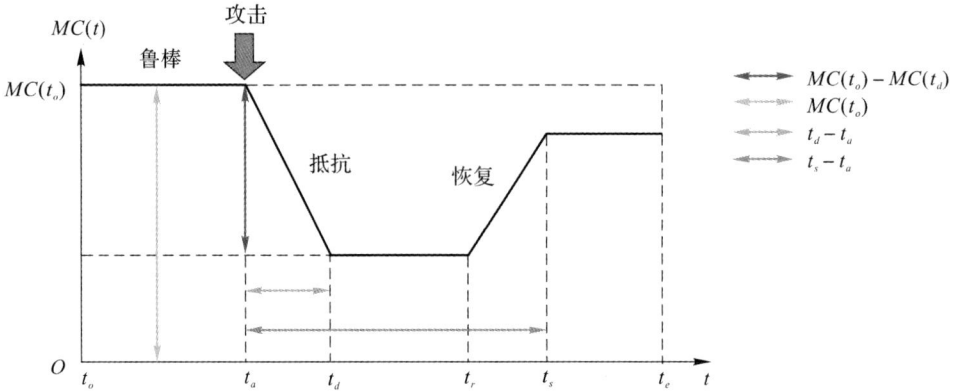

图 5-14　体系的抵抗水平

能力降低程度 d 指攻击后体系能力降低至最低性能水平与正常运行状态能力的偏离程度，其物理内涵如图 5-15 所示，表达式为

$$d = \frac{|MC(t_0) - MC(t_d)|}{MC(t_0)} \qquad (5-10)$$

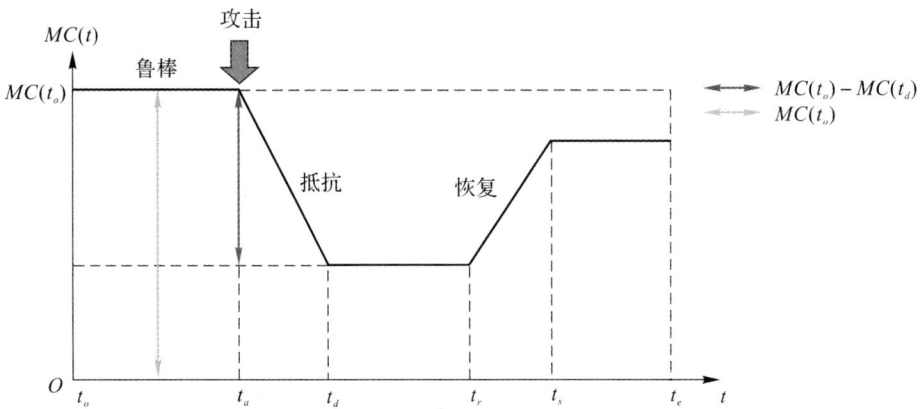

图 5-15　体系的抵抗能力降低程度

式中：$MC(t_d)$ 为体系能力降低至最低状态时的数值；$MC(t_0)$ 为初始状态时的体系能力数值。

能力降级速率 ΔD 反映了扰动后体系能力在有限时间内从初始状态下降到最低性能水平的速率。本书通过性能曲线下降阶段的斜率来对其进行描述，其物理内涵如图 5-16 所示，表达式为

$$\Delta D = \frac{C_{\mathrm{dec}}}{T_{\mathrm{dec}}} = \frac{MC(t_0) - MC(t_d)}{t_d - t_a} \qquad (5-11)$$

式中：C_{dec} 为抵抗过程中的体系能力变化量；T_{dec} 为抵抗过程持续时间。

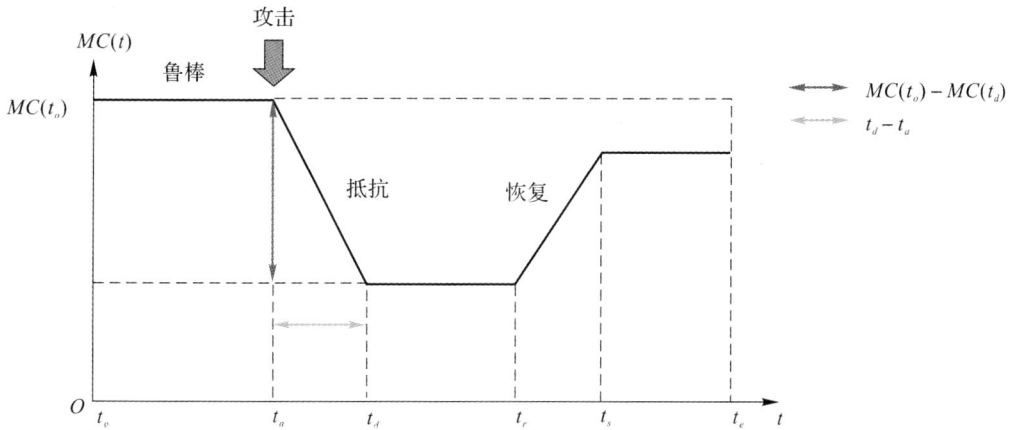

图 5 - 16　体系的能力降低速率

抗毁过程因子 δ_2 表征体系性能在干扰期间的动态变化，可用受扰动后体系能力曲线面积与无扰动条件下体系能力曲线面积的比值表示，其物理内涵如图 5 - 17 所示，表达式为

$$\delta_2 = \frac{\int_{t_a}^{t_d} MC(t)\mathrm{dt}}{\int_{t_a}^{t_d} MC(t_0)\mathrm{dt}} \tag{5 - 12}$$

式中：$\int_{t_a}^{t_d} MC(t)\mathrm{dt}$ 表示体系受扰动期间的累计工作能力；$\int_{t_a}^{t_d} MC(t_0)\mathrm{dt}$ 表示体系未受扰动条件下的累计工作能力。

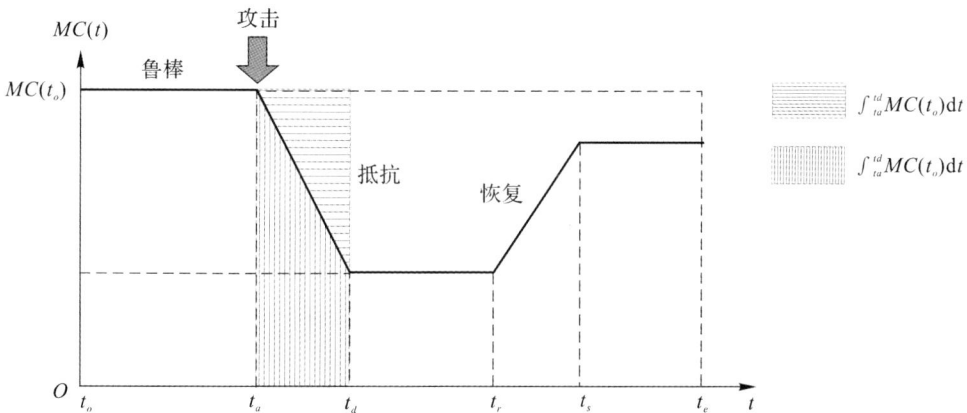

图 5 - 17　体系的抗毁过程因子

恢复水平 R 是指系统通过节点备份和节点接替等恢复策略后能够完成任务的能力，其物理内涵如图 5 - 18 所示，R 可用系统任务能力恢复程度 r 和能力恢复时间效率 v_r 的指数函数表示，即

$$R = \mathrm{e}^{r \cdot v_r} \tag{5 - 13}$$

式中:能力恢复时间效率 v_r 表示为

$$v_r = \frac{t_s - t_a}{t_s - t_r} \tag{5-14}$$

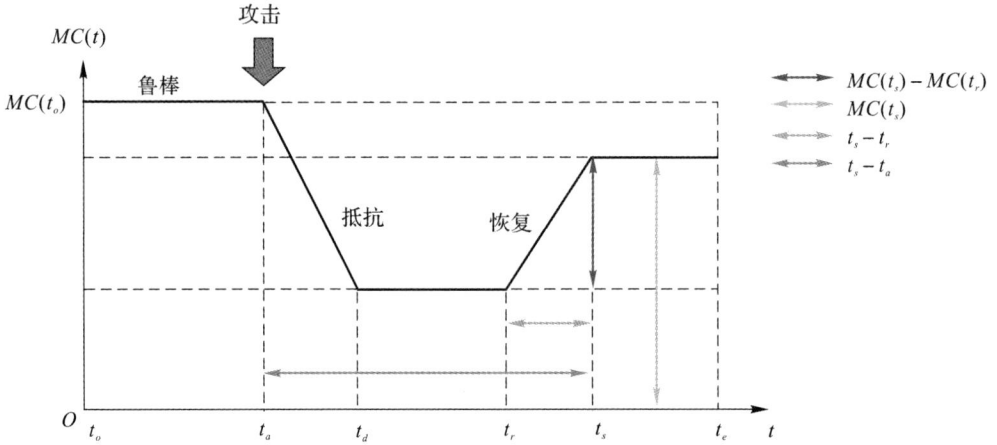

图 5 - 18　体系的恢复水平

能力恢复程度指的是,最低性能水平与恢复后体系正常运行能力的偏离程度,其物理内涵如图 5 - 19 所示,表达式为

$$r = \frac{|MC(t_s) - MC(t_r)|}{|MC(t_s) - MC(t_o)|} \tag{5-15}$$

式中: $MC(t_r)$ 为体系能力降低至最低状态时的数值;$MC(t_s)$ 为体系能力恢复后的数值。

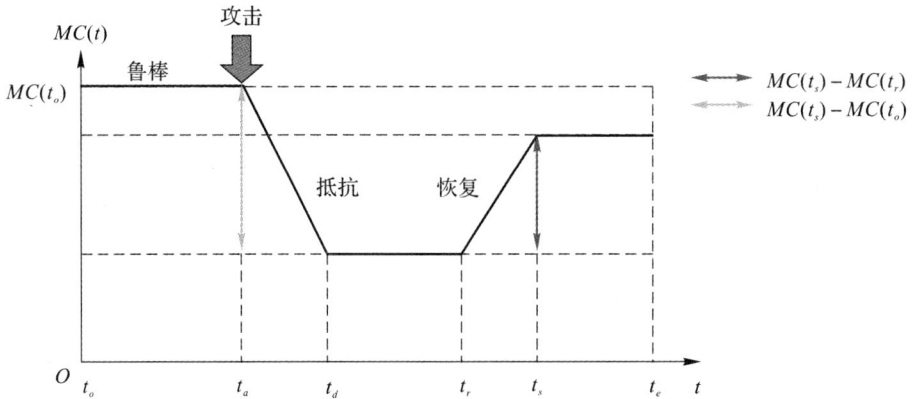

图 5 - 19　体系的能力恢复程度

能力恢复速率 ΔR 反映了扰动后体系能力在有限时间内从最低状态上升到最正常运行性能水平的速率,本书通过性能曲线上升阶段的斜率来对其进行描述表示,其物理内涵如图 5 - 20 所示,表达式为

$$\Delta R = \frac{C_{\text{rec}}}{T_{\text{rec}}} = \frac{MC(t_s) - MC(t_r)}{t_s - t_r} \tag{5-16}$$

式中：C_{rec} 为恢复过程中的体系能力变化量；T_{rec} 为恢复过程持续时间。

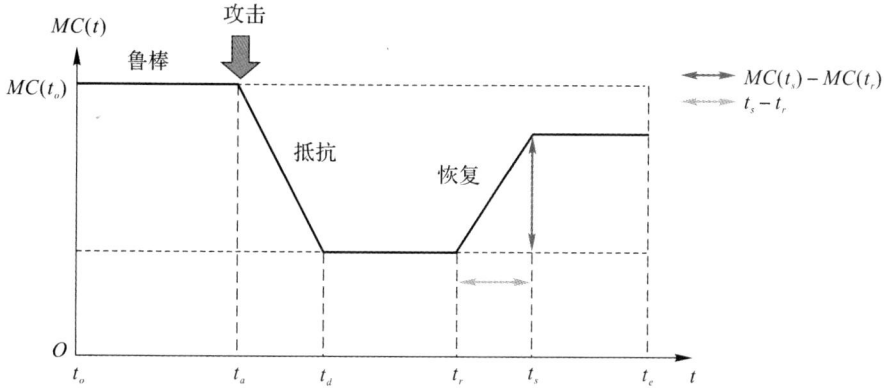

图 5-20　体系的能力恢复速率

恢复状态因子衡量了体系在执行响应恢复策略后,系统能够恢复丧失能力的最大程度,通过稳定状态时体系能力值与初始状态时体系能力值之比进行度量,其物理内涵如图5-21所示,表达式为

$$\rho_1 = \frac{MC(t_s)}{MC(t_0)} \qquad (5-17)$$

式中：ρ_1 为恢复状态因子；$MC(t_s)$ 为稳定状态时系统能力值。

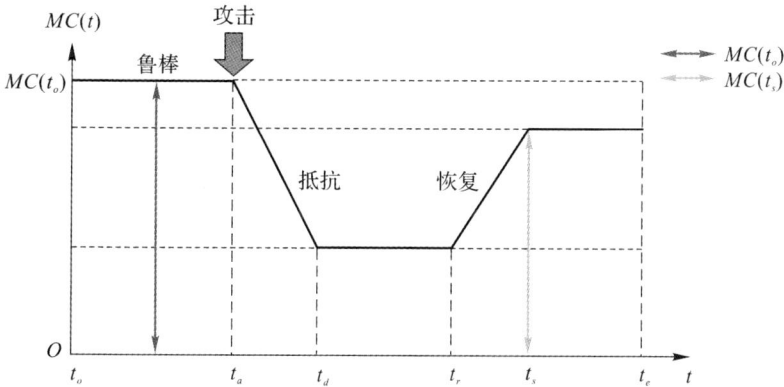

图 5-21　体系的恢复状态因子

恢复过程因子表征体系性能在恢复期间的动态变化,可用受扰动后恢复过程中体系能力曲线面积与理想条件下即无恢复时间体系能力曲线面积的比值表示,其物理内涵如图5-22所示,表达式为

$$\rho_2 = \frac{\int_{t_r}^{t_s} MC(t)\,\mathrm{d}t}{\int_{t_r}^{t_s} MC(t_s)\,\mathrm{d}t} \qquad (5-18)$$

式中：ρ_2 为恢复过程因子；$\int_{t_r}^{t_s} MC(t)\,\mathrm{d}t$ 表示体系在受扰动后恢复过程中的累计工作能力；

$\int_{t_r}^{t_s} MC(t_s)\mathrm{d}t$ 表示体系理想条件下即无恢复时间的累计工作能力。

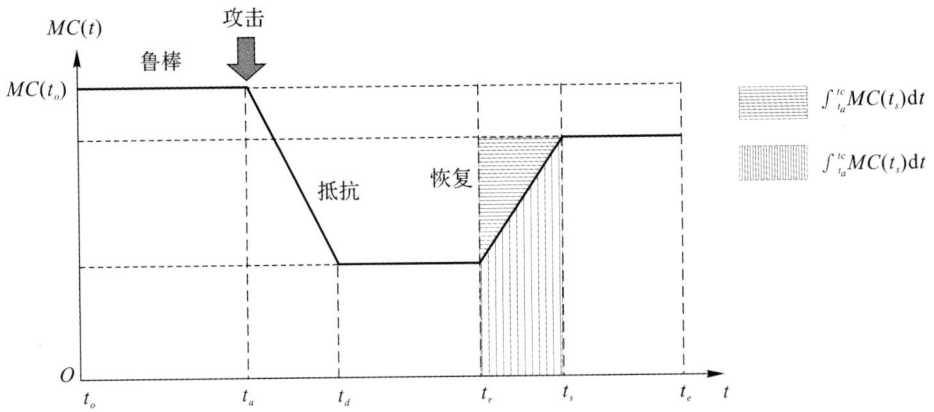

图 5 - 22 体系的恢复过程因子

当系统受不超过某一极限值的扰动作用时,若扰动作用停止,则其由于扰动作用而产生的响应可全部消失而恢复至体系正常工作性能阈值以上,这个极限值称为"恢复临界",记作 R_{c2},其物理内涵如图 5 - 23 所示。当加载的扰动作用强度小于 R_{c2} 时,系统能在扰动后恢复至正常工作性能阈值以上;当加载的扰动作用强度大于 R_{c2} 时,系统将无法恢复至正常运行状态。

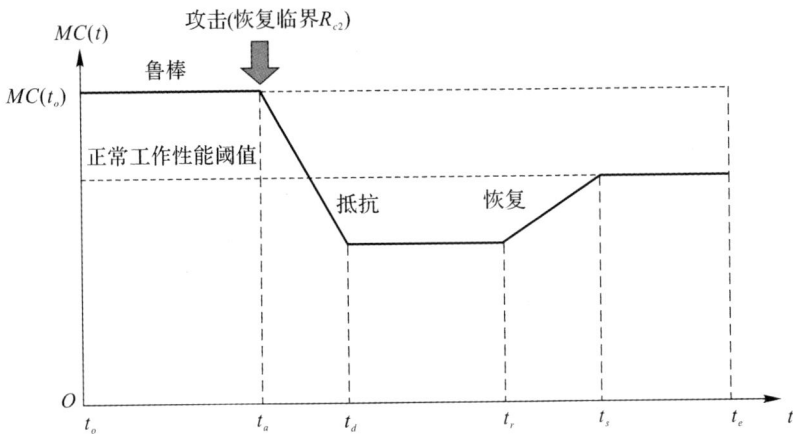

图 5 - 23 体系的恢复临界

韧性三角面积表征运行、对抗与重构阶段体系性能下降程度的动态变化情况,可用无扰动与受扰动条件下体系能力曲线差值面积与无扰动条件下体系能力曲线面积的比值表示。其物理内涵如图 5 - 24 所示,表达式为

$$\tau = \frac{\int_{t_a}^{t_s} \left[MC(t_0) - MC(t) \right]\mathrm{d}t}{\int_{t_a}^{t_s} MC(t_0)\mathrm{d}t} \tag{5-19}$$

式中：$\int_{t_a}^{t_s}[MC(t_0)-MC(t)]\mathrm{d}t$ 表示无扰动与受扰动条件下体系累计工作能力差值；$\int_{t_a}^{t_s}MC(t_0)\mathrm{d}t$ 表示体系无扰动条件下的累计工作能力。

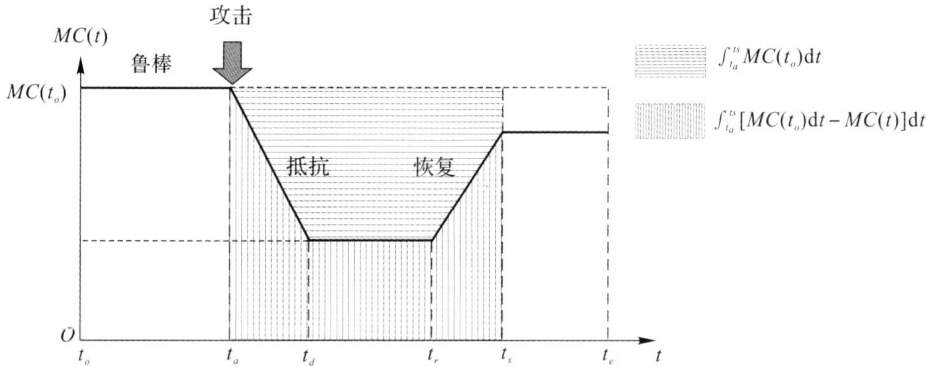

图 5-24　韧性三角面积

5.2.2　作战体系韧性动态变化特征分析

本小节围绕体系运行、对抗和重构三个阶段，针对高低韧性体系，对于多种毁伤程度下的运行状态进行仿真，分析以体系任务性能指标作为评判基准的体系韧性指标动态变化特征，并剖析各类韧性指标的适用性。

这里的高韧性体系是指云边端正常工作的作战云体系，低韧性是指中心云态势评估的频率较低的作战云体系，其中高韧性体系的态势评估频率为 50 个时间步评 1 次，低韧性体系的态势评估频率为 100 个时间步评 1 次。两种韧性体系先进行正常工作即运行阶段，后受到不同程度的毁伤即对抗阶段，经过调整后继续工作即重构阶段，进而评估体系在整个过程中的韧性指标变化。其中，毁伤程度是指体系在对抗阶段下受到毁伤的终端数量比例，其取值范围为毁伤 0% 终端的 0.0 到毁伤 80% 终端的 0.8。

作为评判基准的体系任务性能指标如表 5-1 所示，本小节以体系目标被响应率与体系杀伤链闭合速率为例，以其作为体系能力函数计算对应的体系韧性指标，对体系运行的三个阶段与韧性全过程分别进行体系韧性指标变化分析。例如，基于杀伤链闭合速率的作战鲁棒水平的计算过程如下。

①由式（5-1）计算整个仿真过程的杀伤链闭合速率；

②将每一时刻的杀伤链闭合速率作为体系能力函数 $MC(t)$，将其带入式（5-7），得到该仿真过程下的体系作战鲁棒水平；

③计算不同毁伤程度的作战鲁棒水平，得到基于体系杀伤链闭合速率指标的作战鲁棒水平分析图。

本书以该方法对三种运行阶段的不同韧性指标进行计算，计算结果具体分析如下。

针对体系运行阶段，以作战鲁棒水平指标为例进行分析。不同任务性能指标下的两类体系的作战鲁棒水平如图 5-25 所示，分别以体系目标被响应率、体系杀伤链闭合速率等任务性能指标作为作战鲁棒水平的度量基准,并分析随着毁伤程度增大其韧性指标的动态变化情况。作战鲁棒水平指标表征体系吸收扰动并能维持在任务要求水平以上的能力。从两个指标的整体趋势上来看,作战鲁棒水平随毁伤程度的增加而逐渐下降;高韧性体系的大多数任务性能指标所对应的作战鲁棒水平都高于低韧性体系,在毁伤程度小于 0.6 时更为明显。

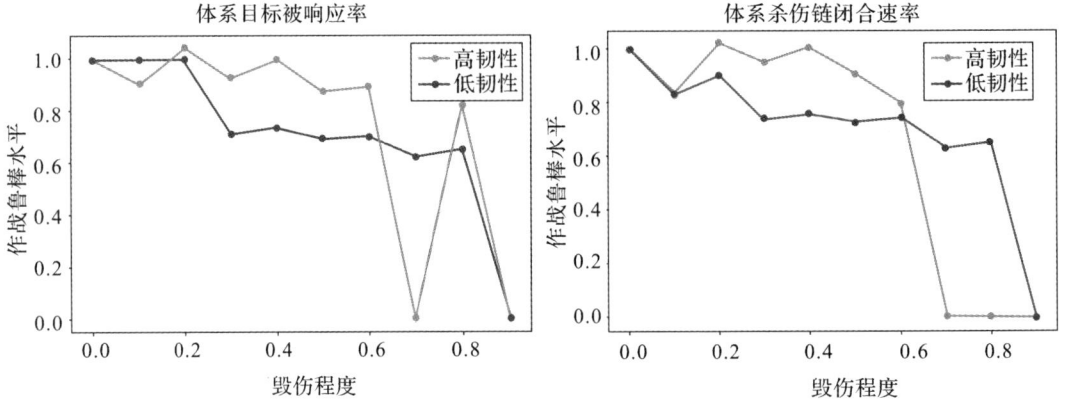

图 5 - 25　不同任务性能指标下的两类体系的作战鲁棒水平

具体而言,对于体系目标被响应率,毁伤程度在小于 0.6 时,高韧性体系的作战鲁棒水平显著高于低韧性体系。高韧性体系的中心云可以更快地评估与诊断,快速调配资源,因此单位时间内被分配至打击单元的目标数量不会大幅下降,鲁棒性水平在中低程度的毁伤下保持较高水平;而低韧性体系虽然也可以进行体系评估与诊断,进行资源调配,但由于效率较低,无法快速调拨终端,因此其鲁棒性水平较低。在毁伤程度大于 0.6 时,高、低韧性体系的鲁棒水平都出现了崩溃。高韧性体系和低韧性体系的可调拨终端资源都有限,受毁伤的终端超过一定数量后,高、低韧性体系都无法再通过调拨资源来满足作战资源需求,因此当毁伤程度大于 0.6 时,高、低韧性体系的鲁棒水平都出现了明显下降。

针对体系对抗阶段,以作战抵抗水平指标为例进行分析。不同任务性能指标下的两类体系的抵抗水平如图 5 - 26 所示,分别以体系目标被响应率、体系杀伤链闭合速率等两个任务性能指标作为作战抵抗水平的度量基准,以此分析随着毁伤程度增大体系韧性指标的动态变化情况。作战抵抗水平综合考虑了体系能力下降的程度和速度,它衡量的是系统吸收扰动影响,抵抗体系效能下降的能力。从整体趋势上来看,高韧性体系的作战抵抗水平大都高于低韧性体系。另外,高韧性体系和低韧性体系的作战抵抗水平都是随毁伤程度的增加而不断下降。

具体而言,对于体系目标被响应率,在毁伤程度小于 0.4 时,低韧性体系的作战抵抗水平高于高韧性体系;而在毁伤程度大于 0.4 时,高韧性体系的作战抵抗水平要略高于低韧性体系。高韧性体系的作战中心云有较快的评估和诊断频率,可以在终端受到毁伤后可以更快地补充终端,因此,在毁伤程度增加后,高韧性体系的作战抵抗水平比低韧性体系要高。另外,在毁伤程度较低时,高韧性体系和低韧性体系的终端数量都较多,因此高、低韧性体系的作战抵抗水平受仿真随机性影响较大,有较明显的波动。

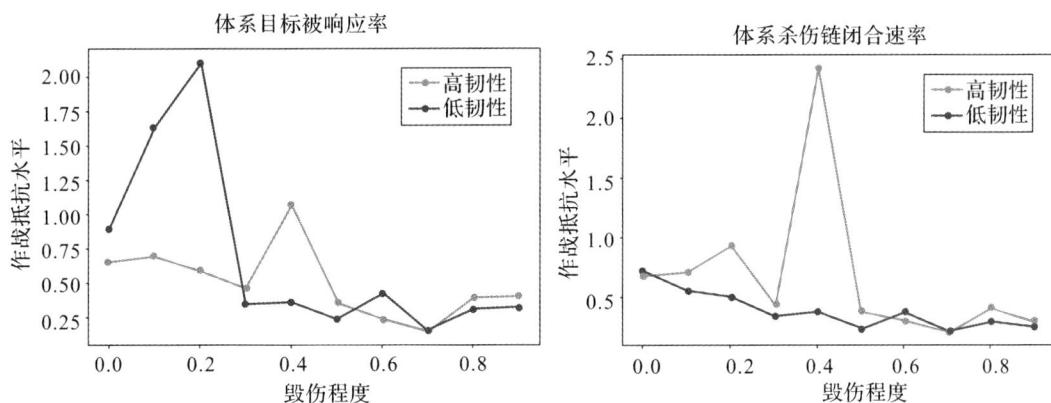

图 5 - 26　不同任务性能指标下的两类体系的抵抗水平

针对体系重构阶段,以作战恢复水平指标为例进行分析。不同任务性能指标下的两类体系的恢复水平如图 5 - 27 所示,分别以体系目标被响应率、杀伤链闭合速率等任务性能指标作为作战恢复水平的度量基准,并分析随着毁伤程度增大其作战恢复水平的动态变化情况。作战恢复水平指标表征了体系恢复后能够完成任务的能力。从整体趋势上看,高韧性体系的恢复能力大部分都高于低韧性体系,并且这种差距在毁伤程度超过 0.8 时更为明显。

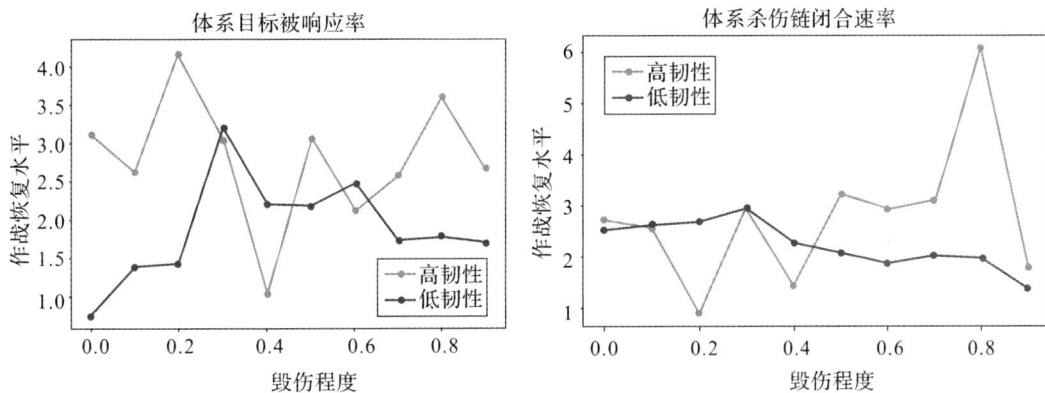

图 5 - 27　不同任务性能指标下的两类体系的恢复水平

具体而言,对于体系目标被响应率,在毁伤程度低于 0.2 时,高韧性体系的作战恢复水平显著高于低韧性体系;毁伤程度在 0.2～0.6 之间时,高韧性体系和低韧性体系的作战恢复水平区分不明显;在毁伤程度高于 0.6 时,高韧性体系的作战恢复水平又明显高于低韧性体系。高韧性体系的中心云评估和诊断频率较快,因此在终端遭到毁伤后可以快速做出反应进行资源调拨,恢复水平在不同毁伤程度下都较高,而低韧性体系虽然也有一定程度的恢复,但由于中心云的评估和诊断环节受到影响,因此恢复水平较弱。

针对体系韧性全过程,以韧性三角面积指标为例进行分析。图 5 - 28 为不同任务性能指标的作战过程韧性三角面积随毁伤数量即毁伤程度增加而变化的趋势。从整体趋势来看,同等毁伤程度下,高韧性体系的韧性三角面积大都低于低韧性体系,同时可以看到,高、低韧性体系不同指标的作战过程韧性三角面积都随毁伤程度增加而增加。

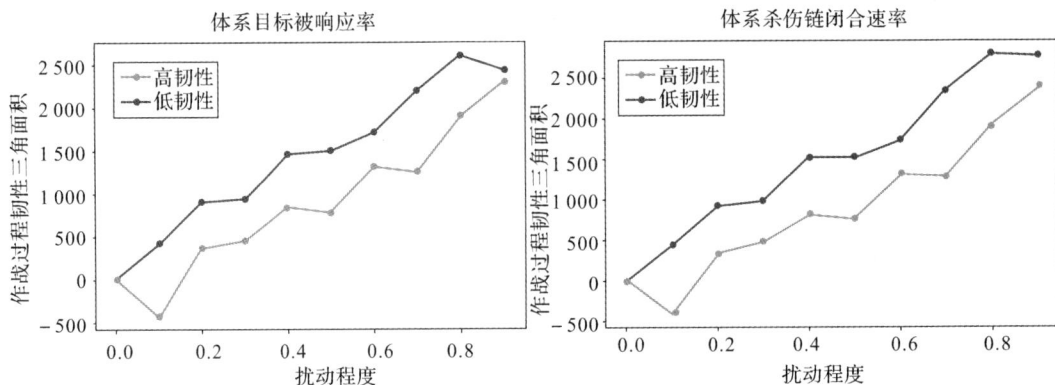

图 5-28　不同任务性能指标下的两类体系作战过程韧性三角面积

具体而言,目标被响应率、杀伤链闭合速率等任务性能指标的韧性三角面积都随扰动强度增加而变大,高韧性体系的韧性三角面积都显著小于低韧性体系,较好地区分了高韧性体系与低韧性体系。这是因为当毁伤数量超过一定程度时,体系通过重构决策、修复通信网络、补充打击感知等单元举措使体系效能恢复到初始状态的时间与投入的资源同步提升,恢复难度加大,因此韧性三角面积逐渐上升。

5.3　作战体系韧性评估方法

随着"云—边—端"通信架构与智能要素的接入,体系动态性与演进性给体系韧性评估带来了挑战。如何即时高效地评估动态体系韧性,挖掘韧性关键要素以支持决策成为关键问题。为实现基于体系要素状态高效快捷获取体系韧性评估结果,挖掘对体系韧性贡献最大的体系要素,本章构建了作战体系韧性结构分析方法。

具体而言,围绕作战体系,基于作战体系仿真环境,根据体系韧性建模分析得到的作战体系关键要素,设计扰动策略,开展仿真测试;基于测试数据结合体系韧性评估指标体系计算各扰动策略下的体系韧性,对比关键要素分别处于不同工作状态下的体系韧性表现,为关键要素组合生成韧性效能标签,生成训练集合;基于机器学习方法构建并训练韧性评估模型,以体系关键要素性能为输入,使用韧性评估模型开展体系韧性预测,挖掘韧性关键要素,为体系韧性优化奠定基础。

5.3.1　作战体系韧性评估模型构建

本小节基于体系韧性评估指标,围绕如何依据体系结构组成直接评估体系韧性优劣、如何识别影响体系韧性的关键要素两大问题,构建了体系韧性评估模型。体系韧性评估模型分为两部分:体系韧性仿真测试和体系韧性评估模型。

1. 体系韧性数据集生成

作战体系韧性结构分析方法的基础是体系韧性评估,体系韧性数据集是作战体系韧性评估的关键环节。针对体系关键要素开展扰动策略设计,生成体系韧性数据集,通过分析关键要素处于不同运行状态下,体系表现出的韧性强弱,从而挖掘对韧性贡献度最高的体系关键要素。

每个体系要素可分别设置两种初始状态:正常状态(1)与故障状态(0),即能正常执行既定任务与无法执行既定任务两种状态。通过 n 个要素两类状态的组合,共可构建 2^n 种扰动策略,形成扰动策略空间,其中每个扰动策略为 n 维向量,覆盖体系运行的所有情况。扰动策略空间示意图如图 5-29 所示。

	策略1	策略2	策略3	…	策略 2^n
要素1	故障	正常	正常	…	正常
要素2	故障	故障	正常	…	正常
要素3	故障	故障	正常	…	正常
…	…	…	…	…	…
要素n	故障	故障	故障	…	故障

图 5-29　扰动策略空间示意图

本小节围绕任务决策要素与"云—边—端"通信交互架构开展扰动策略设计。通信交互框架由云、边、端三个要素组成,分别对应中心云、边缘云、作战终端。基于通信交互框架,任务决策过程分为六个环节,分别对应感知、识别、决策、对抗、评估和诊断六个要素。

云、边、端、感知、识别、决策、对抗、评估和诊断这九种要素可分别设置两种初始状态:正常状态(1)与故障状态(0),即能正常执行既定任务与无法执行既定任务两种状态。通过不同要素不同状态的组合,共可构建 $2^9 = 512$ 种扰动策略,形成作战云体系扰动策略空间,如图 5-30 所示。其中每个扰动策略为 9 维向量,覆盖体系运行的所有情况。

故障:● 正常:●

	策略1	策略2	策略3	…	策略512
云	●	●	●	…	●
边	●	●	●	…	●
端	●	●	●	…	●
感知	●	●	●	…	●
识别	●	●	●	…	●
决策	●	●	●	…	●
对抗	●	●	●	…	●
评估	●	●	●	…	●
诊断	●	●	●	…	●

图 5-30　作战云体系扰动策略空间

在体系仿真过程中,首先注入初始扰动。注入扰动的方法即为使体系要素发生故障。不同的体系要素其故障模式各不相同,关键要素的故障模式如表 5-5 所示。

表 5－5　关键要素的故障模式

要　素	故障模式
云	中心云态势评估频率下降20％
边	边缘云目标识别和任务分配频率下降20％
端	终端装备机动速度下降60％
感知	侦察范围下降20％
识别	20％目标无法识别为敌方目标
决策	20％概率目标-打击单元错误匹配
对抗	打击射速下降20％
评估	20％概率生成错误态势评估结果
诊断	20％概率生成错误的诊断结果

根据扰动策略对系统注入对应扰动。经过一段时间对注入敌方攻击。攻击模式为敌方波次毁伤，具体为侦察终端和打击终端被敌方整体毁伤50％。通过初始扰动注入和敌方波次攻击开展多轮次仿真，体系仿真过程中的具体扰动策略设计示意图如图5－31所示。

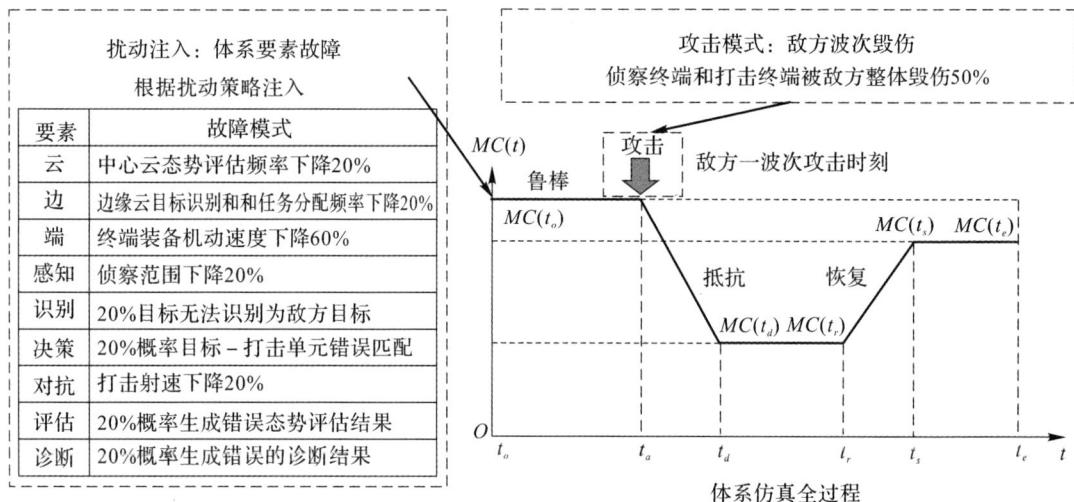

图 5－31　体系仿真过程中的具体扰动策略设计示意图

随后根据仿真数据，基于韧性指标体系对不同扰动下的体系韧性进行计算，并打上标签生成数据集。数据集中每条样本的特征向量即为该扰动策略下的体系要素状态，标签即为对应的体系韧性，包括高韧性和低韧性。然后划分数据集，将策略空间中70％扰动策略作为训练数据，30％扰动策略作为测试数据。基于此扰动策略的扰动注入，本小节对体系韧性机构进行分析评估，具体分析方法将在下一小节进行介绍。

2.体系韧性评估模型

本小节基于体系韧性计算指标，围绕如何依据体系结构组成直接评估体系韧性优劣、如何识别影响体系韧性的关键要素两大问题,构建了体系韧性评估模型。基于上述扰动注入方式,对不同情况下的体系进行韧性计算,得到体系关键要素状态与对应体系韧性水平,生成体系韧性评估模型输入。依据模型输入,对体系韧性评估模型性能指标、体系韧性与关键要素的影响关系进行分析。体系韧性结构分析方法示意图如图 5-32 所示。

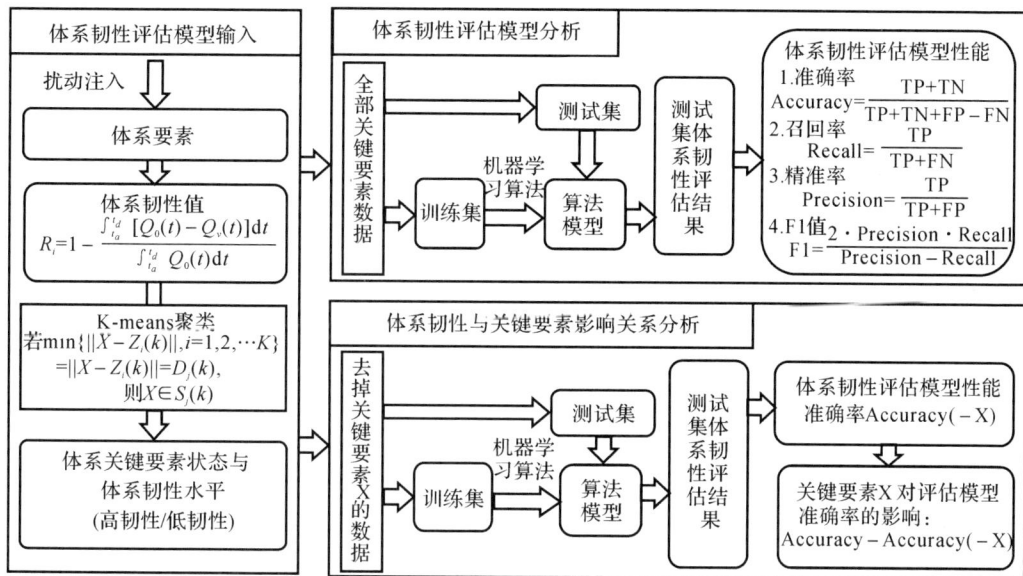

图 5-32　体系韧性结构分析方法示意图

韧性评估模型是韧性结构分析方法的核心。本小节基于多种机器学习算法,根据输入各体系要素的不同运行状态,对体系韧性进行便捷高效的评估。通过计算不同体系要素对体系韧性水平预测准确率的影响来衡量体系要素韧性贡献率,进而挖掘体系韧性关键要素。

韧性评估模型包括七种机器学习算法,分别为逻辑回归、决策树、支持向量机、KNN 算法、随机森林、梯度提升决策树和朴素贝叶斯。算法的输入向量是由体系韧性数据集生成相应九种要素扰动所组成的特征向量,其每个维度的值有"0"和"1"两种状态,分别代表该要素"未故障"和"故障"。模型以"高韧性"与"低韧性"两种输出来表示体系的韧性水平。

首先基于机器学习开展体系韧性状态分类,如图 5-33 所示。运用一定规模的作战体系历史测试样本特征数据充分训练关键特征识别模型,使其具备识别作战体系韧性状态的知识及能力。然后使用新测试的作战体系样本特征数据对韧性状态进行判断,得到作战体系韧性状态的分类。

之后,本小节采用多种学习算法,基于前述的扰动注入方式,对不同情况下的体系进行仿真测试,并根据指标体系对仿真测试数据进行韧性计算,得到体系关键要素状态与对应体系韧性水平,生成体系韧性评估模型输入数据集。基于该数据集,本小节通过机器学习算法训练出一个较为稳定且性能较好的模型,对作战体系韧性状态进行预测并识别关键要素。体系韧性结构分析方法如图 5-34 所示。

假设存在数据集 $D = \{\mathbf{x}_{i1}, \mathbf{x}_{i2}, \cdots, \mathbf{x}_{in}, \mathbf{x}_{i1}\}$ $(i \in [1, m])$,有特征数 N,有放回的抽样生成抽样空间 $(m, n)^{m*n}$。

采用本节上述七种算法进行识别时,构建特殊的二值分类器,对体系韧性状态进行识别,在此过程中分类函数为符号函数,输出值为 0 和 1,分别表示体系为高韧性水平和低韧性水平。

$$S_F = \begin{cases} 1, V > V_M \text{ 作战体系表现高韧性水平} \\ 0, V < V_M \text{ 作战体系表现低韧性水平} \end{cases} \tag{5-20}$$

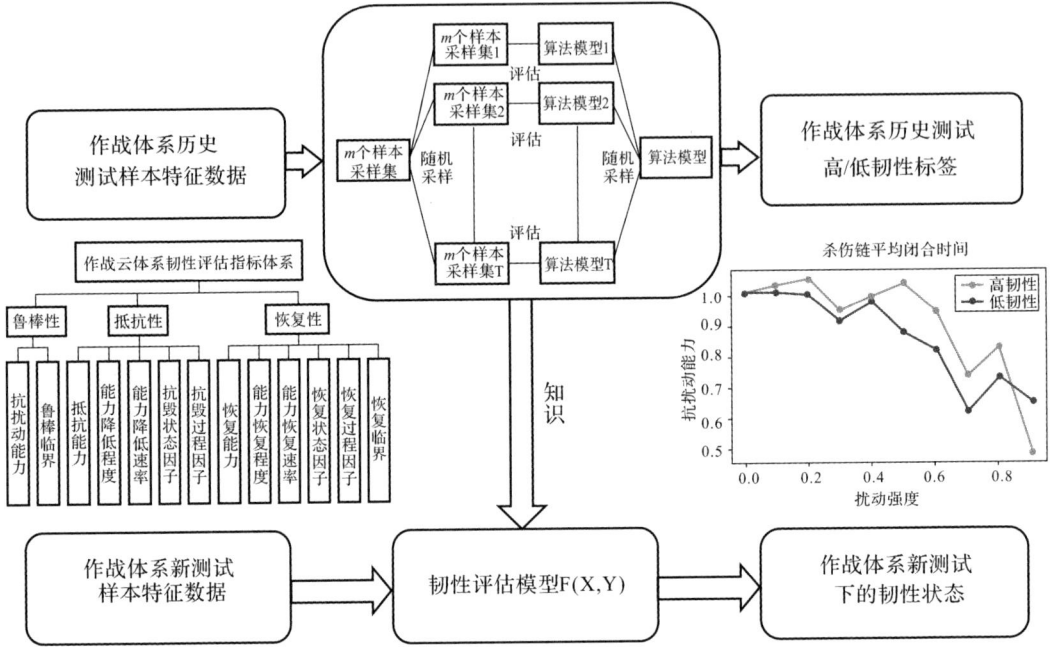

图 5-33　作战云体系韧性状态分类流程

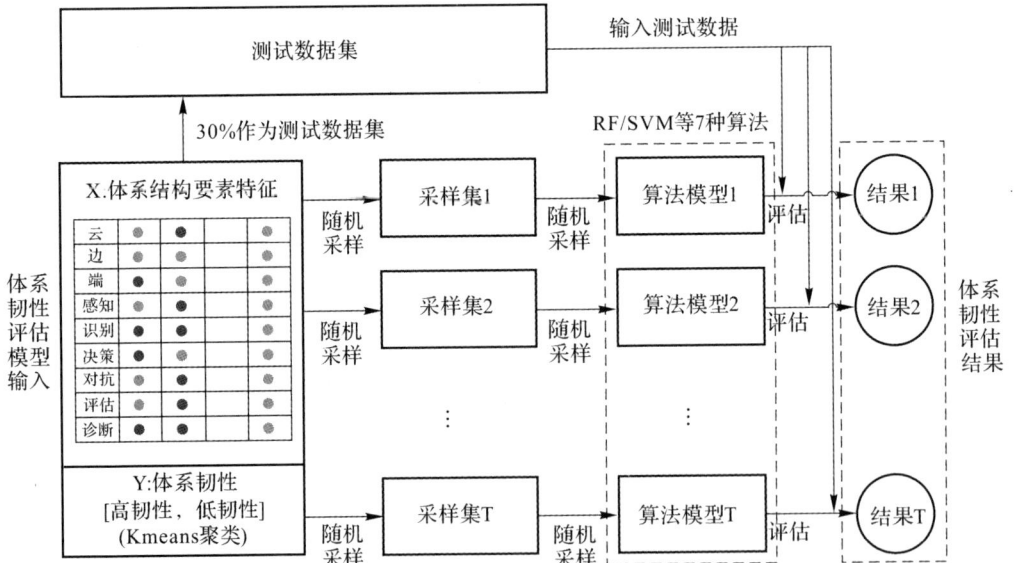

图 5-34　体系韧性结构分析方法

　　首先,构建体系韧性评估的策略空间,囊括基于体系结构要素的不同状态组合从而构造数据集,以体系结构要素的性能水平为特征向量 X,以体系韧性水平为数据标签 Y。随后划分数据集,将策略空间中 70% 扰动策略作为训练数据,30% 扰动策略作为测试数据。在此基础上开展随机采样,针对逻辑回归、决策树、SVM、KNN、随机森林、梯度提升决策树与朴素贝叶斯等七种模型,分别生成数据随机采样集,输入模型开展训练。模型训练完成后,输入测试数据集,计算模型性能指标以评估模型训练效果。

　　在运用构建的韧性评估模型对体系开展韧性评估的过程中,为了更加准确科学地对识别效果进行评价,本节基于作战体系仿真模拟运行情况和所构建的模型属性,选取准确率、召回率、精准率、F1 值四个指标对模型的性能进行客观全面评价,其公式如下。各项指标其本质根据混淆矩阵(Confusion Matrix)进行计算,如表 5-6 所示。

表 5-6　分类模型混淆矩阵表

		预　测		合　计
		1	0	
实际	1	True Positive(TP)	False Negative(FN)	Actual Positive(TP+FN)
	0	False Positive(FP)	True Negative(TN)	Actual Negative(FP+TN)
合计		Predicted Positive(TP+FP)	Predicted Negative(FN+TN)	

(1)准确率(Accuracy)

$$Accuracy = \frac{TP + TN}{TP + TN + FP + FN} \times 100\% \qquad (5-21)$$

(2)召回率(Recall),即真阳率

$$Recall = \frac{TP}{TP + FN} \times 100\% \qquad (5-22)$$

(3)精准率(Precision)

$$Precision = \frac{TP}{TP + FP} \times 100\% \qquad (5-23)$$

(4)F1 值(F1)

$$F1 = \frac{2 \cdot Precison \cdot Recall}{Precison + Recall} \times 100\% \qquad (5-24)$$

　　经过案例研究,本书发现 7 种算法在仿真场景下的评估模型准确率均在 90% 以上,其中 SVM、随机森林和朴素贝叶斯算法的准确率可以达到 94% 以上,如表 5-7 所示。其中,SVM、随机森林和朴素贝叶斯算法这三种方法的准确率、召回率和精准率几乎相同,侧面说明了这三种算法在该场景下是较为均衡的,对体系的高韧性水平和低韧性水平评估得都较为准确。除 KNN,其他方法下的韧性评估模型性能很接近。KNN 的方法准确率是最低的,并不适用于对我们的场景进行预测。

表 5-7 敌方波次毁伤场景下韧性评估模型性能指标

算法名称	准确率	召回率	精准率	F1 值
逻辑回归	0.935 0	0.935 0	0.934 4	0.933 9
决策树	0.935 0	0.935 0	0.941 1	0.936 4
SVM	0.948 0	0.948 0	0.947 5	0.947 6
KNN	0.928 5	0.928 5	0.929 2	0.928 8
随机森林	0.948 0	0.948 0	0.949 2	0.948 4
梯度提升决策树	0.935 1	0.935 1	0.936 5	0.935 6
朴素贝叶斯	0.948 0	0.948 0	0.947 5	0.947 6

图 5-35 为该场景下不同算法的准确率对比和 SVM 算法的 ROC 曲线,可以看到 SVM 的准确率最高,达到 94.80%。另外,ROC 曲线下的面积(Area under Curve,AUC)介于 0 到 1 之间,可以直观地评价模型分类性能的好坏,越接近 1,说明分类效果越好。从图中可以看到,SVM 的 AUC 接近 1,性能较好。

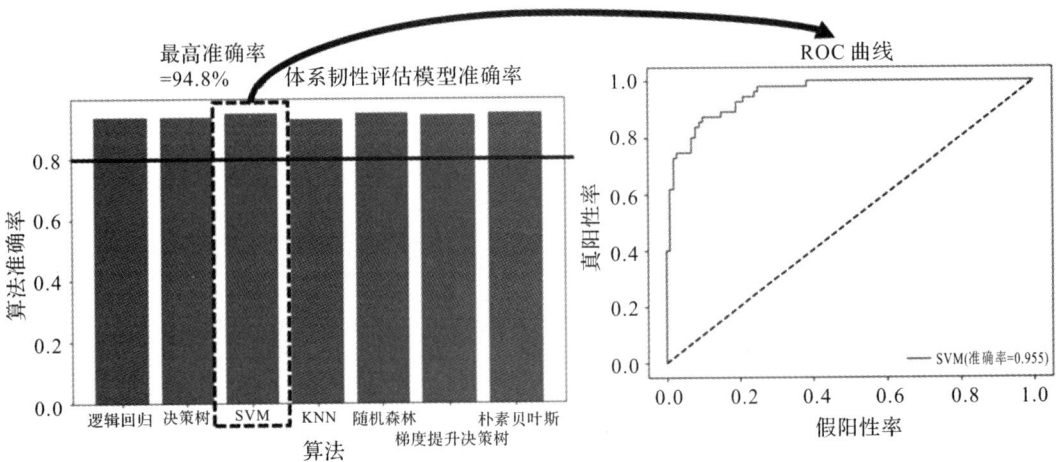

图 5-35 体系韧性评估准确率结果

5.3.2 关键要素辨识

基于前一小节的作战体系韧性评估模型,本小节针对作战体系韧性关键要素辨识,通过计算不同体系要素对体系韧性水平预测准确率的影响来衡量体系要素韧性贡献率,进而辨识体系韧性关键要素。

考虑到作战体系实际运行状态多、波动大等动态演化特性,并非所有作战体系的体系要素性能和作战体系韧性能力都可以建立对应的关联。作战体系的高韧性与低韧性状态可能仅在某些层面的特定要素指标表现出很大的差异性,只有当作战体系关键要素性能特征表现出较大的差异性时,根据对应特征指标进行作战体系韧性状态预测才具有更高的准确性。基于体系韧性评估模型可识别出区分作战体系高韧性与低韧性状态的关键要素。

针对作战体系韧性关键要素辨识,通过计算不同体系要素对体系韧性水平预测准确率的影响来衡量体系要素韧性贡献率,进而辨识体系韧性关键要素。以朴素贝叶斯模型为例,具体步骤如下。

①减少其中一个特征 X 的数据;

②再次运用朴素贝叶斯模型对训练集数据集进行训练;

③训练完成后再对测试集数据进行预测识别,计算去特征 X 后的模型评价指标的准确率 Acc(-X);

④计算去特征 X 准确率下降的数值 Acc - Acc(-X),下降的准确率越大,则说明去除的特征在体系韧性状态预测中起到的作用就越大,即贡献率越大。

本节在韧性扰动策略空间的基础上,提出了韧性关键要素辨识方法。针对作战体系韧性关键要素辨识,通过计算不同体系要素对体系韧性水平预测准确率的影响来衡量体系要素韧性贡献率,进而辨识体系韧性关键要素。

5.3.3　韧性评估软件

基于上述研究,我们开发了相应韧性评估软件。针对体系韧性评估模型,软件分为四个模块:体系要素设定、体系仿真设定、体系韧性过程分析与体系韧性评估。

模块一是体系要素设定,基于云、边、端体系架构,针对任务需求,对体系各要素状态进行设定。体系要素分为九种,分别是云、边、端、感知、识别、决策、对抗、诊断和评估,每个要素有故障和正常两种状态。要素的状态决定了体系在仿真过程中的表现,并且影响体系韧性,进行体系要素设定之后可以直接选择对该体系进行韧性评估,也可以选择进行仿真实验。体系要素设定界面如图 5 - 36 所示。

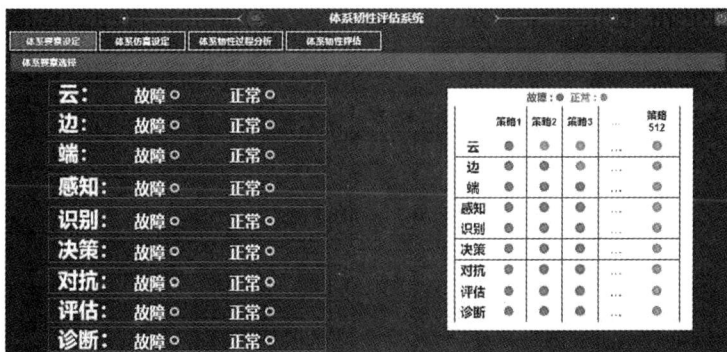

图 5 - 36　体系要素设定界面

模块二是体系仿真设定,基于体系要素设定对体系进行仿真设定与仿真实验。仿真设定包括仿真时间、仿真规模等参数。在完成仿真设定后即可输出仿真过程,完成仿真流程后,可以选择进行体系韧性过程分析,也可以进行体系韧性评估。体系仿真设定界面如图 5 - 37 所示。

模块三是体系韧性过程分析,基于体系仿真结果分析体系各韧性过程下,各韧性指标针对六项任务指标的变化情况。韧性过程分为运行过程、对抗过程、恢复过程与全过程四个过程,分别对应不同的韧性指标,可选中一个韧性过程的韧性指标,查看其时空演化过程。体系韧性过程分析界面如图 5-38 所示。

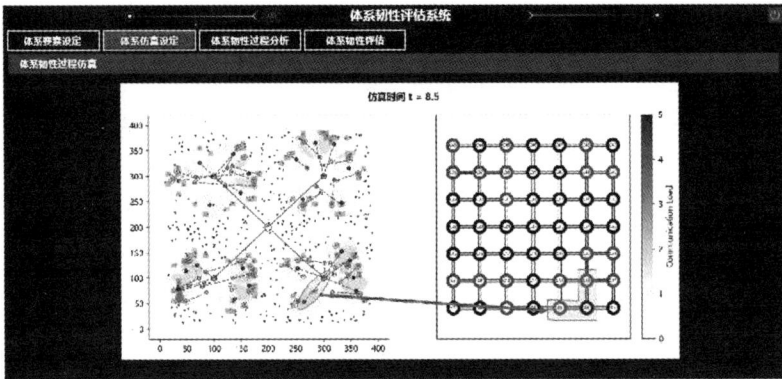

图 5-37 体系仿真设定界面

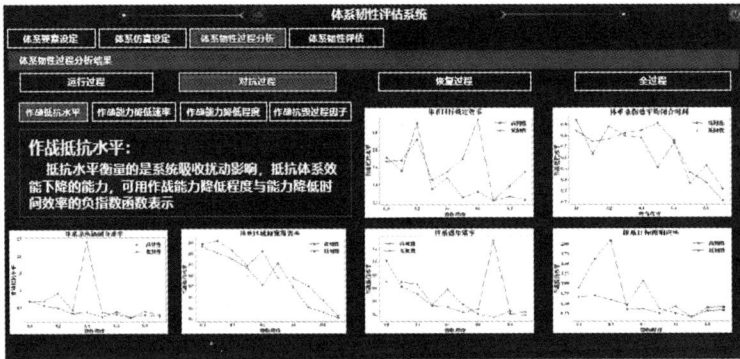

图 5-38 体系韧性过程分析界面

模块四是体系韧性评估,基于体系要素设定采用韧性评估模型计算各韧性指标值,得出体系韧性。若已经计算了体系仿真结果,则可进一步辨识体系韧性关键要素。韧性评估页面展示了韧性评估结果与各个评估算法的准确率,并显示了韧性关键要素排名柱状图。体系韧性评估界面如图 5-39 所示。

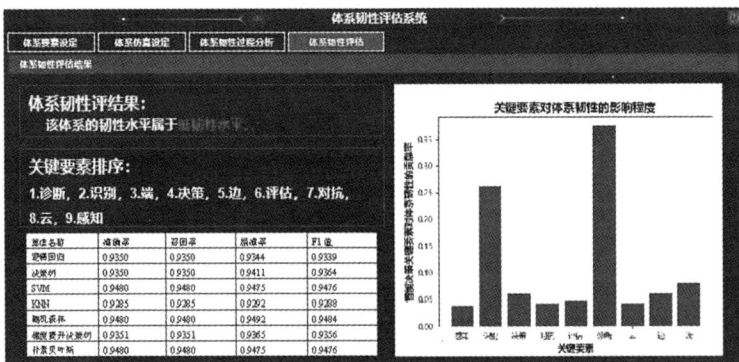

图 5-39 体系韧性评估界面

5.4　案例研究

　　本小节以美军马赛克战为作战概念,选取经典的作战云体系作为体系对象,对典型作战场景想定展开介绍。在"云—边—端"作战体系典型想定基础上,结合前三节中介绍的体系韧性评估方法开展案例分析,应用体系评估模型得到不同场景下的评估准确率,分析不同场景下的体系关键要素,为体系设计优化提供指导。

　　2017 年,美国国防预先研究计划局(Defense Advanced Research Projects Agency,DARPA)下属战略技术办公室(Strategic Technology Office,STO)首次提出"马赛克战"的概念,初步构想将传感、网络、指控、武器/平台等要素碎片化形成"马赛克块"并通过"马赛克拼图"方式进行快速能力拼装,形成作战体系杀伤链,实现弹性、重组和自适应的强大作战能力,并初步定义了马赛克战的作战力量组合方式机理。美国所提出的马赛克战概念要求作战体系具有弹性抗毁能力、跨域协同能力、动态组合能力以及多链杀伤能力,是一种体系智能化、自主化、高效率作战概念形式,对通信效能的要求越来越高,对抗毁、抗干扰、随遇接入的不间断通信需求也越发严苛,因此,传统的作战体系架构难以支撑。

　　作战云体系作为一种高度分散、自我调节的新作战体系架构,从"云—边—端"的分布式通信结构出发,可以支持数据快速共享、整合各种作战资源,这与马赛克战的作战概念要求完全吻合。以"云—边—端"为整体架构马赛克战想定如图 5‐40 所示。

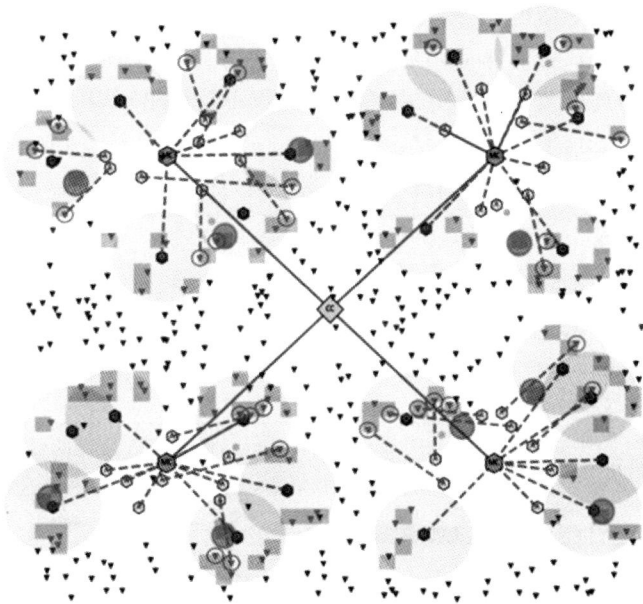

图 5‐40　典型想定场景

　　该网络架构在战场要素布局高度分布式情境下,基于泛在互联的卫星、散射、微波、电台等手段构建空天地一体网络,将战场环境下的机动云、边缘计算服务器、终端及固定环境下的区域服务云等战场感知、计算资源和固定增强计算资源高效互联,有效实现战场多维感知器的协同融合和广泛分布算力资源的云边共享、边端协同、聚合服务、智能调度与分配高效支撑战场信息和数据智能系统融合连接,满足高度分散马赛克战模式下的感知、通信、算力等多维资源系统一体应用和用户体验需求。因此,作战云体系是一种实现马赛克战概念的先进作战架构,本书由此出发提出了一种马赛克战典型体系。参考美军杀伤链组成,马赛克战概念的作战云体系想定如下。

以面向未来战争的天空地一体化作战场景为切入点,参考美军表5-8装备的具体参数,构建美军采用马赛克战对抗俄罗斯地面目标的作战想定如图5-41所示。该想定中,美军力量可分为包括指控单元、作战装备以及通信系统,作战目标为俄军的各个高价值地面单位,如装甲车等。其中,指控单元又分为中心云单元,即战场中央,青色菱形部分,边缘云单元即青色六边形部分等,中心云单元负责周期性接收并汇总各个边缘云的局部态势,评估体系整体能力。当体系整体能力不满足顶层使命任务要求时,诊断体系局部薄弱点并通过调拨等手段实现体系能力的重构恢复;边缘云单元则负责接收并汇总侦察终端采集的目标数据,形成局部态势信息并上传至中心云,承担该局部区域下的目标识别和作战响应即实现目标和打击终端的匹配。作战装备分为侦察终端和打击终端,其中侦察终端负责所属局部区域下的目标感知,并通过接入天基网络实现目标信息到所属边缘云的传输;打击终端负责接收边缘云下发的目标信息,通过机动至合适区域完成对目标的瞄准和打击,完成对抗过程。在此仿真场景中,相应简化为侦察终端即蓝色圆点部分、打击终端即黄色圆点部分。通信网络用于支撑云、边、端之间的信息交互,包含云边之间的地面有线网络以及边端之间以卫星为主要通信单元的天基通信网络,同样仿真场景中不考虑卫星的复杂物理参数,而重点关注通信链路即绿色实虚线部分的通信时延、通信速率、通信最大负载规模等通信参数。另外,想定中的目标单位为高价值的地面目标,在仿真过程中动态出现,在本书仿真场景中也进行了简化处理即灰色倒三角形部分。

表5-8 典型马赛克战场景下的关键要素

美陆军关键要素	体系能力	具体功能
指挥与控制:刘易斯-麦科德联合基地的指控中心(云计算中心),人工智能算法包括"普罗米修斯"AI算法(目标识别)和FIRESTORM(多域作战响应)	中心云	周期性接收并汇总各个边缘云的局部态势,评估体系整体能力(全局),当体系整体能力不满足顶层使命任务要求时,诊断体系局部薄弱点并通过调拨等手段实现体系能力的重构恢复
	边缘云	接收并汇总侦察终端采集的目标数据形成局部战区态势信息并上传至中心云,承担该局部战区下的目标识别和作战响应
传感器:低轨道LEO、中轨道MEO和同步轨道GEO的军用和商用卫星,以及陆军灰鹰无人机和地面车辆的传感器等	侦察终端	负责所属局部战区下的目标感知,并通过接入天基网络实现目标信息到所属边缘云的传输。包括侦察范围、机动速率等参数
"射手":M109自行榴弹炮、灰鹰(Gray Eagle)或地面车辆等	打击终端	接收边缘云下发的目标信息,通过机动至合适区域完成对目标的瞄准和打击,完成对抗过程。包括最大射程、机动速率、载弹量、最大并行目标数量等参数

续表

美陆军关键要素	体系能力	具体功能
天基 Mesh 网络:负责战术数据传输,其中传输层包括 658 颗卫星	云边通信	中心云与边缘云通过地面有线网络实现通信
	边端通信	构建了以卫星为主要通信单元的天基通信网络(共 49 颗通信卫星),边缘云和终端系统通过接入天基通信网络实现信息传输,具体参数包括通信时延、通信速率、通信最大负载规模等参数

　　根据上述作战想定,仿真场景中假设美军为包含 1 个中心云、2～6 个边缘云及边缘云指控的约 50 个终端系统,包含 20 个左右打击终端和 30 个左右侦察终端,以及负责云、边、端之间信息交互的通信网络所构成的作战云体系,其中,中心云、边缘云、终端系统、边端通信和云边通信的职能与指控交互关系如图 5-42 所示。俄军目标散布于作战区域内,遭受美军打击毁伤后,会继续补充作战力量在战场中随机出现,俄军在仿真进行一定时间步时,会对美军体系进行一波次的打击,毁伤美军体系的部分打击终端和侦察终端,使其完全失去打击能力和侦察能力。另外,为模拟电子战场景,俄军也会对美军体系的边端通信系统进行蓄意攻击,通过干扰通信负载较大的通信链路来让对应两通信节点间无法进行信息传输。

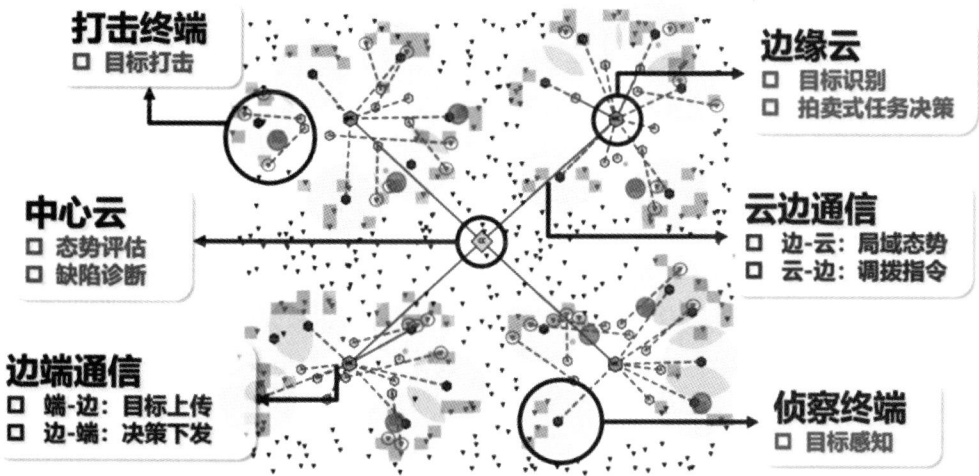

图 5-41　作战云体系要素编成与要素间交互关系

　　针对以上马赛克战典型体系,在波次毁伤场景下进行体系韧性分析评估。波次毁伤场景具体指:基于典型作战云体系仿真场景,美军体系作战过程中遭受俄军的波次攻击,包括侦察终端和打击终端的美军终端系统遭受俄军 50% 毁伤,之后,美军通过"云—边—端"的协同和韧性重构过程恢复体系效能。

　　本书采用韧性评估模型对应该场景下美军的体系韧性进行计算,进一步分析不同体系要素对体系韧性的影响关系,结果如图 5-42 所示。

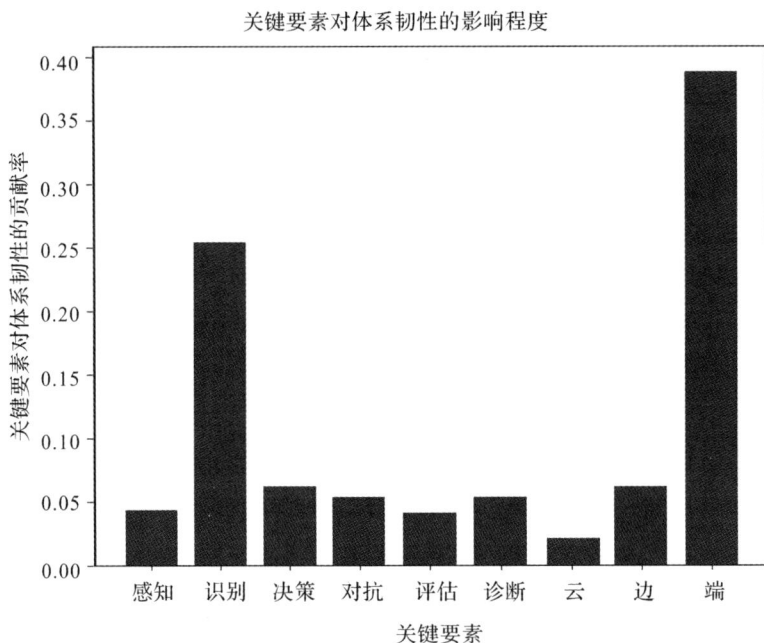

图 5-42 敌方波次毁伤场景下体系关键要素对体系韧性的影响程度

总体上看,任务决策链路的识别要素和信息交互架构的端要素对体系韧性影响力最大。具体来说,六个任务决策要素中,识别要素对作战云体系韧性贡献率最高,影响力最大,决策要素影响力次之,其他要素按体系韧性贡献率大小排序依次为诊断、评估、对抗、感知。其原因在于,识别环节施加的扰动是 20% 目标无法识别为敌方目标,识别环节受扰动后进一步导致目标信息丢失,整个体系对态势信息严重缺失,也会进一步影响边缘云无法做出合适的决策响应真实的战场态势,直接导致体系整体效能下降,进而影响体系韧性。

三个信息架构要素中,端对作战云体系韧性贡献率最高,影响力最大,边要素次之,最后的云要素,对体系韧性影响最小。其原因在于,端主要负责体系的"察和打",即侦察终端和打击终端,当对端施加扰动后,端的机动能力变差,体系杀伤链在开始和结束两端的效率下降,直接影响作战体系杀伤链闭合速率;更进一步,端的机动性下降影响了体系的侦察效率和打击效率,使边缘云收集战场信息的速度变慢,其发布的打击命令的执行效率也会变差;同时,敌方波次毁伤场景下体系终端大面积毁伤,调拨的终端机动效率缓慢也会严重影响了体系毁伤下的重构恢复能力。

根据上述流程,本小节针对敌方波次毁伤即优化识别和端场景与电子战场景进行了案例分析。不同场景案例分析结果见表 5-9。

表 5-9 不同场景案例分析结果

韧性评估场景	场景描述	评估模型最高准确率	体系关键要素
敌方波次毁伤	作战过程中我方"侦察和打击终端"随机毁伤 50%	94.80%	识别、端

续　表

韧性评估场景	场景描述	评估模型最高准确率	体系关键要素
敌方波次毁伤（优化识别和端）	作战过程中我方"侦察和打击终端"随机毁伤 50%，"识别要素"故障时 5% 目标无法识别，"端要素"故障时速度下降 40%	92.90%	决策
电子战场景	作战过程中我方 50% 通信链路（云—边）失效，无法通信	93.50%	识别、诊断

第6章　基于杀伤链能力成熟度的体系评估方法

杀伤链是为了达成作战效果所需进行的一系列作战活动,通常表示为发现、识别、跟踪、瞄准、打击、评估等活动的闭环过程。杀伤链作为装备体系作战能力的外在表现,其数量的多少、质量的高低以及灵活编组的程度反映了装备体系建设的成效,具有结构相对稳定、功能需求清晰的特点,是从外部观察装备体系发展状态的良好媒介。

本章借鉴成熟度的相关理念,从杀伤链的视角分析装备体系的发展规律,总结杀伤链成熟特征,通过杀伤链能力成熟度指标体系和评估模型,以及对杀伤链实现程度的评估,反映作战装备体系的发展状态,对有效引导作战装备体系建设、提升体系的管理精细化程度和实战化水平具有重要意义。

6.1　杀伤链能力成熟度概念和内涵

6.1.1　成熟度理论分析

成熟度是对研究对象发展状况或成熟程度的一种描述。成熟度模型是对研究对象成熟程度进行评价的技术、标准和程序的统称,主要用于评估正处于演进过程中的技术、组织、产业等的成熟状况,以确定应用的范围和改进的方向。成熟度模型在工程技术领域的应用主要有技术成熟度、制造成熟度、系统成熟度;在产业发展领域的应用有产业成熟度;在管理领域的应用主要有能力成熟度、项目管理成熟度、财务管理成熟度等。装备体系也处于不断演进的过程中,但并无描述装备体系发展状况的模型,故提出杀伤链的能力成熟度概念,用以反映装备体系应对威胁的能力发展状况。

在开展杀伤链能力成熟度论述前,本节对技术成熟度、软件成熟度、指控成熟度、体系成熟度等分别进行介绍,从成熟度的常用定义模式、评估方法等方面进行分析,为评估杀伤链成熟度的方法提供依据。

1.技术成熟度

技术成熟度是指技术经过研究、开发、验证和应用所达到的成熟程度。技术成熟度等级,是指对一项技术从发现基本原理,经过技术攻关、试验验证和工程应用的成熟进程所进行的划分和度量,用以表明该技术所处的状态、被掌握的程度和工程应用水平。

技术成熟度关注的是技术本身,并且是关键技术,不考虑在实现该技术过程中的质量等方面的问题,重点关注的是技术在型号或者工程中的成熟过程,不是脱离了型号背景的技术成熟过程。它不仅包括型号研发过程中的技术成熟过程,还包括在型号正式开展研发前的基础研究和预先研究中的技术成熟过程。

以运载器和航天器的硬件产品为载体的技术经过理论研究、技术开发、样机制造、试验验证、系统集成和飞行任务中的实际使用,其成熟度等级逐步提升。运载器和航天器硬件技术成熟度等级定义及其解释见表 6 - 1。

表 6 - 1　运载器和航天器硬件技术成熟度等级定义及其解释

等　级	等级定义	解　释
一	发现和(或)报道了技术的基本原理,理论研究成果得到了同行公认,已取得相关技术资料,学习了相关专业知识	发现和(或)报道的科学理论能够支持基础性硬件技术概念和(或)应用。其科学研究成果得到了学术界同行公认或有其成功应用的权威报道,给出了理论的出处,基本原理分析和描述清晰,证明该基本原理是科学的。技术团队已取得相关技术资料,学习了相关理论知识
二	根据基本原理,提出明确的技术概念、技术应用方案和(或)应用设想	对基本原理提出了实际应用设想,开始了应用性研究或技术载体的初步概念设计,简要描述了技术的内涵和适用范围,支持技术应用方案的基本原理模型等,简要描述了作为技术载体的预期产品的主要功能、主要性能和基本结构的设想,以及在预期使用环境下所能达到的主要技术能力预测结果和实现其所采取的技术途径
三	技术应用方案的关键功能或特性通过了分析与实验室证实,主要功能单元得到了实验室验证	明确了预期产品的应用背景、关键结构以及主要功能和性能指标,通过分析研究、建模与仿真、实验室演示等确认了对技术能力的预测,研制出基于概念设计的实验室样品、部件或模块,主要功能单元得到了实验室验证,提出了技术向预期产品转化的途径,证实其具有可行性
四	部组件或功能试验模型(原理样机)的功能,在实验室环境下得到验证	针对应用背景,明确了作为技术载体的预期产品的功能性能总体要求,提出了预期产品的技术方案,搭建(或制造)了低度逼真的部组件/系统功能试验模型(原理样机),对其在实验室环境下进行试验验证,演示验证部件和系统的基本功能和关键测试环境条件,预测使用环境下的相关性能
五	部组件、单机、分系统级原理样机的关键功能,在相关环境下得到验证	确定了作为该技术载体的部件的关键功能,定义了初步的性能要求和试验的相关环境,设计和制造了中度逼真的部组件/系统功能试验模型(半实物功能试验模型),即中度逼真的部组件级、分系统级的原理样机(可以是缩比尺寸),在中度或高度逼真的相关环境(空间或地面)进行试验,并通过了验证,关键功能和性能满足设计要求。由于这种验证可能受到缩比效应的影响,进行了必要的缩比影响分析
六	单机、分系统或系统级工程样机(初样产品)的关键功能和主要性能,在高度逼真相关环境下(地面或空间)得到验证	制造了作为该技术载体的高度逼真的部组件级、单机级、分系统级或系统级的工程样机(或初样产品),在高度逼真的相关环境(模拟使用环境)或使用环境下进行试验,试验所用的工程样机能够充分解释所有的关键功能和主要性能问题,通过试验验证了在高度逼真的相关环境下关键功能和主要性能满足总体要求

续表

等 级	等级定义	解 释
七	最终的系统级工程样机(正样或试样产品)的性能,在使用环境或高度逼真的相关环境中得到验证	技术载体集成到最终的系统级工程样机或正样产品,通过对其在使用环境或高度逼真的相关环境(模拟使用环境或比使用环境更加严酷的环境,包括所有必要的环境要素)进行试验,验证在实际或预计的使用环境中的性能,试验用工程样机或正样产品的相关技术性能达到了首次执行飞行任务的要求
八	系统级产品(实际系统)已完成,并通过航天任务成功的实际使用对技术进行了鉴定	最终系统级产品以最后的状态,通过了使用环境的测试和评价(或在使用环境下通过定型试验和试用),性能指标全部满足实际使用要求,完成了首次或短期飞行任务,对技术进行了使用环境的鉴定
九	系统级产品(实际系统)通过多次(三次及以上)或长期执行航天工程任务,得到技术成功应用的证明	最终的系统级产品在实际的航天工程任务中,通过了多次(三次及以上)或长期成功执行飞行任务

2.软件能力成熟度

软件能力成熟度模型(Capability Maturity Model for Softwar,CMM)的实质是软件过程改进(Software Process Improvement)的系统方法,它通过履行一系列关键过程域中的关键实践来达到改进软件过程的目的。它建立在好的软件过程是产生好的软件质量的假设前提下,通过改进软件过程达到最终提高软件质量的目的。

软件能力成熟度的具体应用包括两方面:一是评估软件过程,确定组织当前的软件过程状态,发现与软件过程有关的急需解决的问题,并作为企业软件过程改进的指导图;二是评估各个软件企业的软件过程能力,为选择软件承包商提供依据。

软件过程的确切定义:人们用以维护软件及其相关产品的一系列活动,包括软件工程活动和软件管理活动。

软件过程能力是指通过实施既定的软件过程能实现预期结果的程度。软件过程能力的改进是基于许多小的、进化的步骤,而不是通过一次革命性的创新来实现的。通过解决与软件质量和过程改进相关的几个重要问题,形成对整个软件过程的改进。这一策略是软件能力成熟度的核心思想。软件能力成熟度是一个贯通的、递进的和具有统计学思想的软件过程改进模型。通过实践经验的总结,软件能力成熟度的产生是在软件工程基础上发展工业质量管理理念的产物。

军用软件能力成熟度模型关注组织承担军用软件任务的整体能力和绩效。军用软件能力成熟度模型采用分级表示法,将组织的软件能力成熟度分为五个等级,一级为初始级,二级为规范级,三级为全面级,四级为量化级,五级为卓越级,五级最高,每一等级是实现下一个等级的基础,实现分级递进。

军用软件能力成熟度模型包含 21 个实践域,覆盖软件生存周期的全过程、全要素。每个实践域包含一个或多个能力等级,每个等级设置目标,实践按等级进行划分。实践域与等级、等级与实践形成一对多的关系。军用软件能力成熟度模型结构如图 6-1 所示。

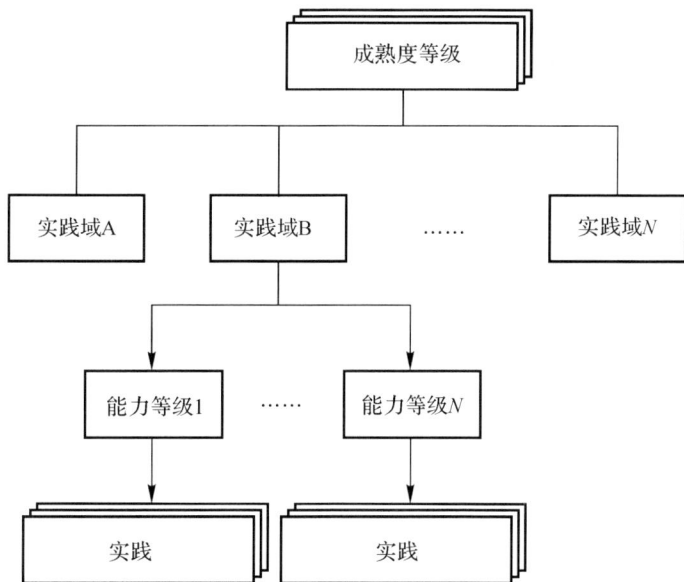

图 6-1　军用软件能力成熟度模型结构

约定通过 GJB 9000 质量管理体系认证的组织,其软件能力成熟度为一级。二级及以上等级,均以通过 GJB 5000 相应等级评价为依据。

二级:规范级

二级的主要特征:已建立过程改进组织机构和过程规范,逐步积累组织资产;基于估计和项目特点,制订和维护项目计划,获取、开发和管理项目的需求并实施验证与确认;通过开展配置管理、质量保证、测量分析活动,监督其执行,确保项目可控。该等级的组织具备在同类项目中复制成功经验的能力。

三级:全面级

三级的主要特征:全面建立并维护组织的标准过程集和组织的过程资产库,组织资产持续完善;按照组织标准过程,使用组织资产开展全生存周期项目管理、工程及支持活动。该等级的组织具备在组织范围内复制成功经验的能力。

四级:量化级

四级的主要特征:建立了符合组织业务发展需要且较高的质量和过程绩效量化目标;采用量化分析管理技术,建立并维护过程绩效基线,对关键过程实施量化管理及原因分析,并基于量化结果进行领导决策。该等级的组织具备在组织范围内实施量化管理的能力。

五级:卓越级

五级的主要特征:通过定量评估业务目标并分析绩效数据,识别组织内的关键问题和共性问题,主动并预测性地优化和改进组织过程,组织通过不断创新实现优质持续发展,整体绩效能力得以提升。该等级的组织具备应对复杂态势、自我优化、持续获得成功的能力。

3.指控能力成熟度

北约(NATO)指控研究团队于21世纪初提出了指控成熟度模型。指控成熟度是指指控系统能识别不同指控方法对情况的适合程度,以及在指控方法间转换的能力。

从本质上看,指控成熟度越高,表明指控组织可以依托的网络信息越可靠,可供调度的资源越丰富,交互渠道越畅通,指控的灵活性、适应性、多能性、创新性就越强,越容易达成基于网状指控组织的"权力边缘化",从而表现出越强的敏捷性。

北约指控研究团队认为,在实体的指控系统功能库中,提供所需级别的指控方法是必要而非充分的。当感知到变化时,实体必须有能力识别在任务能力集合中哪种指控方法可以应对变化,能够及时地进行指控方式转换,并且对指控实体必须有高度同步的态势理解,才能预测态势变化可能对集体作战能力带来的制约,否则要有及时应对的措施,以便能排除或避开态势的变化。随着指控成熟度的增加,指控组织将显现更多的敏捷性。

依据软件工程领域(Capability Maturity Model for Software,SW - CMM)五级演化模型,结合美军资深指控领域专家Albert提出的5种经典指控方法:冲突、集权、协同、合作和边缘型指控,可以将信息时代网络赋能的指控能力成熟度定义为5个等级。

第一级:初始级——冲突型指控。该层级中,网络中心化程度最低,不同的组织被聚拢在一个松散组织内,组织内部成员间交流很少,组织间没有协作,也无法获得外界更多信息。这就造成了组织成员没有统一的目标和合作模式,只能各自为战,相互无法有效配合。

第二级:认知级——集权型指控。指挥实体对指控过程中的执行情况进行掌握,获取一定信息,采取合理决策。从管理角度看,指挥实体实施指控的过程是有计划的、可控的、可重复的,实现了一定程度的规范化和稳定化。这种指控方式是指挥主体在丰富实践中不断总结提高的结果。

认知级与初始级的区别在于,实体对指控有一定的主观需求,具有一定的决策权,对指控的实施具有计划性,能对指控的执行过程进行跟踪,具有有限的信息共享,实体群间有最低限度的连通度,但没有行动实体群的交互。

第三级:成长级——协同型指控。实体对指控的执行定义了一套完善的操作标准,这些标准是经过检验的、合理的、可操作的执行标准,是指挥实体或实体群从工作和经验中总结出来的,也即当前我军作战指挥标准化建设的基本指导思想。有了标准化数据、指挥条令、指挥体制等,指挥员就更易达成共识,实现合作,达成作战自同步,形成1+1>2的涌现性效应。

成长级与认知级的区别在于,指控的实施能够按照一组完善的标准来执行,从而在指挥实体间形成更为广泛的一致性认知。信息共享程度相对增强,开始出现了有限群体间的实时交互,不同实体之间的合作相对广泛。同时,成长级对指控的主观性需求程度大幅提高,实体被分配的决策权显著增多。

第四级:规范级——合作型指控。在规范级中,指控的实施建立一系列可度量的指标,按照规范标准执行,对指控的执行过程进行量化管理。该指控方式的出现是信息时代,军事运筹学与军事理论相结合的必然结果,是指控由定性分析向定量度量发展的必然趋势。

规范级与成长级的区别在于,标准执行过程被定量地理解与控制。在规范级中,实体信息共享和权利分配到子实体,实体群间基本连通,并且有接近连续的交互。可以认为,只有量化指控过程评价指标,才能达成对复杂作战行动的精确指挥与控制,这也是精确作战或基于效果作战理论发展的必然诉求。

第五级:优化级——边缘型指控。优化级中,实体或实体群能够根据指控实施的目的和技术等因素,针对实施过程的问题进行缺陷预防和提升,强调实体或实体群在指控过程中的自我改善和提高。

优化级与规范级的区别在于,实体群能够定量地分析和确定一些不确定因素对指控实施过程带来的影响,从而对这些实施过程进行改进和完善,整个指控组织成为基于数据分析的自适应系统。优化级是信息时代基于信息系统指控成熟度最高的指控方式,其目的是建立实体成员的自同步。该等级指控组织的敏捷性很强,能对外界变化做出及时反应。

4.体系能力成熟度

体系成熟度衡量体系为适应任务和环境的变化,切换自身运行状态、方式的能力,反映了体系适应性的强弱。

从生物学角度,适应是生物体调整自身以适应环境的过程,对一个个体、公司、系统或体系来说,适应是一个主体调整自身的组织、结构、流程以更好地适应外部挑战的过程。

体系的适应能力越强,体系就会越复杂,就会给体系的设计、建设和运行管理带来更大的困难和更多的风险挑战。

军事体系的适应性是体系调整自身组成成员、流程关系、运行规则等,以适应各类任务和战场环境变化的能力,是体系敏捷性的重要部分。在体系适应性评估中,要根据体系可能的使命任务集和环境变化范围,确定合适的评估内容、指标和标准。

对体系而言,适应性等体系质量特征刻画的是体系在不确定任务环境下的应变水平,衡量体系是否对未来可能的风险有所准备,反映体系的内在本领,可从以下三个方面来衡量其质量特征。

①体系互操作水平,主要是指通过信息活动的信息交互,使体系最终达成信息优势;

②体系互理解水平,主要是体系成员间通过态势理解、计划和决策等的交互共享,使体系达成决策优势;

③体系互遵循水平,主要是体系成员在任务执行过程中通过协同及共同准则的遵守,达成整体上的行动优势。

可以认为,体系的互操作、互理解和互遵循是体系运行时,在信息域、认知域和社会域的层面为提高适应性而采取的活动。互操作、互理解和互遵循是手段,信息优势、决策优势和行动优势是效果。

决定体系适应水平高低的因素有两类:第一类是外部因素,即体系所服务的多样化任务和快速变化的不确定性环境;第二类是内部因素,主要是体系组成成员、体系成员关系、文化、准则等内容。在外部因素不变时,体系组成、结构和运行方式越灵活、越合理,体系的适应性评估值越高。在内部因素不变时,外部因素的变化影响着体系的适应性评估值,但是不管外部因素怎么变,体系能力是不变的,这是因为适应能力决定于体系的内部因素。当外部因素和内部因素不变时,体系所采用的组织运用方式会决定体系的适应性评估值。

体系的成熟度等级与一组特定的体系能力相关,而且高水平的成熟度所对应的能力一定涵盖了低水平成熟度的相关能力。每种体系的成熟度对应一组体系融合模式,在该成熟度等级下,体系能够根据需要从这组体系融合模式中选择合适的模式,并切换到该模式下运行。每种体系成熟度等级内能选择的体系融合模式的数量和在这些融合模式间转换的能力,是体系成熟度模型的两项重要内容。体系能力水平、体系成熟度等级和体系融合模式间的逻辑关系如图6-2所示。

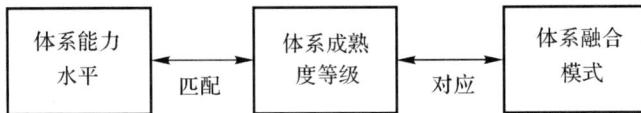

图6-2 体系能力水平、体系成熟度等级与体系融合模式间的逻辑关系

为了评估体系的成熟度,需要以体系能力需求为依据,制定体系的成熟度等级并确定每种成熟度等级对应的体系融合模式。

体系能力多种多样,水平各有高低,总体能力等级描述了作战对体系能力的要求。体系的最重要特征就是能力的涌现特性,通过能力涌现,可以完成单一成员不能完成的任务。体系能力涌现即体系成员要通过协作、交互和联合,形成新能力。

体系成员在执行任务时既要有自主性,又要根据需要服从指挥、接受控制,并与其他成员进行协作以联合完成任务。体系成员根据能力的不同可以分为多种类型,相同类型的体系成员形成体系的域,如联合感知域、联合决策域和联合控制域等。不同域的体系成员协作、交互和联合水平的高低,代表了体系能力的总体水平。这里把体系能力水平分为五个层级,见表6-2。每种层级下体系成员在指挥、控制和联合协作方面的特征是不同的。

表6-2 体系能力等级及特征

等 级	名 称	指 挥	控 制	协 作
5	适应级	全域统一指挥	全域控制	自适应融合
4	协同级	多域联合指挥	跨域控制	跨域联合
3	协调级	多域协同控制	跨域控制	跨域协同
2	入门级	域内指挥	域内控制	域内协同
1	隔离级	冲突式指挥	无控制	无协同

随着能力等级的提升,体系成员的指挥、控制和协作的范围逐渐从域内拓展到跨域,再到全域,最后具备灵活、按需、适应等特性。

对每一种体系能力等级,都可以映射到相应的体系成熟度,如图 6-3 所示。每种体系成熟度都对体系的互操作、互理解和互遵循水平有特定的要求,因此,每种成熟度等级都对应了体系融合模式中的一个区域,这些区域可能相交,也可能不相交,如图 6-4 所示。其中,每个区域都代表了一系列体系的融合模式。

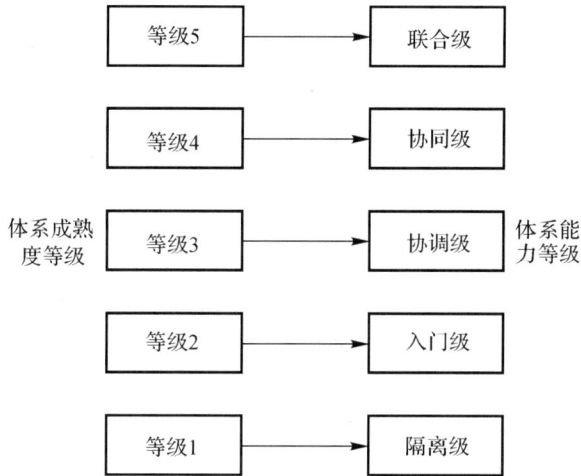

图 6-3　体系成熟度等级和体系能力水平的对应

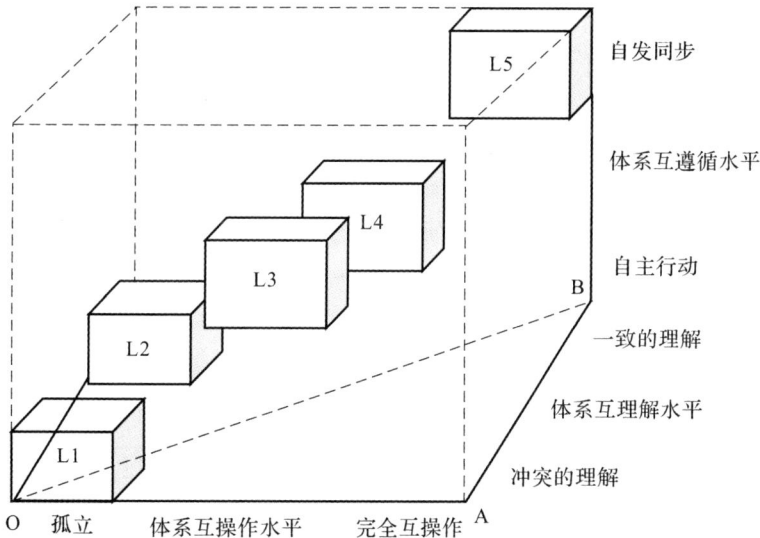

图 6-4　体系成熟度对应的融合模式区域

根据前面对典型体系融合模式的梳理,定义不同体系成熟度等级对应的融合模式,如表 6-3 所示。

表 6-3　体系成熟度等级对应的体系融合模式

成熟度等级	无融合模式	去冲突融合模式	协调式融合模式	协同式融合模式	自适应融合模式
1	支持				
2		支持			
3		支持	支持		
4		支持	支持	支持	
5		支持	支持	支持	支持

5. 小结

本节对技术成熟度、软件能力成熟度、指控能力成熟度和体系能力成熟度的基本概念、内涵、等级划分与评价方法进行了调研、阐述与分析。综合来看,各类成熟度在评价对象和目的、等级模型和评价方法方面各有不同之处,具体总结如下。

技术成熟度评价的是某个项目或工程的关键技术本身在该项目或工程中的成熟情况,技术成熟度等级模型采用了成熟度经典九级模型,即与型号阶段相对应的"1～3 级概念阶段—3～6 级研制阶段—7～9 级应用阶段"思路对成熟路线进行划分,并采用了各级检查单的评价方法对关键技术成熟度是否满足等级要求进行筛查;软件能力成熟度强调的是对某个组织或企业具备软件工程能力的评价,软件能力成熟度等级模型分为初始级、规范级、全面级、量化级和卓越级,并采用 SGAMPI 法考察各等级对应实践域的目标与活动要求的满足情况;指控能力成熟度评价的是指控系统对不同指控方法和情况的适合程度以及转换能力,指控成熟度评估模型分为初始级——冲突型指控、认知级——集权型指控、成长级——协同型指控、规范级——合作型指控和优化级——边缘型指控,并通过建立基于信息共享程度、自主决策程度和相互合作程度三个维度的评价指标体系进行评价;体系成熟度评价的是装备体系(或企业中人的体系)对不同任务和环境的适应能力强弱,体系成熟度评估模型分为适应级、协同级、协调级、入门级和隔离级,并基于互操作、互理解和互遵循三个维度综合计算面向任务适应性需求和能力需求的体系能力成熟度水平。

根据以上针对多种对象的成熟度等级及评价方法分析,结合对杀伤链的组成和实现特点,对于杀伤链能力成熟度的评估同样应从成长逻辑、多维能力、验证环境等方面展开。

6.1.2　杀伤链能力成熟度

1. 概念

成熟度评估作为一种确定研究对象发展状态的规范化方法,为装备体系评估工作带来启发。国内外在指挥控制领域、经济领域等多领域开展了体系成熟度的研究工作。北约研究分析与仿真委员会下属的 SAS-065 工作小组开展了网络赋能指控成熟度模型(NATO NEC Command and Control Maturity Model,N2C2M2)研究,提出了五个指挥控制成熟度等级。张笑楠等对 N2C2M2 模型进行了改进,从决策权分配、信息分布以及成员间的交互模式进行研究,提出了基于复杂网络的指挥控制体系成熟度评估方法,但没有给出相应的等级及定义。STRACENER J 提出了评估经济可承受性的体系成熟度等级,但未提出具体的计算方法。魏东涛等构建了武器装备体系的经济可承受性成熟度评价指标体系和数学模型。

上述研究多从装备体系内部出发,通过剖析体系要素之间的关系表征体系发展状态。然而体系内部的关系动静交织、错综复杂,且不同领域的体系之间差异较大,不适用于装备体系的总体评估。

2.杀伤链链路分析

杀伤链的链路反映了战争中周期性的、重复性的最短行动闭环周期,其内容和特性面对不同时代背景、作战任务目的、作战理念变化、技术进步等一直在不断变化。虽然链路能力和链路结构日新月异,但是完成杀伤目标所需的"侦—控—抗—打—评—保"环节在各类杀伤链模型中始终存在。因此,对杀伤链各环节的关键要素进行分析,总结几种典型杀伤链链路结构,反映杀伤链链路变化。

1)侦察:利用侦察卫星、电子侦察机、无人机和地面雷达等进行侦察与探测,以发现和跟踪目标。侦察是传感器到射手的起点,平时对给定的区域进行移动目标监视,获取军事态势情报,及时发现军事危机和战争征候;战时是对杀伤链中目标探测、跟踪识别、确认、定位、目标指示、制导突防和打击评估的关键环节,承担提供信息获取的支援;侦察环节需针对目标的特点,选择目标感知方案,确保杀伤链对发现概率、定位精度、空间分辨率、时间分辨率和数据的实时性等要求;为了向决策者和射手提供精准全维信息,通常需要多层次(陆、海、空、天)感知平台和多途径感知手段,包括有源、无源感知,电子、成像感知,多谱段感知,实现全天时、全天候对移动目标的探测能力。

2)指控:通过指挥控制系统确定目标威胁,进行战场资源配置,生成打击方案,评估风险并避免冲突,选择打击方案。作战的决策者根据态势感知详细信息情报,包括其他支援系统提供的情报产品(如天气、技术等),对目标类型、目标状态、目标威胁程度等进行判定,并且在得到足够认知和理解的基础上,制定目标打击的方案和规划,包括打击的时间窗口、武器的动态调配、协同作战关系、作战主导模式、编制流程和作战指令等。

3)抗干扰:为了消除或削弱敌方的电磁感知、电磁干扰及反辐射摧毁的效能,以保证己方的电子设备和系统的正常工作所采取的战术技术措施。抗干扰是信息化、体系化战争背景下杀伤链的重要环节,当前主要通过电磁空间防御、电磁干扰与毁伤恢复、主动电磁干扰与攻击等手段进行抗干扰。

4)打击:确定可用资源,评估可选方案,考虑各种制约因素,确认打击方案,并实施打击。武器平台根据作战指令执行打击任务,包括导弹、火炮等直接火力的硬打击和光电、网络等间接火力的软打击。

5)评估:根据导弹、卫星和无人机等提供的信息进行作战效果评估,给出打击报告或再次打击建议。在实战中,对毁伤效果进行评估极其重要,这个环节是后续作战的重要参考。

6)保障:为了使杀伤链各环节成功进行所开展的各项保障活动,包括水文保障、气象保障、通信保障等,将打击方案或作战指令传递到武器平台。武器系统发射前向武器系统实时提供打击目标指示和目标装订数据;发射后实时为武器突防提供信息支援,包括为武器精确打击提供导航或制导控制,提供快速定位、测绘和图像匹配支持,提供高精度时间基准和实时进行目标数据修正等,同时为武器平台向指挥控制发送武器平台技术状态参数提供传输通道。

技术的发展带来了信息、平台、火力、指控、保障各方面的提升。针对对陆打击、反航母和防空反导等几类典型杀伤链进行分析,链路要素的发展情况见表6-4。

表 6 - 4 杀伤链链路要素发展情况

链路要素		侦察/评估	指控	抗干扰	打击	保障
对陆打击	机械化	目视	以人为主	—	火炮	以人为主
	信息化	卫星	机器辅助决策	电磁对抗	精确制导弹药	数据链
	智能化	星链＋无人机	作战云	多域协同	智能弹药	自适应保障
反航母	机械化	目视＋无线电	以人为主	—	舰炮	以人为主
	信息化	卫星＋雷达	指控中心＋预警机	电磁对抗	反舰导弹	数据链
	智能化	多域侦察	作战云＋边缘计算	多域协同	智能集群高超导弹	自适应保障
防空反导	机械化	目视	以人为主	—	火炮	以人为主
	信息化	卫星＋雷达	指控中心＋预警机	电磁对抗	导弹	数据链
	智能化	星链＋雷达＋无人机	作战云＋边缘计算	多域协同	定向能＋有无人协同	自适应保障

杀伤链节点技术上的变化也使得杀伤链链路结构不断变化。在实践中,杀伤链是由传感器、数据链、平台和武器等有形实体节点组成的,具有实实在在的特征和限制。按照"侦控抗打评保"等六类要素的实现方式和组成方式不同,杀伤链基于"节点—要素"映射关系构建。根据装备和要素之间的相关性特性,可以简化分为以下三种类型。

一是单节点单要素。"发现、定位、跟踪、瞄准、交战和评估"(F2T2EA)、"观察、判断、决策和行动"(OODA)等链路描述,常常用于解释杀伤链的离散步骤。不同能力要素经过各个实体节点完成功能,并通过信息交互在保证信息完备性和准确性的基础上完成指令、信息的传递,串行配合形成杀伤链。离散型的杀伤链是最清晰简明的实现机制,但在实际作战中,往往比这种结构更为复杂和多变。

在当前体系化协同作战中,采用单节点单要素方式将传统武器系统分为单一功能的作战要素。平时将各作战要素分散部署,战时进行灵活组合,形成生存性能和弹性兼具的作战模式。例如,"侦—打分离"将侦察系统从打击平台分离出来,由天基、空基或地基平台进行信息获取,由指控平台进行信息融合,处理成打击平台可用的信息,最后由打击平台进行导弹发射和制导信息保障。侦察和保障活动的分离有助于发挥侦察平台的大范围探测、定位和跟踪能力,减少了作战平台使用其侦察功能进行搜索的工作量,提高了作战平台的打击效率和作战范围。但"侦—打分离"对指控系统的信息处理能力要求较高,且对侦察平台、指控平台和打击平台之间的信息传输时效要求严苛,在目标距离较远的情况下效果较差。

二是单节点多要素。在传统的装备体系中,通常由单个实体节点负责完成"侦控抗打评保"中需要的多个环节,有利于信息的快速传递和融合处理,简化了杀伤链结构,缩短达成打击效果的时间,有利于快速发起、达到效果和重复运行杀伤链。例如,"侦控一体,打抗一体"将侦察探测系统和指挥控制系统部署在一个平台(预警机),打击系统和抗干扰系统在另一平台(战斗机)。在侦察阶段,天基卫星和预警机雷达可同时进行搜索、定位。在抗干扰阶段,指控平台(预警机)可为打击平台提供信息支撑。这种类型的链路结构可使决策前置,信息收集即处理、决策效率发挥到极致,可以将多个打击平台的作战能力进行集成,取得倍增的作战效果。然而,这种类型的链路结构受侦察指控平台作战范围和生存能力的制约,难以在高对抗环境下使用。

三是多节点单要素。对于侦察等包含信息融合类需求的要素,实际作战中经常由不同的装备相互协作完成后续链条需要的信息。例如,对于不同的杀伤链,在战场态势分析和目指信息生成时,需要利用地面雷达、无人机、卫星等精度、覆盖范围、时效存在差异的传感器类装备相互配合,以实现侦察要素。对大型杀伤链来说,指控要素通常也包括多个层级指控人员和系统的相互协调。

基于"节点—要素"支撑的单点环节,通过信息交互在保证信息完备性和准确性的基础上完成指令、信息的传递,实现打击等任务,即形成杀伤链。对于复杂杀伤网络,一般存在多种功能性链路,包括侦察链、通信链、指控链和打击链,因此杀伤网中不仅包含各类武器装备实体抽象化后的信息、平台、火力、指控、保障各类型节点,还存在侦察关系、通信关系、指控关系和打击关系。对于杀伤网络模型整体,除了各链路内部节点之间存在关系,根据链路组网的定义,链路之间也存在一定的关联关系,而基于"节点—要素"映射关系的严格定义,链路间关系实际上是不同链路内节点要素在不同链路之间的映射。因此,为了不失一般性,复杂杀伤网络中可以纳入:①单一链路内部连接关系;②链路之间的连接关系;③单一链路内特有的节点,可以描述杀伤网的网中有链、链与链不同的复杂构成。基于"节点—要素"映射关系的多型异构链路的杀伤网模型可以表示为图 6-5 所示方式。

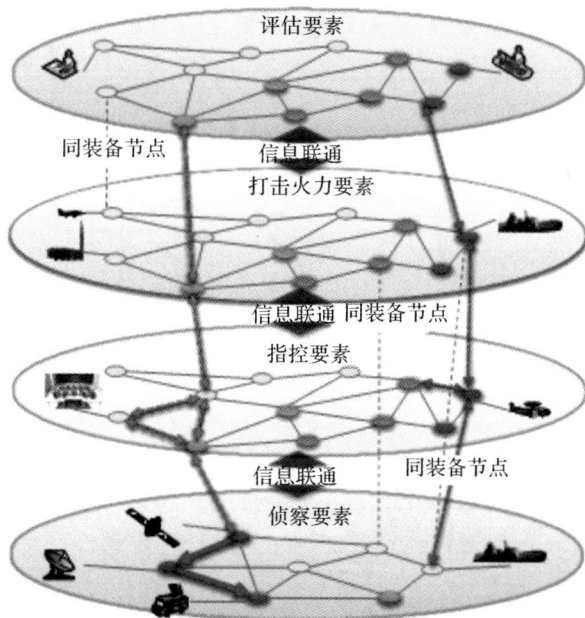

图 6-5　基于"节点—要素"映射关系的多型异构链路的杀伤网模型

3.杀伤链成熟特征分析

杀伤链的综合评价标准——"打不垮、剪不断、撕不烂"。杀伤链的基本性能要求和评价标准是"闭合"。杀伤过程由一个或多个杀伤循环构成,多个循环重复运转完成杀伤目的。杀伤链的性能要求,一般而言,杀伤链的构成越简单,运行就越快捷,性能就越可靠。杀伤链在实战上的要求是"健壮",能在高度复杂、激烈对抗的战场环境下运行。

基于前节关于杀伤链的发展趋势,结合国内外体系成熟度研究成果,杀伤链包含三个层次的发展。一是体系要素层次。装备系统随着研制生产过程逐步定型列装加入体系,使体系要素增加、体系能力增强,体系要素层次的发展可由体系能力表征。二是体系交互层次。体系要素之间的交互不断深化发展,使体系的边界扩大、效能呈非线性增长,可由集成状态和作战效能表征体系交互层次的发展过程。三是体系与环境层次。不断变化的环境是装备体系发展的外在驱动力,也是判定杀伤链闭合程度的重要标志,可由威胁环境、验证环境和体系韧性进行表征。

按照体系能力、集成状态、作战效能、威胁环境、验证环境、体系韧性六个特征变化的特点,又可将特征分为外部特征和内部特征两个部分。外部特征由集成状态、验证环境和威胁环境构成,可直接观测。内部特征由体系能力、作战效能和体系韧性构成,不可直接观测,因此,内部特征需要在外部特征确定的基础上进行度量。首先确定外部特征,例如针对某威胁条件在仿真环境下以能力网络进行闭合验证。在外部特征确定的基础上,内部特征逐步成熟,例如体系能力随着装备系统的更新换代逐步提升,作战效能随着体系能力的提升逐步增强,体系的缺陷和漏洞则随着体系的运行逐步补全,反映为"三段式"演进过程。在内部特征逐步成熟的基础上,外部特征发生变化,例如在实物环境下针对某威胁条件以能力网络进行杀伤链闭合验证。在外部特征变化的基础上,内部特征再次变化,两者之间反复交替,最终呈现杀伤链不断发展的过程。装备体系成熟特征变化如图 6-6 所示。

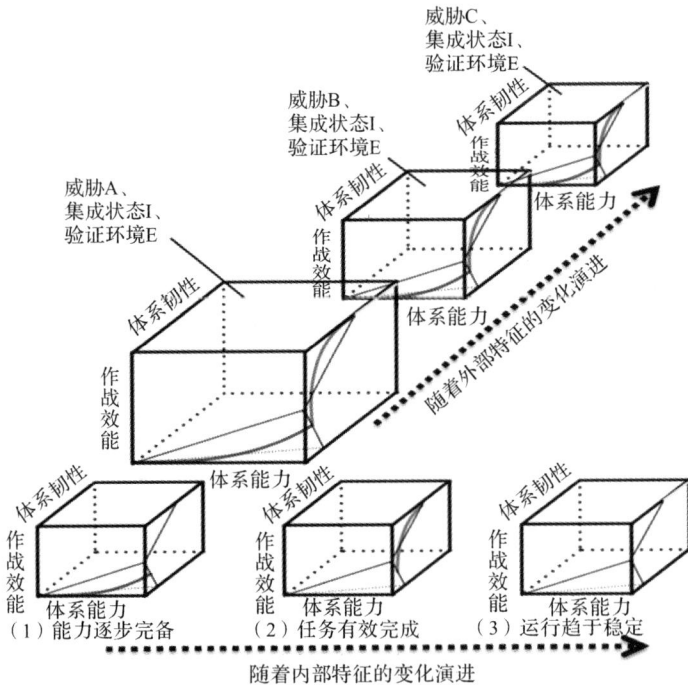

图 6-6　装备体系成熟特征变化

（1）集成状态

集成状态是指杀伤链所包含的装备系统随着杀伤链成熟过程的发展变化。在杀伤链发展的初期，其所包含的装备系统通常较少，功能需求虽然能够由装备系统提供，但杀伤链无法闭合。随着装备系统的数量和交互不断增多，杀伤链不断成熟，杀伤链能够闭合，但闭合方式较为单一，受某些因素影响较大。直到各项功能需求均可由多个装备系统提供，杀伤链闭合的稳定性大幅增强。如图 6 - 7 所示，集成状态通常分为能力集合、能力链条、能力网络。

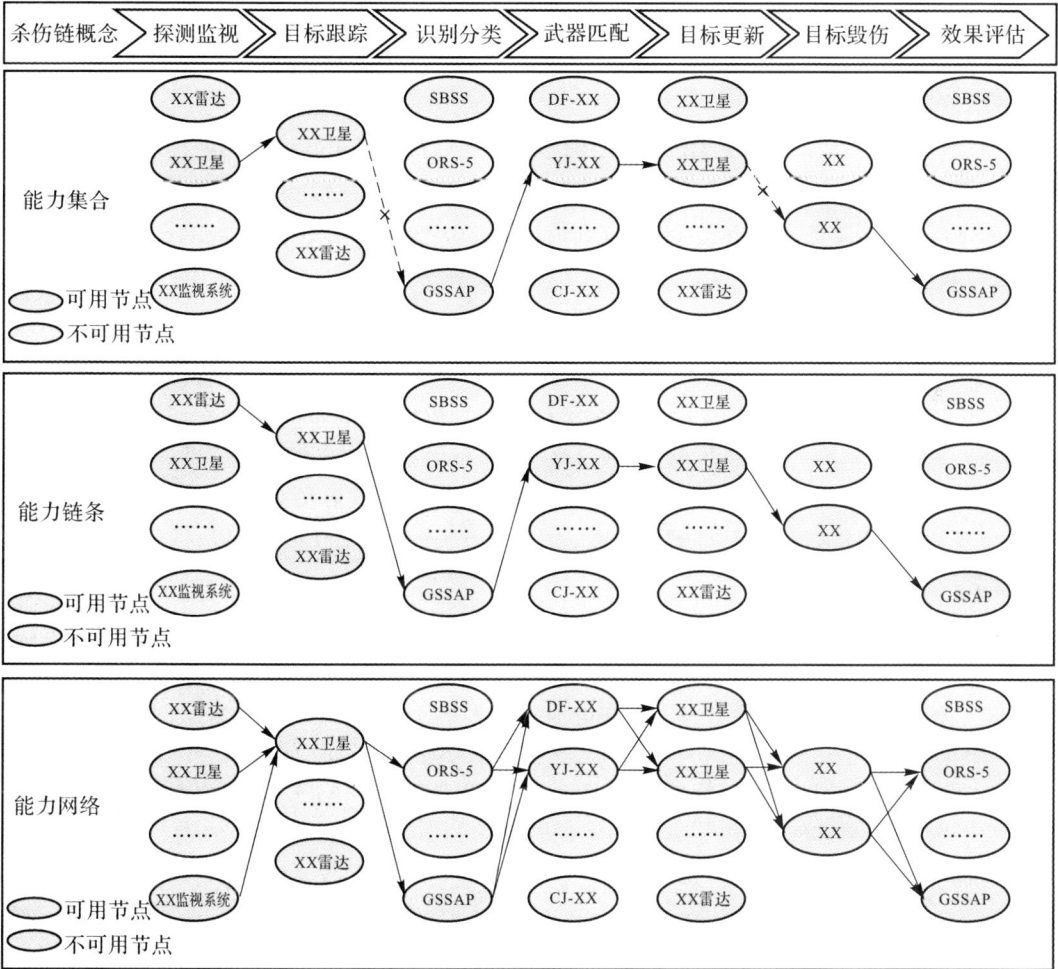

图 6 - 7　集成状态示意图

（2）体系能力

装备体系能力是作战能力的重要组成部分，是在典型运用场景、正常作战运用、正常操作水平情况下装备体系支撑完成作战任务的整体能力。在杀伤链发展的初期，其所包含的装备系统通常较少，体系能力水平较低，无法满足所有的能力需求。随着杀伤链的不断发展，体系能力逐步完备，能够提供杀伤链各个环节的功能。

（3）作战效能

作战效能是指在一定的威胁环境下完成某项任务时，杀伤链发挥有效作用的程度。在发展的初期，杀伤链作战效能较低，打击用时较长、覆盖范围较小。随着杀伤链的不断成熟，作战效能逐步提高，打击用时逐渐缩短、覆盖范围逐步增大。

（4）体系韧性

体系韧性是指在能力降级条件下完成某项任务时，杀伤链保持有效作用的程度。在杀伤链发展的初期，对于能力降级较为敏感，体现为无法长时间保持作战效能或者作战效能的波动性较大。随着杀伤链的不断成熟，对能力降级逐渐适应，体现为作战效能持久性增加，波动性减少。

（5）验证环境

验证环境是指验证杀伤链闭合程度的试验环境与实际使用环境的相似程度。在杀伤链发展的初期，验证环境主要是计算机中的仿真环境或者实验室等比较简单的环境。随着杀伤链的不断成熟，验证环境逐渐接近，直到最后基本达到实际使用的环境。

（6）威胁环境

威胁环境是指杀伤链闭合能够应对的敌方作战能力水平。在发展的初期，杀伤链能够应对的敌方作战能力较低，威胁环境的设置较为理想。随着体系的不断成熟，杀伤链闭合的前提假设可以逐步放宽，直到形成高威胁条件下杀伤链的闭合。例如，反航母杀伤链体系在建设初期验证目标指示、指挥控制、机动生存、火力打击和毁伤评估等过程的闭合时，往往假设信息无时延、通信无干扰。反航母杀伤链体系逐渐建成后，信息无时延、通信无干扰等假设就应变为信息时延 XXs、某些频段被敌方干扰无法通信。杀伤链的成熟过程就是伴随威胁条件逐步演进的过程。

通过回顾杀伤链的发展过程和构成要素，依据"侦、控、抗、打、评"五环节与"信息、指控、平台、火力、保障"五要素的交叉情况，通过分析所涉及的各类要素对杀伤链的构建作用，可以得出杀伤链的成熟度发展趋势。杀伤链成熟度发展示意图如图 6-8 所示。

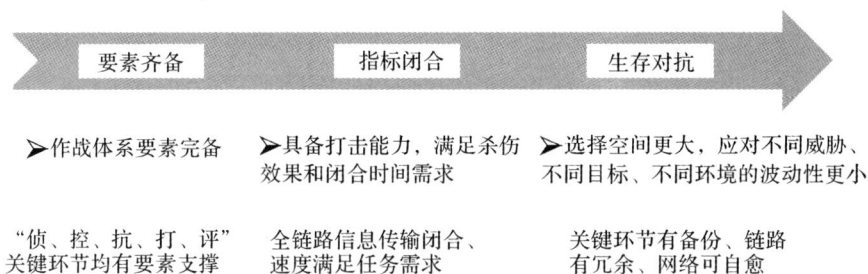

图 6-8 杀伤链成熟度发展示意图

（1）关键环节要素齐备阶段

在杀伤链成熟的初期，杀伤链闭合过程较为简单，一般"侦—控—打—评"各环节的能力要素较少，功能种类单一。对于某项任务，认为在各个关键环节均有要素支撑，则杀伤链具备基本的能力。随着杀伤链的不断成熟，杀伤链闭合过程慢慢复杂，体系要素呈现多样化、完备化发展趋势。例如"发现"环节,从早期的无线电侦察到光学卫星侦察再到 SAR 侦察,逐渐实现全天时全天候的目标侦察能力。

（2）指标闭合链路加速阶段

全链路信息传输闭合,物理阶段速度和网络速度能够满足杀伤链任务需求。在成链基础上,杀伤链在作战成效方面,对目标的打击种类、打击范围、杀伤效果均越来越好。早期的杀伤链有效作战范围只能取某一特定侦察、通信、打击力量有效作用范围的交集,因而实际的有效覆盖范围较小,且打击精度、毁伤效果的可选择性较小。随着各类作战单元能力提升,可形成更快的回路,取得更好的作战效果。例如,美军从 1991 年海湾战争的 100 min 到 2011 年利比亚战争的 5 min,打击链闭环时间提高了近 20 倍。

（3）强对抗条件下稳健运行阶段

杀伤链应对各类不确定威胁的能力越来越强,在不同威胁、不同目标、不同环境下作战效能的波动性越来越小。早期的杀伤链各环节可选择性小、结构刚性,任一要素的切断都可能导致作战效能的降级甚至丧失。随着信息技术的发展,要素之间的连接能力大大提高,作战单元之间具备了直接进行信息连接的能力。例如,早期杀伤链只能严格按照 F2T2EA 的流程进行,各环节之间并无额外的信息交互。而随着信息网络的发展,传感器、地面部队和射手之间就没有了相对固定的指控关系,可以根据战场形势发生适应性调整,各环节之间也可按需进行信息的交互。多个军兵种所属的、不同类型的杀伤链要素之间可以组合,形成对目标打击的完整过程。这种要素选择的多样性优势和要素组合结构的灵活性优势,使杀伤链避免了"要素被摧毁导致链路被瘫痪"的情况。例如,在侦察卫星发现时敏目标后,可迅速将目标信息传递给指控单元和邻近的侦察单元,邻近的侦察单元展开对时敏目标为中心一定范围内的详细侦察,并实时将侦察信息传入指控单元。指控单元则迅速识别目标,将目标信息传递给各打击单元,并根据各类打击单元的情况做出行动方案,进行选择,并将作战指令传递给相关单位。打击单元接到信息后立即进行诸元、弹药等打击准备,待收到火力打击指令后即实施打击。在这一杀伤链路中,侦察、决策、打击等单元均具有多种可选择性,同一目标的信息可供多个打击单元同时使用,从而在打击时间、打击强度、协同方式等方面获得很大的选择空间,使得杀伤链的稳定性得以加强。

4. 杀伤链等级定义

结合以上对杀伤链成熟特征的分析,基于集成状态和验证环境两个维度构建杀伤链能力成熟度等级模型。集成状态包括能力、能力链条和能力网络,反映了杀伤链在逻辑上的成熟程度。验证环境包括仿真环境、实物环境和飞行/对抗环境,反映了杀伤链在验证上的成熟程度。其中,威胁因素在杀伤链论证过程中一般有明确的定界且基本保持不变,如对陆精确打击杀伤链论证时,以 2035 年反导体系为威胁定界,因此,在杀伤链能力成熟度等级模型中将威胁因素视为常量。杀伤链能力成熟度等级模型如图 6 - 9 所示。

综上,杀伤链能力成熟度共 10 个等级,可分为 4 个阶段。0 级为空白阶段,代表杀伤链在选定验证环境下无法贯通（该状态下未形成杀伤链）;1.1～3.1 级为填补空白,代表杀伤链各环节的能力能够满足链路贯通;1.2～3.2 级为持续加速,代表杀伤链各项战技指标逐渐满足闭合要求;1.3～3.3级为链路健壮,代表由杀伤网形成杀伤链能力的完善。杀伤链能力成熟度等级定义见表6-5。

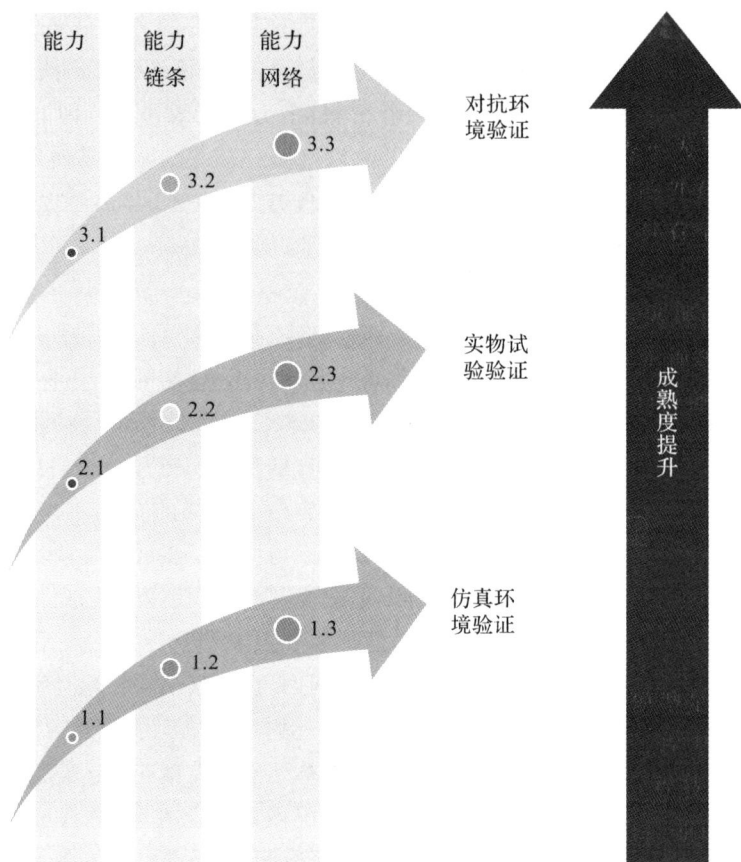

图6-9 杀伤链能力成熟度等级模型

表6-5 杀伤链能力成熟度等级定义

等　级	状　态	定　义
空白阶段	0	杀伤链在选定环境下进行验证时未达到能力集合状态
填补空白	1.1	杀伤链在仿真环境下进行验证时处于能力集合状态
	2.1	杀伤链在实物试验下进行验证时处于能力集合状态
	3.1	杀伤链在对抗环境下进行验证时处于能力集合状态
持续加速	1.2	杀伤链在仿真环境下进行验证时处于能力链条状态
	2.2	杀伤链在实物试验下进行验证时处于能力链条状态
	3.2	杀伤链在对抗环境下进行验证时处于能力链条状态

续表

等　级	状　态	定　义
杀伤链健壮	1.3	杀伤链在仿真环境下进行验证时处于能力回路状态
	2.3	杀伤链在实物试验下进行验证时处于能力回路状态
	3.3	杀伤链在对抗环境下进行验证时处于能力回路状态

5.杀伤链能力成熟度等级比较问题

杀伤链能力成熟度之间的比较通常是先固定某一个维度后进行比较。例如:状态"1.2"比状态"1.1"的成熟度要高,这是因为这两个状态均是在仿真环境下进行验证的;状态"1.2"比状态"1.1"的集成状态要高,状态"2.1"比状态"1.1"的成熟度要高,这是因为这两个状态的集成状态相同,但状态"2.1"比状态"1.1"的验证环境更逼近真实状态;状态"1.2"和状态"3.1"无法进行比较,这是因为这两个状态不存在相同的某个维度。

6.2　杀伤链能力成熟度评估方法

6.2.1　杀伤链能力成熟度评估指标体系

杀伤链能力成熟度等级模型广义上给出了杀伤链的定性判断标准,但是对于具体的某个杀伤链,还需给出杀伤链能力的定量判断标准,才能对杀伤链成熟度等级进行评估。

本小节按照杀伤链构建程度的定义,针对杀伤链要素齐备、指标闭合、生存对抗三阶段成熟度发展趋势和杀伤链成熟特征,以链路贯通、链路闭合和由网成链三个方面出发,构建杀伤链能力的定量评估指标体系。

1.链路贯通指标体系

链路贯通是指杀伤链从态势分发、目指保障、指挥控制、多平台协同等多个角度观察,整条链路是否贯通。链路贯通是指实现杀伤链要素的装备实体和实体之间的数据接口是否贯通和军事通信是否贯通。

在链路贯通指标体系中采用 0-1 计量法,即满足指标要求时评估结果为 1,不满足该指标要求时评估结果为 0。

设 $S_{al} = \{al_i \mid i=1,2,\ldots,n_{al}\}$ 为杀伤链链路贯通能力指标体系中一级指标的集合,其中,n_{al} 为杀伤链链路贯通能力指标体系中一级指标数量;

设 $S_{bl} = \{bl_{i,j} \mid i=1,2,\ldots,n_{al},j=1,2,\ldots,m_{bl_i}\}$ 为杀伤链链路贯通能力指标体系中二级指标的集合,其中,m_{bl_i} 为杀伤链链路贯通能力指标体系中一级指标 al_i 的二级指标数量;

设 $S_{cl} = \{cl_{i,j,k} \mid i=1,2,\ldots,n_{al},j=1,2,\ldots,m_{bl_i},k=1,2,\ldots,o_{cl_{i,j}}\}$ 为杀伤链链路贯通能力指标体系中三级指标的集合,其中,$o_{cl_{i,j}}$ 为杀伤链链路贯通能力指标体系中一级指标 al_i 中二级指标 $bl_{i,j}$ 的三级指标数量;

链路贯通指标组成与杀伤链的具体组成相关。表 6-6 给出了一个典型的杀伤链链路贯通指标体系。

表 6 - 6　杀伤链链路贯通指标体系

一级指标名称	二级指标名称	三级指标名称	计量方法	聚合算子
al_1: 态势分发链路是否贯通	$bl_{1,1}$: 指挥中心和任务部队之间的军事通信是否贯通	$cl_{1,1,1}$: 指挥中心和任务部队之间是否具有军事通信手段	0/1	$bl_{1,1}=cl_{1,1,1}\times cl_{1,1,2}$
		$cl_{1,1,2}$: 指挥中心和任务部队之间的军事通信手段交互的信息是否满足对方需求	0/1	$bl_{1,2}=cl_{1,2,1}\times cl_{1,2,2}$
	$bl_{1,2}$: 指挥中心和情报中心之间的军事通信是否贯通	$cl_{1,2,1}$: 指挥中心和情报中心之间是否具有军事通信手段	0/1	$bl_{1,3}=cl_{1,3,1}\times cl_{1,3,2}\times cl_{1,3,3}\times cl_{1,3,4}$
		$cl_{1,2,2}$: 指挥中心和情报中心之间的军事通信手段交互的信息是否满足对方需求	0/1	$al_1=cl_{1,1}\times cl_{1,2}\times cl_{1,3}$
	$bl_{1,3}$: 情报中心和卫星之间的接口是否贯通	$cl_{1,3,1}$: 情报中心和卫星之间是否具有侦察指令传输接口	0/1	$bl_{2,1}=cl_{2,1,1}\times cl_{2,1,2}$ $bl_{2,2}=cl_{2,2,1}\times cl_{2,2,2}$ $bl_{2,3}=cl_{2,3,1}\times cl_{2,3,2}\times cl_{2,3,3}\times cl_{2,3,4}$
		$cl_{1,3,2}$: 情报中心和卫星之间的侦察指令交互的信息是否满足对方需求	0/1	$bl_{2,4}=cl_{2,4,1}\times cl_{2,4,2}$ $al_2=cl_{2,1}\times cl_{2,2}\times cl_{2,3}\times cl_{2,4}$ $bl_{3,1}=cl_{3,1,1}\times cl_{3,1,2}$
		$cl_{1,3,3}$: 卫星和情报中心之间是否具有情报信息传输接口	0/1	$bl_{3,2}=cl_{3,2,1}\times cl_{3,2,2}$
		$cl_{1,3,4}$: 卫星和情报中心之间的情报信息交互的信息是否满足对方需求	0/1	$al_3=cl_{3,1}\times cl_{3,2}$

续表

一级指标名称	二级指标名称	三级指标名称	计量方法	聚合算子
	$bl_{2.2.1}$：指挥中心和任务部队之间的军事通信是否贯通	$cl_{2.1.1.1}$：指挥中心和任务部队之间是否具有军事通信手段	0/1	
		$cl_{2.1.1.2}$：指挥中心和任务部队之间的军事通信手段交互的信息是否满足对方需求	0/1	
	$bl_{2.2.2}$：指挥中心和情报中心之间的军事通信是否贯通	$cl_{2.2.2.1}$：指挥中心和情报中心之间是否具有军事通信手段	0/1	
		$cl_{2.2.2.2}$：指挥中心和情报中心之间的军事通信手段交互的信息是否满足对方需求	0/1	
$a l_2$：目标保障链路是否贯通	$bl_{2.2.3}$：情报中心和卫星之间的接口是否贯通	$cl_{2.2.3.1}$：情报中心和卫星之间是否具有侦察指令传输接口	0/1	
		$cl_{2.2.3.2}$：情报中心和卫星之间侦察指令传输接口交互的信息是否满足对方需求	0/1	
		$cl_{2.2.3.3}$：卫星和情报中心之间是否具有情报信息传输接口	0/1	
		$cl_{2.2.3.4}$：卫星和情报中心之间情报信息传输接口交互的信息是否满足对方需求	0/1	
	$bl_{2.2.4}$：指挥中心和指挥所之间的军事通信是否贯通	$cl_{2.2.4.1}$：指挥中心和指挥所之间是否具有军事通信手段	0/1	
		$cl_{2.2.4.2}$：指挥中心和指挥所之间的军事通信手段交互的信息是否满足对方需求	0/1	

续表

一级指标名称	二级指标名称	三级指标名称	计量方法	聚合算子
al_3：指挥控制链路是否贯通	$bl_{3.1}$：指挥中心和指挥所之间的军事通信是否贯通	$cl_{3.1.1}$：指挥中心和指挥所之间是否具有军事通信手段	0/1	
		$cl_{3.1.2}$：指挥中心和指挥所之间的军事通信手段交互的信息是否满足对方需求	0/1	
	$bl_{3.2}$：指挥所和作战部队之间的军事通信是否贯通	$cl_{3.2.1}$：指挥所和作战部队之间是否具有军事通信手段	0/1	
		$cl_{3.2.2}$：指挥所和作战部队之间的军事通信手段交互的信息是否满足对方需求	0/1	

链路贯通指标的计算通常采用杀伤链链路贯通指标聚合方法。累积聚合方法通常适用于 0-1、平均值、比例等类型的指标,该类型的指标具有可积性。设高级指标 p_i 有 n 个低级指标 $q_{i,1},\ldots,q_{i,n}$,采用累积聚合方法得

$$p_i = \prod_{j=1}^{n} q_{i,j} \tag{6-1}$$

例如,在杀伤链链路贯通能力指标体系中,二级指标" $bl_{1,1}$:指挥中心和任务部队之间的军事通信是否贯通"中有" $cl_{1,1,1}$:指挥中心和任务部队之间是否具有军事通信手段"和" $cl_{1,1,2}$:指挥中心和任务部队之间的军事通信手段交互的信息是否满足对方需求"两个三级指标,该指标均为 0-1 类型指标。在这种情况下,指标的聚合方法为累积聚合方法,计算方法如下:

$$bl_{1,1} = cl_{1,1,1} \times cl_{1,1,2} \tag{6-2}$$

2. 链路闭合指标体系

链路闭合指标体系针对杀伤链的完成度进行评估,分为杀伤链快闭合能力、杀伤链高可靠性能力、杀伤链强抗扰能力和杀伤链优效费比能力四个维度。其中,快闭合能力代表杀伤链具备闭合速度快的能力,杀伤链高可靠性代表组成杀伤链各装备各项性能的成熟度,杀伤链强抗扰能力代表杀伤链在受到外界干扰时维持原状态的能力,杀伤链优效费比能力代表杀伤链具有高作战效果和低作战费用的能力。杀伤链快闭合能力指标体系、杀伤链高可靠性能力指标体系、杀伤链强抗扰能力指标体系和杀伤链优效费比能力指标体系见表 6-7～表 6-10。

表 6-7 杀伤链快闭合能力指标体系

一级指标名称	二级指标名称	三级指标名称	计量单位	聚合算子
aw_1:杀伤链快闭合能力	$bw_{1,1}$:侦察筹划用时	$cw_{1,1,1}$:侦察需求制定用时	秒	$bw_{1,1} = cw_{1,1,1} + \cdots + cw_{1,1,6}$
		$cw_{1,1,2}$:侦察需求汇总用时	秒	$bw_{1,2} = cw_{1,2,1} + \cdots + cw_{1,2,8}$
		$cw_{1,1,3}$:侦察需求发送延迟	秒	$bw_{1,3} = Max(bw_{1,3,1}, bw_{1,3,2}, bw_{1,3,3})$
		$cw_{1,1,4}$:侦察需求联动筹划用时	秒	$bw_{1,4} = cw_{1,4,1} + cw_{1,4,2} + cw_{1,4,3}$
		$cw_{1,1,5}$:卫星资源规划用时	秒	$bw_{1,5} = cw_{1,5,1} + \cdots + cw_{1,5,5}$
		$cw_{1,1,6}$:指令上注用时	秒	$bw_{1,6} = cw_{1,6,1} + cw_{1,6,2}$
		$cw_{1,2,1}$:指令响应时间	秒	$bw_{1,7} = Max(bw_{1,7,1}, bw_{1,7,2} \times u) + bw_{1,7,3}$ 其
		$cw_{1,2,2}$:征候预警用时	秒	中 u 为对打击武器飞行任务中进行协同任务的次数
		$cw_{1,2,3}$:态势信息推送用时	秒	$bw_{1,8} = cw_{1,8,1} + dw_{1,8,2} + dw_{1,8,3}$
	$bw_{1,2}$:目标发现识别与威胁判断用时	$cw_{1,2,4}$:下发侦察指令用时	秒	
		$cw_{1,2,5}$:目标发现用时	秒	
		$cw_{1,2,6}$:目标识别确认时间	秒	
		$cw_{1,2,7}$:目标威胁判断时间	秒	
		$cw_{1,2,8}$:高精度目指生成时间	秒	
	$bw_{1,3}$:目指信息传输到军兵种作战分中心时延	$cw_{1,3,1}$:目标影像传输时延	秒	
		$cw_{1,3,2}$:目指信息传输时延	秒	
		$cw_{1,3,3}$:威胁等级传输时延	秒	
	$bw_{1,4}$:指挥决策与火力筹划用时	$cw_{1,4,1}$:选定作战目标用时	秒	
		$cw_{1,4,2}$:制定作战方案用时	秒	
		$cw_{1,4,3}$:作战命令生成时间	秒	
		$cw_{1,4,4}$:作战命令发送延迟	秒	

续表

一级指标名称	二级指标名称	三级指标名称	计量单位	聚合算子
	$bw_{1.5}$：打击决策和火力规划用时	$cw_{1.5.1}$：作战命令响应时间	秒	
		$cw_{1.5.2}$：火力任务分配用时	秒	
		$cw_{1.5.3}$：动基座诸元解算用时	秒	
		$cw_{1.5.4}$：发射命令生成时间	秒	
		$cw_{1.5.5}$：发射命令发送延迟	秒	
	$bw_{1.6}$：发射准备用时	$cw_{1.6.1}$：发射命令响应时间	秒	
		$cw_{1.6.2}$：垂直起竖用时	秒	
	$bw_{1.7}$：快速打击用时（武器飞行）	$cw_{1.7.1}$：武器飞行用时	秒	
		$cw_{1.7.2}$：协同用时	秒	
		$cw_{1.7.3}$：完全覆盖敌方目标时间	秒	
	$bw_{1.8}$：毁伤评估用时	$cw_{1.8.1}$：调集评估资源用时	秒	
		$cw_{1.8.2}$：获取毁伤信息用时	秒	
		$cw_{1.8.3}$：指挥中心完成评估用时	秒	

表 6 – 8　杀伤链高可靠性能力指标体系

一级指标名称	二级指标名称	三级指标名称	计量单位	聚合方法
aq_1：打击武器发射与飞行过程可靠性	$bq_{1.1}$：打击武器生存能力		%	
	$bq_{1.2}$：打击武器发射成功率		%	
	$bq_{1.3}$：飞行可靠性		0/1	
	$bq_{1.4}$：抗电子攻击能力	$cq_{1.4.1}$：打击武器突防能力抗扰能力等级	级	$bq_{1.4} = Min(cq_{1.4.1}, cq_{1.4.2})$
		$cq_{1.4.2}$：打击武器打击能力抗扰能力等级	级	
aq_2：指挥通信可靠性	$bq_{2.1}$：侦察数据获取能力		0/1	
	$bq_{2.2}$：武器平台掌握能力		0/1	
	$bq_{2.3}$：信息传输手段数量		种	
	$bq_{2.4}$：火力规划能力		种	
aq_3：信息保障能力	$bq_{3.1}$：信息传输可靠性		0/1	
	$bq_{3.2}$：接收北斗授时能力		0/1	
	$bq_{3.3}$：武器平台导航手段		个	

表 6－9　杀伤链强抗扰能力指标体系

一级指标名称	二级指标名称	三级指标名称	四级指标名称	计量单位	聚合算子
ae_1：目标发现抗扰能力	$be_{1,1}$：侦察能力抗扰能力	$ce_{1,1,1}$：受干扰前侦察覆盖时间		小时	
		$ce_{1,1,2}$：受干扰后侦察覆盖时间		小时	$be_{1,1} = \left\| \dfrac{ce_{1,1,1} - ce_{1,1,2}}{ce_{1,1,1}} \right\| \times 100\%$
	$be_{1,2}$：目标发现时长抗扰能力	$ce_{1,2,1}$：受干扰前目标发现时长		秒	
		$ce_{1,2,2}$：受干扰后目标发现时长		秒	$be_{1,2} = \left\| \dfrac{ce_{1,2,1} - ce_{1,2,2}}{ce_{1,2,1}} \right\| \times 100\%$
	$be_{1,3}$：目标信息完备性抗扰能力	$ce_{1,3,1}$：目标类型完备性抗扰能力	$de_{1,3,1,1}$：受干扰前目标类型完备性	%	
			$de_{1,3,1,2}$：受干扰后目标类型完备性	%	$ce_{1,3,1} = \dfrac{\|de_{1,3,1,1} - de_{1,3,1,2}\|}{de_{1,3,1,1}} \times 100\%$
		$ce_{1,3,2}$：目标数量完备性抗扰能力	$de_{1,3,2,1}$：受干扰前目标数量完备性	%	
			$de_{1,3,2,2}$：受干扰后目标数量完备性	%	$ce_{1,3,2} = \dfrac{\|de_{1,3,2,1} - de_{1,3,2,2}\|}{de_{1,3,2,1}} \times 100\%$　$be_{1,3} = \dfrac{\|de_{1,3,1,1} \times de_{1,3,1,2} - de_{1,3,2,1} \times de_{1,3,2,2}\|}{de_{1,3,1,1} \times de_{1,3,2,1}} \times 100\%$
	$be_{1,4}$：目标识别准确性抗扰能力	$ce_{1,4,1}$：目标信息准确度抗扰能力	$de_{1,4,1,1}$：受干扰前目标信息准确度	%	
			$de_{1,4,1,2}$：受干扰后目标信息准确度	%	$ce_{1,4,1} = \dfrac{\|de_{1,4,1,1} - de_{1,4,1,2}\|}{de_{1,4,1,1}} \times 100\%$
		$ae_{1,4,2}$：信息需求匹配度抗扰能力	$de_{1,4,2,1}$：受干扰前信息匹配度	%	
			$de_{1,4,2,2}$：受干扰后信息匹配度	%	$ce_{1,4,2} = \dfrac{\|de_{1,4,2,1} - de_{1,4,2,2}\|}{de_{1,4,2,1}} \times 100\%$　$be_{1,4} = \dfrac{\|de_{1,4,1,1} \times de_{1,4,1,2} - de_{1,4,2,1} \times de_{1,4,2,2}\|}{de_{1,4,1,1} \times de_{1,4,2,1}} \times 100\%$
		$ce_{1,7,2}$：受干扰后目标稳定跟踪时长		秒	
		$ce_{3,3,2}$：受干扰后目标被敌方系统探测的概率		%	
ae_4：武器打击抗扰能力	$be_{4,1}$：目标捕捉与跟踪概率抗扰能力	$ce_{4,1,1}$：受干扰前目标捕捉与跟踪概率		%	
		$ce_{4,1,2}$：受干扰后目标捕捉与跟踪概率		%	$ce_{4,1} = \left\| \dfrac{ce_{4,1,1} - ce_{4,1,2}}{ce_{4,1,1}} \right\| \times 100\%$
	$be_{4,2}$：命中概率抗扰能力	$ce_{4,2,1}$：受干扰前命中概率		%	
		$ce_{4,2,2}$：受干扰后命中概率		%	$ce_{4,2} = \left\| \dfrac{ce_{4,2,1} - ce_{4,2,2}}{ce_{4,2,1}} \right\| \times 100\%$

表 6-10 杀伤链优效费比指标体系

一级指标名称	二级指标名称	三级指标名称	计量单位	聚合算子
au_1：杀伤链优效费比能力	$bu_{1,1}$：毁伤能力	$cu_{1,1,1}$：目标毁伤概率	%	$bu_{1,1}=w_1\times cu_{1,1,1}+w_2\times cu_{1,1,2}$ $w_1+w_2=1$ $bu_{1,2}=cu_{1,2,1}+cu_{1,2,2}+cu_{1,2,3}+cu_{1,2,4}$ $au_1=\dfrac{bu_{1,1}}{bu_{1,2}}\times100\%$
		$cu_{1,1,2}$：目标毁伤范围	%	
	$bu_{1,2}$：打击成本	$cu_{1,2,1}$：武器装备成本	万元	
		$cu_{1,2,2}$：侦察资源成本	万元	
		$cu_{1,2,3}$：机动平台成本	万元	

　　杀伤链链路闭合指标根据不同指标特性采用累加聚合方法、最大值聚合方法、最小值聚合方法、差值比例聚合方法、加权和聚合方法或效费比聚合方法进行聚合。

　　（1）累加聚合方法

　　在杀伤链快闭合能力指标体系中，设高级指标 p_i 值为 dp_i，其下有 n 个低级指标 $q_{i,1}, \cdots,$ $q_{i,n}$，其对应值为 $dq_{i,1}, \cdots, dq_{i,n}$。指标对应的任务具有递进关系，只有前者完成，后者才可以开始任务，任务时间上没有重合部分，如图 6-10 所示。

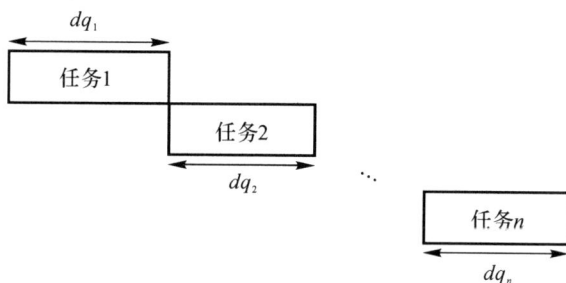

图 6-10　累加聚合

　　该类型的低级指标的值 $dq_{i,1}, \cdots, dq_{i,n}$ 具有可加性，聚合方法采用累加聚合方法，计算方法如下：

$$dp_i = \sum_{j=1}^{n} dq_{i,j} \tag{6-3}$$

　　例如，在时间链闭合指标体系中，二级指标" $bw_{1,1}$：侦察筹划用时"中有" $cw_{1,1,1}$：侦察需求制定用时"、" $cw_{1,1,2}$：侦察需求汇总用时"、" $cw_{1,1,3}$：侦察需求发送延迟"、" $cw_{1,1,4}$：侦察需求联动筹划用时"、" $cw_{1,1,5}$：卫星资源规划用时"和" $cw_{1,1,6}$：指令上注用时"六个三级指标，分别代表侦察需求制定任务、侦察需求汇总任务、侦察需求发送任务、侦察需求联动筹划任务、卫星资源规划任务和指令上注任务所需的时间。此六个任务具有递进关系，只有前者完成，后者才可以开始任务。在这种情况下，指标的聚合方法为累加聚合方法，计算方法如下：

$$bw_{1,1} = cw_{1,1,1} + cw_{1,1,2} + cw_{1,1,3} + cw_{1,1,4} + cw_{1,1,5} + cw_{1,1,6} \tag{6-4}$$

　　（2）最大值聚合方法

　　在杀伤链快闭合能力指标中，设高级指标 p_i 值为 dp_i，其下有 n 个低级指标 $q_{i,1}, \cdots,$ $q_{i,n}$，其对应值为 $dq_{i,1}, \cdots, dq_{i,n}$。指标对应的任务同时开始，也同时进行，如图 6-11 所示。

　　设高级指标 p_i 值为 dp_i，其下有 n 个低级指标 $q_{i,1}, \cdots, q_{i,n}$，其对应值为 $dq_{i,1}, \cdots,$ $dq_{i,n}$。聚合方法采用最大值聚合方法，计算方法如下：

$$dp_i = \text{Max}(dq_{i,1}, \cdots, dq_{i,n}) \tag{6-5}$$

式中：$\text{Max}(dq_{i,1}, \cdots, dq_{i,n})$ 是 $dq_{i,1}, \cdots, dq_{i,n}$ 中的最大值。

　　例如，二级指标" $bw_{1,3}$：目指信息传输到军兵种作战分中心时延"中有" $cw_{1,3,1}$：目标影像传输时延"、" $cw_{1,3,2}$：目指信息传输时延"和" $cw_{1,3,3}$：威胁等级传输时延"三个三级指标，分别代表目标影像传输任务、目指信息传输任务和目标威胁等级传输任务所需的时间。此三个任务不具有递进关系，三者同时开始，同时进行。指标的聚合方法为最大聚合方法，计算方法如下：

$$bw_{1,3} = \text{Max}(bw_{1,3,1}, bw_{1,3,2}, bw_{1,3,3}) \tag{6-6}$$

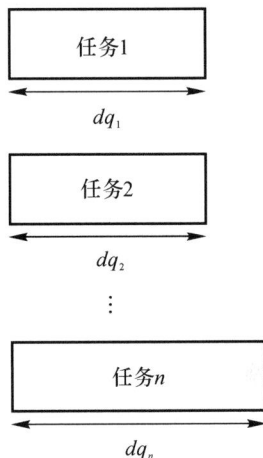

图 6-11　最大值聚合

（3）最小值聚合方法

最小值聚合是指高级指标的取值取决于其低级指标的最小值，也称为木桶效应、短板效应，通常用于指标等级的聚合。设高级指标 p_i 值为 dp_i，其下有 n 个低级指标 $q_{i,1}, \cdots, q_{i,n}$，其对应值为 $dq_{i,1}, \cdots, dq_{i,n}$，采用最小值聚合方法得

$$dp_i = \text{Min}(dq_{i,1}, \cdots, dq_{i,n}) \tag{6-7}$$

例如，在杀伤链高可靠性能力指标体系中的二级指标" $bq_{1,4}$：抗电子攻击能力"中有" $cq_{1,4,1}$：导弹突防能力抗扰能力等级"和" $cq_{1,4,2}$：导弹打击能力抗扰能力等级"两个三级指标，其中，"导弹突防能力抗扰能力等级"是杀伤链强抗扰能力指标体系中指标" ae_3：导弹突防能力抗扰能力"的指标等级，"导弹打击能力抗扰能力等级"是杀伤链强抗扰能力指标体系中指标" ae_4：导弹打击能力抗扰能力"的指标等级。采用最小值聚合方法，二级指标" $bq_{1,4}$：抗电子攻击能力"的计算方法如下：

$$bq_{1,4} = \text{Min}(cq_{1,4,1}, cq_{1,4,2}) \tag{6-8}$$

（4）差值比例聚合方法

杀伤链强抗扰能力是指杀伤链中目标发现能力、精度闭合能力、导弹突防能力和导弹打击能力的抗干扰能力是否满足标准，抗干扰能力是指受干扰之后的杀伤链体系能力指标和受干扰之前的杀伤链体系能力指标的差的绝对值占受干扰之前杀伤链体系能力指标的比例，该比例越小，说明抗干扰能力越强，反之，越弱。

设杀伤链一级能力指标 ae_1 的抗扰能力 ST_{ae_1} 有二级指标" $be_{1,1}$：受到干扰前 XX 能力"和" $be_{1,2}$：受到干扰后 XX 能力"，依照强抗扰能力定义，ST_{ae_1} 的计算方法如下：

$$\text{ST}_{ae_1} = \frac{|be_{1,1} - be_{1,2}|}{be_{1,1}} \times 100\% \tag{6-9}$$

例如，在强抗扰能力指标体系中，二级指标" $be_{1,1}$：全天时侦察能力抗扰能力"中有

"$ce_{1,1,1}$：受干扰前全天时侦察覆盖多少小时"和"$ce_{1,1,2}$：受干扰后全天时侦察覆盖多少小时"两个三级指标，按照抗干扰型指标聚合方法，二级指标"$be_{1,1}$：全天时侦察能力抗扰能力"的聚合方法如下：

$$be_{1,1} = \frac{|ce_{1,1,1} - ce_{1,1,2}|}{ce_{1,1,1}} \times 100\% \tag{6-10}$$

（5）加权和聚合方法

加权和聚合方法是指通过低级指标乘以该指标的权重后累加得到高级指标的值，权重通常由指标的重要程度决定，设高级指标 p_1 值为 dp_i，其下有 n 个低级指标 $q_{i,1},\cdots,q_{i,n}$，其对应值为 $dq_{i,1},\cdots,dq_{i,n}$，对应权重为 $\omega_{i,1},\cdots,\omega_{i,n}$，采用加权和聚合方法得

$$dp_i = \omega_{i,1} \times dq_{i,1} + \cdots + \omega_{i,n} \times dq_{i,n} \tag{6-11}$$

式中：权重和为 1，即 $\omega_{i,1} + \cdots + \omega_{i,n} = 1$。

例如，二级指标"$bu_{1,1}$：武器毁伤能力"代表武器完成作战目标的能力，该指标中有"$cu_{1,1,1}$：发射车毁伤概率"和"$cu_{1,1,2}$：中程导弹毁伤概率"两个三级指标，武器总体的毁伤能力是二者加权后求和所得，按照加权和聚合方法，"$bu_{1,1}$：武器毁伤能力"的计量方法如下：

$$bu_{1,1} = w_1 \times cu_{1,1,1} + w_2 \times cu_{1,1,2}$$
$$w_1 + w_2 = 1 \tag{6-12}$$

（6）效费比聚合方法

杀伤链效费比是武器毁伤能力和打击成本的比值，设 r 为杀伤链效费比，c 为杀伤链武器毁伤能力，v 为杀伤链打击成本，则杀伤链效费比聚合方法如下：

$$r = \frac{c}{v} \times 100\% \tag{6-13}$$

例如，在杀伤链优效费比能力指标体系中一级指标"au_1：杀伤链优效费比能力"有"$bu_{1,1}$：武器毁伤能力"和"$bu_{1,2}$：打击成本"两个二级指标，按照杀伤链效费比聚合方法，"au_1：杀伤链优效费比能力"的计量方法如下：

$$au_1 = \frac{bu_{1,1}}{bu_{1,2}} \times 100\% \tag{6-14}$$

3. 由网成链指标体系

由网成链能力是表征从杀伤网中生成杀伤链的能力，是衡量杀伤网成熟度的重要标志，由网成链能力主要由多个链的贯通及闭合性指标综合、网内各链的覆盖性指标和杀伤网可恢复性等指标进行综合衡量。

设 $S_{ag} = \{ag_i \mid i = 1, 2, \ldots, n_{ag}\}$ 为由网成链指标体系一级指标的集合，其中，n_{ag} 为一级指标数量；

设 $S_{bg} = \{bg_{i,j} \mid i = 1, 2, \ldots, n_{ag}, j = 1, 2, \ldots, m_{bg_i}\}$ 为由网成链指标体系二级指标的集合，其中，m_{bg_i} 为由网成链指标体系中一级指标 ag_i 中二级指标数量；

设 $S_{cg} = \{cg_{i,j,k} \mid i = 1, 2, \ldots, n_{ag}, j = 1, 2, \ldots, m_{bg_i}, k = 1, 2, \ldots, o_{cg_{i,j}}\}$ 为由网成链指标体系三级指标的集合，其中，$o_{cg_{i,j}}$ 为链路闭合指标体系中一级指标 ag_i 中二级指标 $bg_{i,j}$ 的三级指标数量。

表 6-11 给出了一个典型的由网成链指标体系。

表 6-11 由网成链指标体系

一级指标名称	二级指标名称	三级指标名称	计量单位	聚合算子
ag_1：杀伤网闭合性	$bg_{1.1}$：链路组网时间		秒	
	$bg_{1.2}$：链路组网的任务匹配度		%	
ag_2：杀伤网覆盖性	$bg_{2.1}$：杀伤网覆盖范围	$cg_{2.1.1}$：杀伤网中侦察链覆盖范围周平均值	%	$bg_{2.1} = g\omega_{2.1.1} \times cg_{2.1.1} + g\omega_{2.1.2} \times cg_{2.1.2} + g\omega_{2.1.3} \times cg_{2.1.3} + g\omega_{2.1.4} \times cg_{2.1.4} + g\omega_{2.1.5} \times cg_{2.1.5} + g\omega_{2.1.6} \times cg_{2.1.6}$，$g\omega_{2.1.1} + g\omega_{2.1.2} + g\omega_{2.1.3} + g\omega_{2.1.4} + g\omega_{2.1.5} + g\omega_{2.1.6} = 1$
		$cg_{2.1.2}$：杀伤网中指控链覆盖范围周平均值	%	
		$cg_{2.1.3}$：杀伤网中通信链覆盖范围周平均值	%	
		$cg_{2.1.4}$：杀伤网中打击链覆盖范围周平均值	%	
		$cg_{2.1.5}$：杀伤网中评估链覆盖范围周平均值	%	
		$cg_{2.1.6}$：杀伤网中保障链覆盖范围周平均值	%	
	$bg_{2.2}$：信息共享能力	$cg_{2.2.1}$：链路内共享信息数量	个	
		$cg_{2.2.2}$：链路内共享信息传输用时	秒	
		$cg_{2.2.3}$：链路间共享信息数量	个	
		$cg_{2.2.4}$：链路间共享信息传输用时	秒	
ag_3：杀伤网重构弹性	$bg_{3.1}$：杀伤网参数调整能力	$cg_{3.1.1}$：调整后杀伤网性能水平	%	
		$cg_{3.1.2}$：参数调整成功率	%	
		$cg_{3.1.3}$：杀伤网内多要素关键节点数量	个	
	$bg_{3.2}$：杀伤网结构重构能力	$cg_{3.2.1}$：杀伤网内多要素关键节点数量	个	
		$cg_{3.2.2}$：杀伤网拓扑重构用时	秒	
		$cg_{3.2.3}$：杀伤网拓扑重构成功率	%	
		$cg_{3.2.4}$：杀伤网拓扑重构后效能	%	

续表

一级指标名称	二级指标名称	三级指标名称	计量单位	聚合算子
ag_4:杀伤网稳定性	$bg_{4.1}$:杀伤网抗干扰能力	$cg_{4.1.1}$:链路受干扰后故障率	%	$bg_{4.1} = g\omega_{4.1.1} \times cg_{4.1.1} + g\omega_{4.1.2} \times cg_{4.1.2}$
		$cg_{4.1.2}$:链路受干扰后失效率	%	$g\omega_{4.1.1} + g\omega_{4.1.2} = 1$
	$bg_{4.2}$:杀伤网适应性	$cg_{4.2.1}$:杀伤网的拓扑结构稳定性	%	$bg_{4.2} = g\omega_{4.2.1} \times cg_{4.2.1} + g\omega_{4.2.2} \times cg_{4.2.2}$
		$cg_{4.2.2}$:杀伤网的性能稳定性	%	$g\omega_{4.2.1} + g\omega_{4.2.2} = 1$
				$ag_4 = g\omega_{4.1} \times bg_{4.1} + g\omega_{4.2} \times bg_{4.2}$
				$g\omega_{4.1} + g\omega_{4.2} = 1$
ag_5:网络效费比	$bg_{5.1}$:杀伤网毁伤能力	$cg_{5.1.1}$:任务完成概率	%	$bg_{5.1} = g\omega_{5.1.1} \times cg_{5.1.1} + g\omega_{5.1.2} \times cg_{5.1.2}$
		$cg_{5.1.2}$:任务完成程度	%	$g\omega_{5.1.1} + g\omega_{5.1.2} = 1$
	$bg_{5.2}$:杀伤网打击成本	$cg_{5.2.1}$:侦察链打击成本	万元	$bg_{5.2} = cg_{5.2.1} + cg_{5.2.2} + cg_{5.2.3} + cg_{5.2.4} +$
		$cg_{5.2.2}$:通信链打击成本	万元	$cg_{5.2.5} + cg_{5.2.6}$
		$cg_{5.2.3}$:指控链打击成本	万元	$ag_5 = \dfrac{bg_{5.1}}{bg_{5.2}} \times 100\%$
		$cg_{5.2.4}$:打击链打击成本	万元	
		$cg_{5.2.5}$:评估链打击成本	万元	
		$cg_{5.2.6}$:保障链打击成本	万元	

杀伤链链路闭合指标根据不同指标特性采用累加聚合方法、加权和聚合方法或效费比聚合方法进行聚合,具体聚合方法见链路闭合指标体系中相关聚合方法的介绍。

6.2.2 杀伤链能力成熟度评估模型

1.杀伤链能力成熟度评估流程

步骤1:确定验证环境,包括仿真环境、实物试验和对抗环境;

步骤2:按照最小值聚合方法,对杀伤网中形成的杀伤链各级指标等级进行评估,包括杀伤链链路贯通能力指标、杀伤链链路闭合能力指标和杀伤网由网成链能力指标,其中,杀伤链链路闭合能力指标包括杀伤链快闭合能力指标、杀伤链高可靠性能力指标、杀伤链强抗扰能力指标和杀伤链优效费比能力指标;

步骤3:按照最小值聚合方法,得到杀伤链体系能力等级,包括杀伤链链路贯通能力等级、杀伤链链路闭合能力等级和杀伤网由网成链能力等级,其中,杀伤链链路闭合能力等级包括杀伤链快闭合能力等级、杀伤链高可靠性能力等级、杀伤链强抗扰能力等级和杀伤链优效费比能力等级;

步骤4:通过杀伤链体系能力等级要求表格得到杀伤链能力成熟度等级。

杀伤链能力成熟度评估流程如图6-12所示。

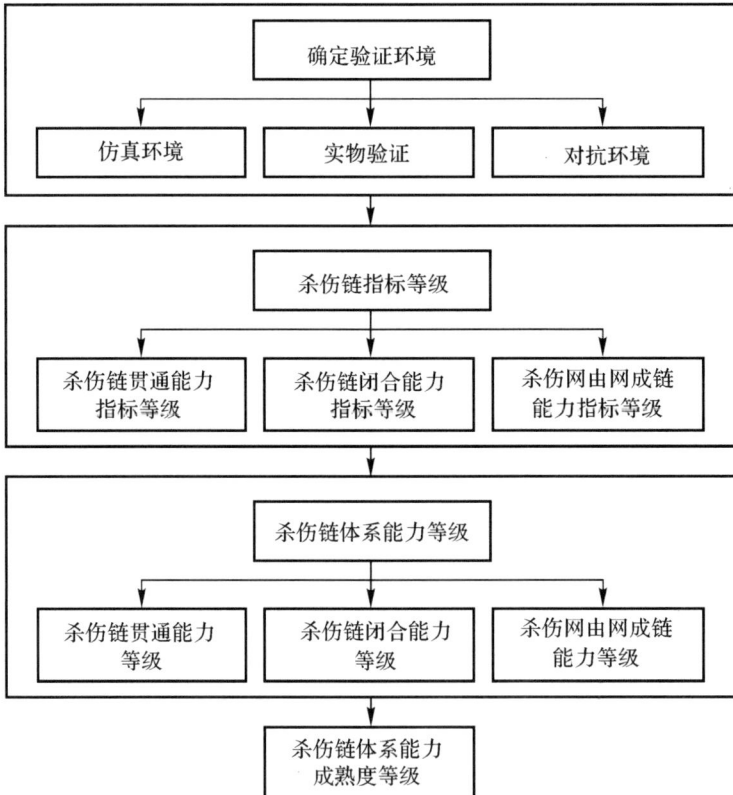

图6-12 杀伤链能力成熟度等级评估流程

2.杀伤链指标等级评估

杀伤链指标等级是杀伤链能力成熟度评估指标体系中的指标根据指标要求进行分级得到的指标水平。在杀伤链链路贯通能力指标体系中，指标等级分为 0 级（较差）和 2 级（优秀）；在杀伤链链路闭合能力指标体系中，指标等级分为 0 级（较差）、1 级（一般）和 2 级（优秀）；在杀伤网由网成链能力指标体系中，指标等级分为 0 级（较差）、1 级（一般）和 2 级（优秀）。

符号定义如下。

设 $D_{cl} = \{Dcl_{i,j,k} \mid 1 \leqslant i \leqslant n_{al}, 1 \leqslant j \leqslant m_{bl_i}, 1 \leqslant k \leqslant o_{cl_{i,j}}\}$ 为杀伤链链路贯通能力指标体系中三级指标数据的集合；

设 $D_{bl} = \{Dbl_{i,j} \mid 1 \leqslant i \leqslant n_{al}, 1 \leqslant j \leqslant m_{bl_i}\}$ 为杀伤链链路贯通能力指标体系中二级指标数据的集合；

设 $D_{al} = \{Dal_i \mid 1 \leqslant i \leqslant n_{al}\}$ 为杀伤链链路贯通能力指标体系中一级指标数据的集合。

由于杀伤链链路贯通能力指标均为 0−1 类型，所以：

设 $Cld = \{cld_{i,j,k} \mid 1 \leqslant i \leqslant n_{al}, 1 \leqslant j \leqslant m_{bl_i}, 1 \leqslant k \leqslant o_{cl_{i,j}}\}$ 为杀伤链链路贯通指标体系中三级指标等级（有 0 和 2 共两级）的集合；

设 $Bld = \{bld_{i,j} \mid 1 \leqslant i \leqslant n_{al}, 1 \leqslant j \leqslant m_{bl_i}\}$ 为杀伤链链路贯通指标体系中二级指标等级（有 0 和 2 共两级）的集合；

设 $Ald = \{ald_i \mid 1 \leqslant i \leqslant n_{al}\}$ 为杀伤链链路贯通指标体系中一级指标等级（有 0 和 2 共两级）的集合。

设 $R_{cl} = \{RF_{cl_{i,j,k}}, RS_{cl_{i,j,k}}\} \mid 1 \leqslant i \leqslant n_{al}, 1 \leqslant j \leqslant m_{bl_i}$ 为杀伤链链路贯通能力指标体系中三级指标要求的集合，其中，$RF_{cl_{i,j,k}}$ 为三级指标 $cl_{i,j,k}$ "较差"等级要求，$RS_{cl_{i,j,k}}$ 为三级指标 $cl_{i,j,k}$ "优秀"等级要求；

设 $R_{bl} = \{RF_{bl_{i,j}}, RS_{bl_{i,j}} \mid 1 \leqslant i \leqslant n_{al}, 1 \leqslant j \leqslant m_{bl_i} \mid\}$ 为杀伤链链路贯通能力指标体系中二级指标要求的集合，其中，$RF_{bl_{i,j}}$ 为二级指标 $bl_{i,j}$ "较差"等级要求，$RS_{bl_{i,j}}$ 为二级指标 $bl_{i,j}$ "优秀"等级要求；

设 $R_{al} = \{RF_{al_i}, RS_{al_i} \mid 1 \leqslant i \leqslant n_{al}\}$ 为杀伤链链路贯通能力指标体系中一级指标要求的集合，其中，RF_{al_i} 为一级指标 al_i "较差"等级要求，RS_{al_i} 为一级指标 al_i "优秀"等级要求。

设 $D_{cw} = \{Dcw_{i,j,k} \mid 1 \leqslant i \leqslant n_{aw}, 1 \leqslant j \leqslant m_{bw_i}, 1 \leqslant k \leqslant o_{cw_{i,j}}\}$ 为杀伤链快闭合能力指标体系中三级指标数据的集合；

设 $D_{bw} = \{Dbw_{i,j} \mid 1 \leqslant i \leqslant n_{aw}, 1 \leqslant j \leqslant m_{bw_i}\}$ 为杀伤链快闭合能力指标体系中二级指标数据的集合；

设 $D_{aw} = \{Daw_i \mid 1 \leqslant i \leqslant n_{aw}\}$ 为杀伤链快闭合能力指标体系中一级指标数据的集合。

由于杀伤链快闭合能力指标均为非 0−1 类型，所以：

设 $Cwd = \{cwd_{i,j,k} \mid 1 \leqslant i \leqslant n_{aw}, 1 \leqslant j \leqslant m_{bw_i}, 1 \leqslant k \leqslant o_{cw_{i,j}}\}$ 为杀伤链快闭合指标体系中三级指标等级（有 0、1 和 2 共三级）的集合；

设 $Bwd = \{bwd_{i,j} \mid 1 \leqslant i \leqslant n_{aw}, 1 \leqslant j \leqslant m_{bw_i}\}$ 为杀伤链快闭合指标体系中二级指标等级(有 0、1 和 2 共三级)的集合;

设 $Awd = \{awd_i \mid 1 \leqslant i \leqslant n_{aw}\}$ 为杀伤链快闭合指标体系中一级指标等级(有 0、1 和 2 共三级)的集合。

设 $R_{wd} = \{RF_{cw_{i,j,k}}, RS_{cw_{i,j,k}}, RT_{CW_{i,j,k}} \mid 1 \leqslant i \leqslant n_{aw}, 1 \leqslant j \leqslant m_{bw_i}, 1 \leqslant k \leqslant_{cw_{i,j}}\}$ 为杀伤链快闭合能力指标体系中三级指标要求的集合,其中,$RF_{cw_{i,j,k}}$ 为三级指标 $cw_{i,j,k}$ "较差"等级要求,$RS_{cw_{i,j,k}}$ 为三级指标 $cw_{i,j,k}$ "一般"等级要求,$RT_{cw_{i,j,k}}$ 为三级指标 $cw_{i,j,k}$ "优秀"等级要求;

设 $R_{bw} = \{RF_{bw_{i,j}}, RS_{bw_{i,j}}, RT_{bw_{i,j}} \mid 1 \leqslant i \leqslant n_{aw}, 1 \leqslant j \leqslant m_{bw_i}\}$ 为杀伤链快闭合能力指标体系中二级指标要求的集合,其中,$RF_{bw_{i,j}}$ 为二级指标 $bw_{i,j}$ "较差"等级要求,$RS_{bw_{i,j}}$ 为二级指标 $bw_{i,j}$ "一般"等级要求,$RT_{bw_{i,j}}$ 为二级指标 $bw_{i,j}$ "优秀"等级要求;

设 $R_{aw} = \{RF_{aw_i}, RS_{aw_i}, RT_{aw_i} \mid 1 \leqslant 1 \leqslant n_{aw}\}$ 为杀伤链快闭合能力指标体系中一级指标要求的集合,其中,RF_{aw_i} 为一级指标 aw_i "较差"等级要求,RS_{aw_i} 为一级指标 aw_i "一般"等级要求,RT_{aw_i} 为一级指标 aw_i "优秀"等级要求。

同理,杀伤链高可靠性能力指标、杀伤链强抗扰能力指标、杀伤链优效费比能力指标和杀伤网由网成链能力指标等级、数据和要求均采用此方法进行符号定义。

定义 1:杀伤链指标要求为区间或者集合的形式。

定义 2:对于无法计量的指标,其指标要求为空。

3. 杀伤链链路贯通指标评估

(1)杀伤链链路贯通能力三级指标等级评估

杀伤链链路贯通能力三级指标等级评估方法如下。

步骤 1:判断指标要求是否为空,若指标要求为空,则进入步骤 2,否则,进入步骤 3;

步骤 2:该杀伤链链路贯通能力三级指标等级为优秀,即 $cld_{i,j,k} = 2$;

步骤 3:若 $Dcl_{i,j,k} \in RF_{cl_{i,j,k}}$,则该杀伤链链路贯通能力三级指标等级为较差,即 $cld_{i,j,k} = 0$,否则,进入步骤 4;

步骤 4:若 $Dcl_{i,j,k} \in RS_{cl_{i,j,k}}$,则该杀伤链链路贯通能力三级指标等级为优秀,即 $cld_{i,j,k} = 2$。

(2)杀伤链链路贯通能力二级指标等级评估

杀伤链链路贯通能力二级指标为非叶节点,非叶节点指标等级受到其低级指标等级影响,依照最小值聚合方法,杀伤链链路贯通能力指标体系中二级指标等级等于该指标要求满足情况及其下所有三级指标等级的最小值。

即 $bld_{i,j} = \mathrm{Min}(l_{i,j}, \{cld_{i,j,k} \mid 1 \leqslant k \leqslant o_{cl_{i,j}}\})$,其中,$l_{i,j}$ 是指二级指标 $bl_{i,j}$ 的要求满足情况。

杀伤链链路贯通能力二级指标等级评估方法如下。

步骤 1:判断指标要求是否为空,若指标要求为空,则进入步骤 2,否则,进入步骤 3;

步骤 2:该杀伤链链路贯通能力二级指标要求满足情况为优秀,即 $l_{i,j} = 2$,该杀伤链链路贯通能力二级指标等级等于其下所有三级指标等级的最小值,即 $bld_{i,j} = \mathrm{Min}(\{cld_{i,j,k} \mid 1 \leqslant k \leqslant o_{cl_{i,j}}\})$;

步骤 3:若 $Dbl_{i,j} \in RF_{bl_{i,j}}$,则该杀伤链链路贯通能力二级指标要求满足情况为差,即 $l_{i,j} = 0$,该杀伤链链路贯通能力二级指标等级为差,即 $bld_{i,j} = 0$,否则,进入步骤 4;

步骤 4:若 $Dbl_{i,j} \in RS_{bl_{i,j}}$,则该杀伤链链路贯通能力二级指标要求满足情况为优秀,即 $l_{i,j} = 2$,该杀伤链链路贯通能力二级指标等级等于其下所有三级指标等级的最小值,即 $bld_{i,j} = \mathrm{Min}(\{cld_{i,j,k} \mid 1 \leqslant k \leqslant o_{cl_{i,j}}\})$。

(3)杀伤链链路贯通能力一级指标等级评估

同理,依照最小值聚合方法,杀伤链链路贯通能力指标体系中一级指标等级等于该指标要求满足情况以及其所有二级指标等级的最小值。

即 $ald_i = \mathrm{Min}(l_i, \{bld_{i,j} \mid 1 \leqslant j \leqslant m_{bl_i}\})$,其中,$l_i$ 是指一级指标 al_i 的要求满足情况。

杀伤链链路贯通能力一级指标等级评估方法如下。

步骤 1:判断指标要求是否为空,若指标要求为空,则进入步骤 2,否则,进入步骤 3;

步骤 2:该杀伤链链路贯通能力一级指标要求满足情况为优秀,即 $l_i = 2$,该杀伤链链路贯通能力一级指标等级等于其下所有二级指标等级的最小值,即 $ald_i = \mathrm{Min}(\{bld_{i,j} \mid 1 \leqslant j \leqslant m_{bl_i}\})$;

步骤 3:若 $Dal_i \in RF_{al_i}$,则该杀伤链链路贯通能力一级指标要求满足情况为差,即 $l_i = 0$,该杀伤链链路贯通能力一级指标等级为差,即 $ald_i = 0$,否则,进入步骤 4;

步骤 4:若 $Dal_i \in RS_{al_i}$,则该杀伤链链路贯通能力一级指标要求满足情况为一般,即 $l_i = 2$,该杀伤链链路贯通能力一级指标等级等于其下所有二级指标等级的最小值,即 $ald_i = \mathrm{Min}(\{bld_{i,j} \mid 1 \leqslant j \leqslant m_{bl_i}\})$。

4.杀伤链快闭合能力指标等级评估

(1)杀伤链快闭合能力三级指标等级评估

杀伤链快闭合能力三级指标等级评估方法如下。

步骤 1:判断指标要求是否为空,若指标要求为空,则进入步骤 2,否则,进入步骤 3;

步骤 2:该杀伤链快闭合三级指标等级为优秀,即 $cwd_{i,j,k} = 2$;

步骤 3:若 $Dcw_{i,j,k} \in RF_{cw_{i,j,k}}$,则该杀伤链快闭合三级指标等级为较差,即 $cwd_{i,j,k} = 0$,否则,进入步骤 4;

步骤 4:若 $Dcw_{i,j,k} \in RS_{cw_{i,j,k}}$,则该杀伤链快闭合三级指标等级为一般,即 $cwd_{i,j,k} = 1$,否则,进入步骤 5;

步骤 5:若 $Dcw_{i,j,k} \in RT_{cw_{i,j,k}}$,则该杀伤链快闭合三级指标等级为优秀,即 $cwd_{i,j,k} = 2$。

(2)杀伤链快闭合能力二级指标等级评估

同理,依照最小值聚合方法,杀伤链快闭合能力指标体系中二级指标等级等于该指标要求满足情况以及其下所有三级指标等级的最小值。

即 $bwd_{i,j} = \mathrm{Min}(w_{i,j}, \{cwd_{i,j,k} \mid 1 \leqslant k \leqslant o_{cw_{i,j}}\})$,其中,$w_{i,j}$ 是指二级指标 $bw_{i,j}$ 的要求满足情况。

杀伤链快闭合能力二级指标等级评估方法如下。

步骤1：判断指标要求是否为空，若指标要求为空，则进入步骤2，否则，进入步骤3；

步骤2：该杀伤链快闭合二级指标要求满足情况为优秀，即 $w_{i,j}=2$，该杀伤链快闭合二级指标等级等于其下所有三级指标等级的最小值，即 $bwd_{i,j}=\text{Min}(\{cwd_{i,j,k} \mid 1\leqslant k\leqslant o_{cw_{i,j}}\})$；

步骤3：若 $Dbw_{i,j}\in RF_{bw_{i,j}}$，则该杀伤链快闭合二级指标要求满足情况为差，即 $w_{i,j}=0$，该杀伤链快闭合二级指标等级为差，即 $bwd_{i,j}=0$，否则，进入步骤4；

步骤4：若 $Dbw_{i,j}\in RS_{bw_{i,j}}$，则该杀伤链快闭合二级指标要求满足情况为一般，即 $w_{i,j,k}=1$，该杀伤链快闭合二级指标等级等于该指标要求满足情况以及其下所有三级指标等级的最小值，即 $bwd_{i,j}=\text{Min}(1,\{cwd_{i,j,k} \mid 1\leqslant k\leqslant o_{cw_{i,j}}\})$，否则，进入步骤5；

步骤5：若 $Dbw_{i,j}\in RT_{bw_{i,j}}$，则该杀伤链快闭合二级指标要求满足情况为优秀，即 $w_{i,j,k}=2$，该杀伤链快闭合二级指标等级等于其下所有四级指标等级的最小值，即 $bwd_{i,j}=\text{Min}(\{cwd_{i,j,k} \mid 1\leqslant k\leqslant o_{cw_{i,j}}\})$。

（3）杀伤链快闭合能力一级指标等级评估

依照最小值聚合方法，杀伤链快闭合能力指标体系中一级指标等级等于该指标等级以及其所有二级指标等级的最小值。

即 $awd_i=\text{Min}(w_i,\{bwd_{i,j} \mid 1\leqslant j\leqslant m_{bw_i}\})$，其中，$w_i$ 是指一级指标 aw_i 的要求满足情况。

杀伤链快闭合能力一级指标等级评估方法如下。

步骤1：判断指标要求是否为空，若指标要求为空，则进入步骤2，否则，进入步骤3；

步骤2：该杀伤链快闭合一级指标要求满足情况为优秀，即 $w_i=2$，该杀伤链快闭合一级指标等级等于其下所有二级指标等级的最小值，即 $awd_i=\text{Min}(\{bwd_{i,j} \mid 1\leqslant j\leqslant m_{bw_i}\})$；

步骤3：若 $Daw_i\in RF_{aw_i}$，则该杀伤链快闭合一级指标要求满足情况为差，即 $w_i=0$，该杀伤链快闭合一级指标等级为差，即 $awd_i=0$，否则，进入步骤4；

步骤4：若 $Daw_i\in RS_{aw_i}$，则该杀伤链快闭合一级指标要求满足情况为一般，即 $w_i=1$，该杀伤链快闭合一级指标等级等于该指标要求满足情况以及其下所有二级指标等级的最小值，即 $awd_i=\text{Min}(1,\{bwd_{i,j} \mid 1\leqslant j\leqslant m_{bw_i}\})$，否则，进入步骤5；

步骤5：若 $Daw_i\in RT_{aw_i}$，则该杀伤链快闭合一级指标要求满足情况为优秀，即 $w_i=2$，该杀伤链快闭合一级指标等级等于其下所有二级指标等级的最小值，即 $awd_i=\text{Min}(\{bwd_{i,j} \mid 1\leqslant j\leqslant m_{bw_i}\})$。

同理，采用上述方法对杀伤链高可靠性能力指标等级、杀伤链强抗扰能力指标等级、杀伤链优效费比能力指标等级和杀伤网由网成链能力指标等级进行评估。

5.杀伤链体系能力等级评估

杀伤链体系能力等级包含杀伤链链路贯通能力等级、杀伤链链路闭合能力等级和杀伤网由网成链能力等级，其中，杀伤链链路闭合能力等级包括杀伤链快闭合能力等级、杀伤链高可靠性能力等级、杀伤链强抗扰能力等级和杀伤链优效费比能力等级。

各能力等级受到其指标体系中指标等级的影响,和指标等级相同,杀伤链链路贯通能力等级分为 0 级(较差)和 2 级(优秀),杀伤链链路闭合能力等级分为 0 级(较差)、1 级(一般)和 2 级(优秀),杀伤网由网成链能力等级分为 0 级(较差)、1 级(一般)和 2 级(优秀)。

设 ld 为杀伤链链路贯通能力等级,cd 为杀伤链链路闭合能力等级,wd 为杀伤链快闭合能力等级,qd 为杀伤链高可靠性能力等级,ed 为杀伤链强抗扰能力等级,ud 为杀伤链优效费比能力等级,gd 为杀伤网由网成链能力等级。

(1)杀伤链链路贯通能力等级评估

按照最小值聚合算法,杀伤链链路贯通能力等级 ld 等于杀伤链快链路贯通能力指标体系中所有一级指标等级集合的最小值,即 $ld = \mathrm{Min}(\{ald_i \mid 1 \leqslant i \leqslant n_{al}\})$。

(2)杀伤链链路闭合能力等级评估

按照最小值聚合算法,杀伤链链路闭合能力等级 cd 等于杀伤链快闭合能力等级 wd、杀伤链高可靠性能力等级 qd、杀伤链强抗扰能力等级 ed 和杀伤链优效费比能力等级 ud 的最小值,即 $cd = \mathrm{Min}(\{wd, qd, ed, ud\})$。

杀伤链快闭合能力等级、杀伤链高可靠性能力等级、杀伤链强抗扰能力等级和杀伤链优效费比能力等级评估方法如下。

1)杀伤链快闭合能力等级评估。

按照最小值聚合算法,杀伤链快闭合能力等级 wd 等于杀伤链快闭合能力指标体系中所有一级指标等级集合的最小值,即 $wd = \mathrm{Min}(\{awd_i \mid 1 \leqslant i \leqslant n_{aw}\})$。

2)杀伤链高可靠性能力等级评估。

按照最小值聚合算法,杀伤链高可靠性能力等级 qd 等于杀伤链高可靠性能力指标体系中所有一级指标等级集合的最小值,即 $qd = \mathrm{Min}(\{aqd_i \mid 1 \leqslant i \leqslant n_{aq}\})$。

3)杀伤链强抗扰能力等级评估。

按照最小值聚合算法,杀伤链强抗扰能力等级 ed 等于杀伤链强抗扰能力指标体系中所有一级指标等级集合的最小值,即 $ed = \mathrm{Min}(\{aed_i \mid 1 \leqslant i \leqslant n_{ae}\})$。

4)杀伤链优效费比能力等级评估。

按照最小值聚合算法,杀伤链优效费比能力等级 ud 等于杀伤链优效费比能力指标体系中一级指标等级集合的最小值,即 $qu = \mathrm{Min}(\{aud_i \mid 1 \leqslant i \leqslant n_{au}\})$。

6.杀伤网由网成链能力等级评估

按照最小值聚合算法,杀伤网由网成链能力等级等于杀伤网由网成链指标体系中所有一级指标等级集合的最小值,即 $gd = \mathrm{Min}(\{agd_i \mid 1 \leqslant i \leqslant n_{ag}\})$。

按照集成状态和验证环境进行评估,杀伤链的等级可以分为 10 层,但由于各状态之间存在部分重叠,所以本书根据以下原则,选择部分层级对杀伤链进行成熟度定界,如表6-12所示。

原则 1:能力集合状态不需要在实物或对抗环境下进行验证。

原则 2:能力链条经过实物或对抗环境下的验证后,包括该链条的能力网络才可评价其成熟度。

表6-12 杀伤链成熟度定界

成熟度等级	杀伤链链路贯通能力等级	杀伤链链路闭合能力等级	杀伤网由成链成网能力等级	验证环境	备 注	对应状态
0—尚未成链	0—较差	0—较差	0—较差	0—仿真环境验证	杀伤链未经过技术验证	
1—尚未成熟	2—优秀	0—较差	0—较差	0—仿真环境验证	杀伤链未完全闭合,只经过技术验证	状态"1.1"
2—初步成熟	2—优秀	1—一般	0—较差	0—仿真环境验证	杀伤链可完全闭合,只经过技术验证	状态"1.2"
3—基本成熟	2—优秀	1—一般	0—较差~1—一般	1—实物环境验证	杀伤链可完全闭合,经过了装备实物验证,可能具备一定的成网能力	状态"2.2"
4—完全成熟	2—优秀	2—优秀	0—较差~1—一般	1—实物环境验证	杀伤链闭合效能较好,经过了装备实物验证,可能具备一定的成网能力	状态"2.2"
5—高度成熟	2—优秀	2—优秀	0—较差~1—一般	2—演习环境验证	杀伤链闭合效能较好,并经过了对抗性演习验证,可能具备一定的成网能力	状态"3.2"
6—十分成熟	2—优秀	2—优秀	2—优秀	2—演习环境验证	杀伤链闭合效能较好,并经过了对抗性演习验证,可与其他杀伤链共同形成杀伤网	状态"3.2"和状态"3.3"

每种杀伤链能力成熟度都对杀伤链链路贯通能力、杀伤链链路闭合能力和杀伤网由网成链能力有特定的要求,因此每种体系能力成熟度等级都对应了多维评估模式中的一个区域,这些区域可能相交,也可能不相交。其三维评估模式如图 6-13 所示。

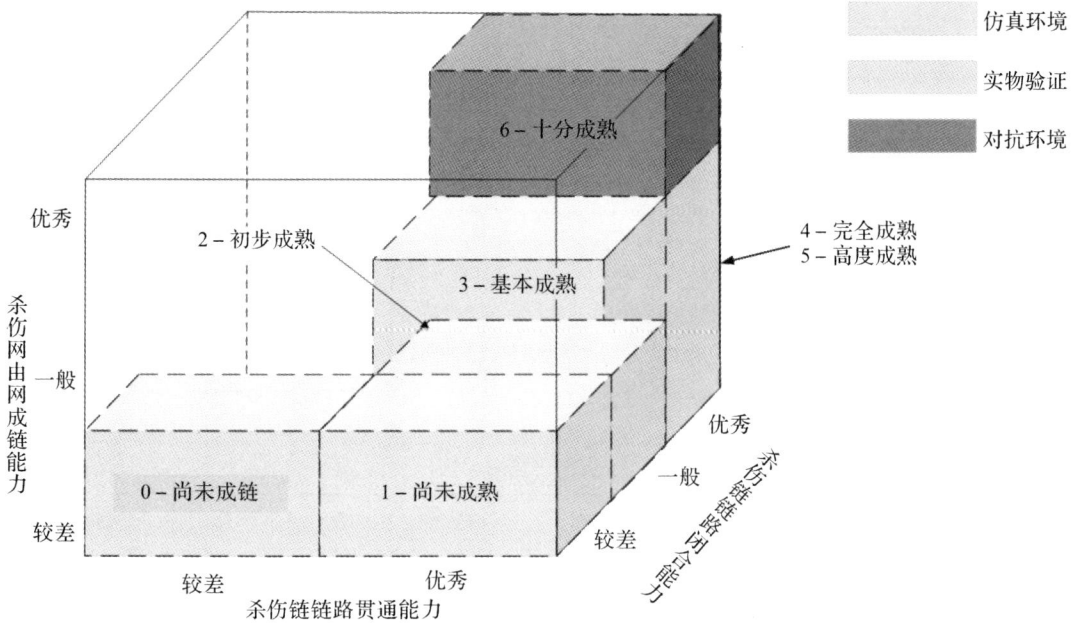

图 6-13　杀伤链能力成熟度三维评估模式区域

6.3　案 例 研 究

本节以美"海上一体化防控火控"(Naval Integrated Fire Control-Counter Air,NIFC-CA)体系为背景,阐述基于杀伤链能力成熟度对装备体系的评估方法。基于 NIFC-CA 体系的典型"探测—跟踪—火控—打击"结构中,包括威胁目标、远程传感器、远程指挥单元、本地传感器、本地发射单元、拦截弹等。根据综合火控样式的不同,配合不同装备实体的部署及分工,可以构建以下五类杀伤链。

(1)远程发射杀伤链(见图 6-14):远程单元提供火控级的威胁目标数据,本地发射单元基于远程单元提供的目标信息发射导弹拦截,后由本地传感器支持发射后的交战过程制导控制。

(2)远程交战杀伤链(见图 6-15):远程单元提供火控级的威胁目标数据,本地发射单元基于远程单元提供的目标信息发射导弹拦截,并持续根据远程传感器提供的威胁目标数据完成拦截弹制导控制。

(3)前沿传递杀伤链(见图 6-16):本地发射单元决策并发射导弹拦截,发射后将控制权转移给远程单元,由远程单元完成目标跟踪及拦截弹制导控制。

(4)远程开火杀伤链(见图 6-17):远程单元根据威胁目标信息指挥本地单元发射拦截弹,由远程单元完全控制拦截弹发射后的交战过程。

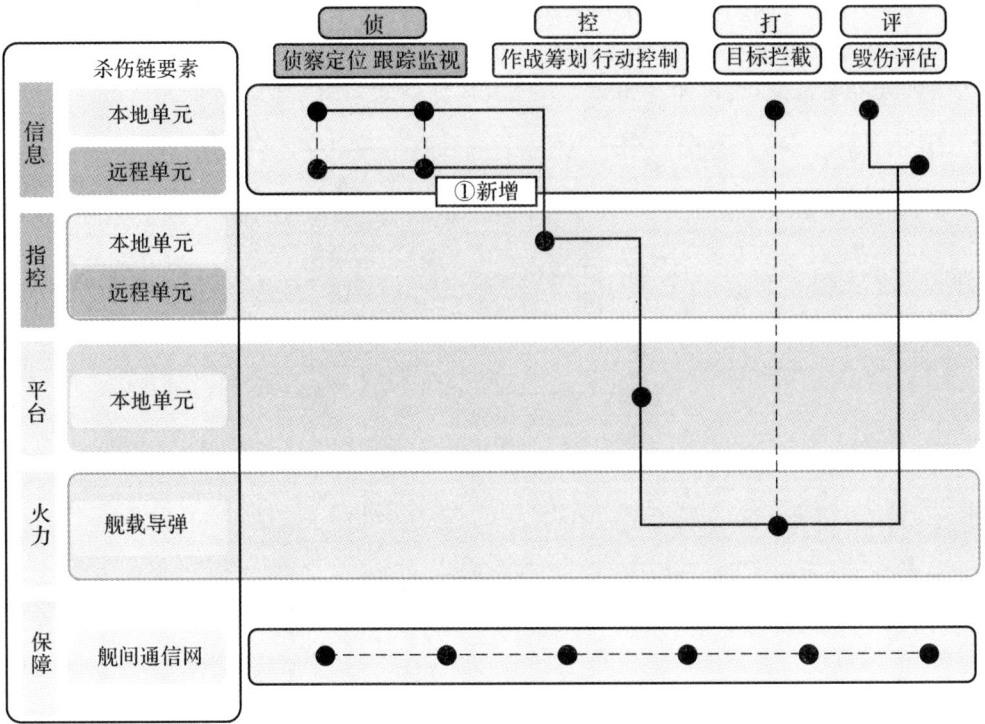

图 6-14　远程发射杀伤链

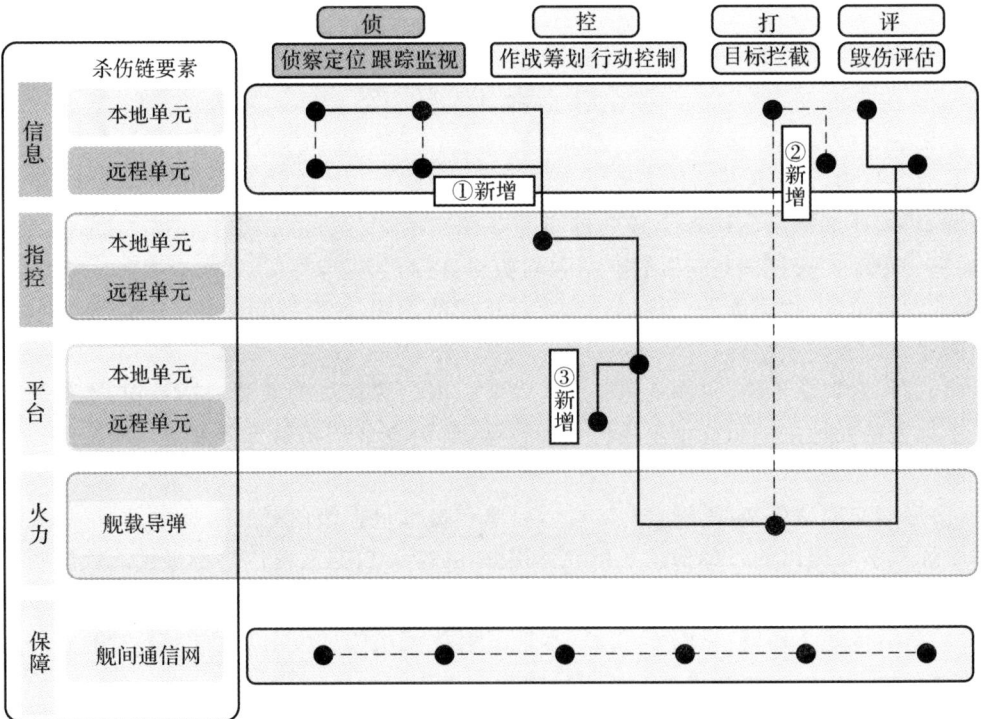

图 6-15　远程交战杀伤链

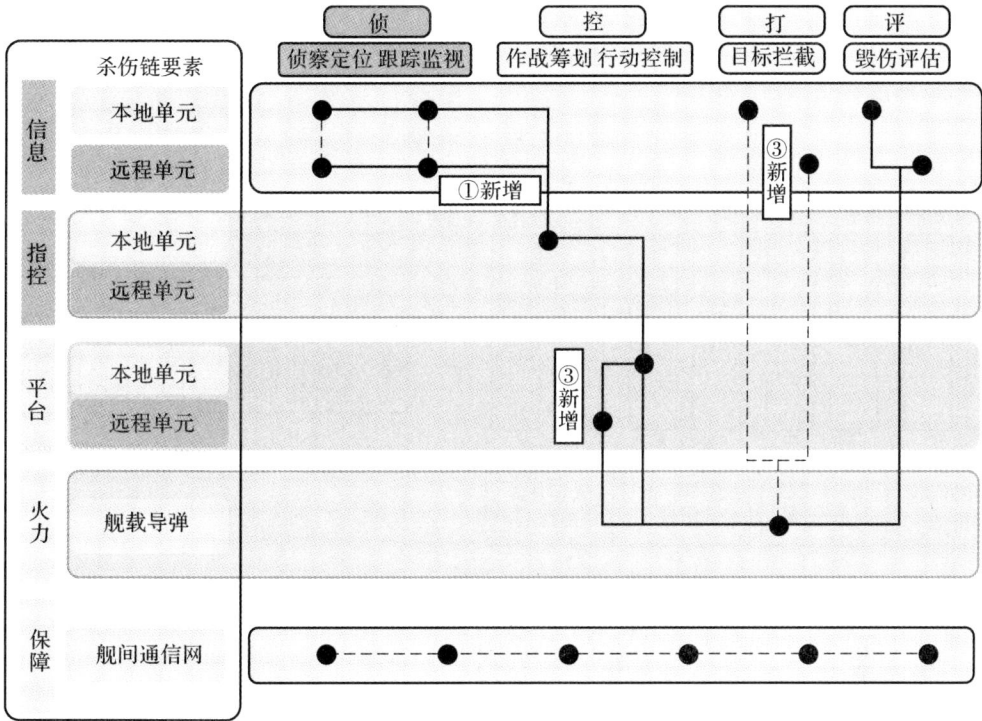

图 6-16　前沿传递杀伤链

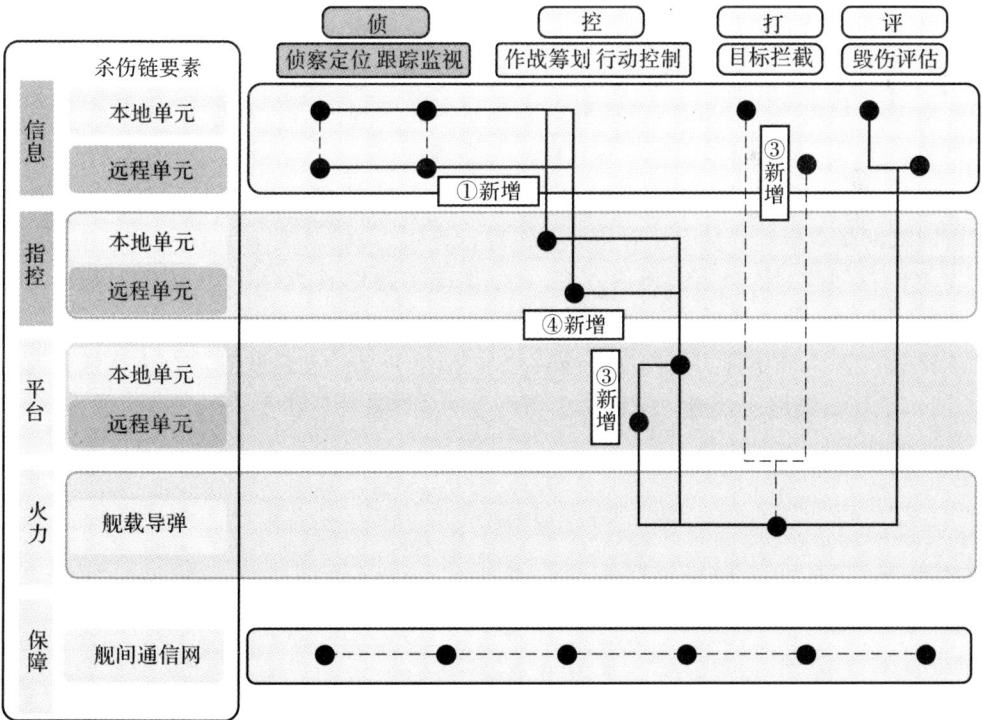

图 6-17　远程开火杀伤链

初始状态下为远程发射杀伤链,经过装备的发展,杀伤链功能不断完善,杀伤链逐步发展为远程开火杀伤链。针对不同杀伤链的定义,我们可以简要介绍基于杀伤链能力成熟度的体系成熟度评估方法,如图 6-18 所示。

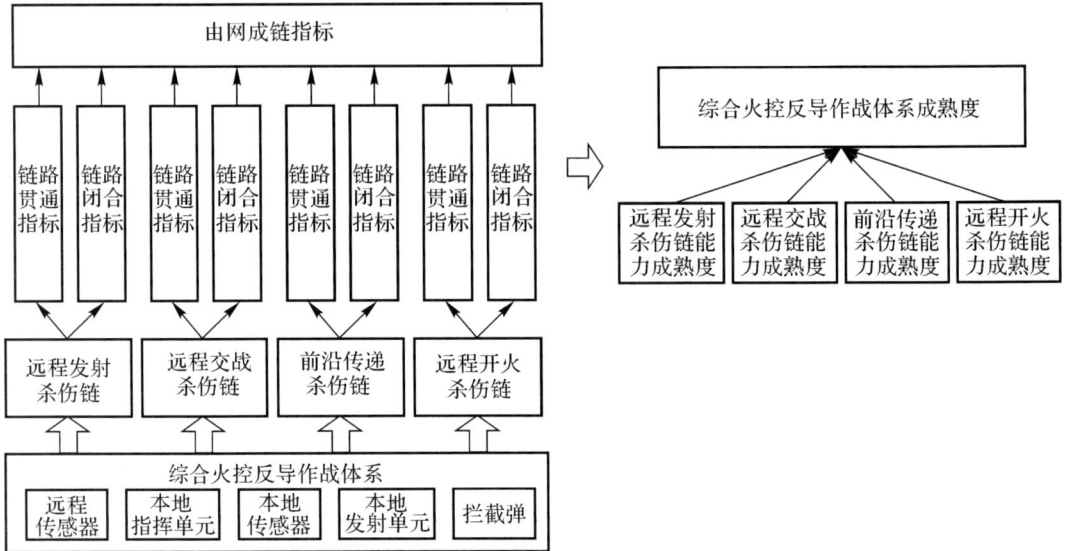

图 6-18 基于杀伤链能力成熟度对装备体系的评估方法案例研究

步骤 1:选定验证环境,例如选定验证环境为实物验证;

步骤 2:在实物验证环境下,获取各条杀伤链的链路贯通能力指标体系、链路闭合能力指标体系中叶节点指标的数据以及杀伤网由网成链能力指标体系中叶节点指标的数据;

步骤 3:根据指标聚合方法,获取各条杀伤链链路贯通能力指标体系、链路闭合能力指标体系和杀伤网由网成链能力指标体系中高级指标的值;

步骤 4:根据指标要求,按照杀伤链链路贯通能力指标、杀伤链链路闭合能力指标和杀伤网由网成链能力指标评估方法对指标等级进行评估;

步骤 5:按照体系能力等级评估方法,对杀伤链链路贯通能力等级、杀伤链链路闭合能力等级和杀伤网由网成链能力等级进行评估;

步骤 6:按照杀伤链能力成熟度等级要求定义,对每条杀伤链找到符合杀伤链链路贯通能力等级、杀伤链链路闭合能力等级和杀伤网由网成链能力等级要求的成熟度等级,即为该条杀伤链的体系能力成熟度等级。

参 考 文 献

[1] HOLLING C S. Resilience and stability of ecological systems[J]. Annual Review of Ecology and Systematics，1973，4：1－23.

[2] PFLANZ M，LEVIS A. An approach to evaluating resilience in command and control architectures[J]. Procedia Computer Science，2012，8：141－146.

[3] CZARNECKI J E，CHAMBERLAIN K T. Graceful degradation：a C2 design virtue for our times[C]// The 18th International Command and Control Research and Technology Symposium，Washington，DC.[S. l. ；s. n.]2013：1－22.

[4] HENRY D，EMMANUEL RAMIREZ-MARQUEZ J. Generic metrics and quantitative approaches for system resilience as a function of time[J]. Reliability Engineering and System Safety，2012，99：114－122.

[5] GOERGER S R，MADNI A M，ESLINGER O J. Engineered resilient systems：a DoD perspective[J]. Procedia Computer Science，2014，28：865－872.

[6] 汤亚锋，徐艳丽，李纪莲. 太空体系弹性评估方法综述[J]. 装备学院学报，2017，28 (3)：74－80.

[7] 翟长海，岳清瑞，谢礼立. 抗震韧性城市评估与构建[J]. 建筑结构学报，2024，45 (5)：1－13.

[8] 刘德胜. 基于复杂网络分析方法的作战体系评估研究综述[J]. 军事运筹与系统工程，2020，34(3)：66－73.

[9] 崔琼，李建华，王宏，等. 基于节点修复的网络化指挥信息系统弹性分析模型[J]. 计算机科学，2018，45(4)：117－121.

[10] SUN L，STOJADINOVIC B，SANSAVINI G. Agent-based recovery model for seismic resilience evaluation of electrified communities[J]. Risk Analysis，2019，39 (7)：1597－1614.

[11] GARVEY P R，PINTO C A. Introduction to functional dependency network analysis [C]// The Second International Symposium on Engineering Systems Massachusetts Institute of Technology. Cambridge，Massachusetts：The MIT Press，2019：1597－1614.

[12] 杨克巍，赵青松，谭跃进，等. 体系需求工程技术与方法[M]. 北京：科学出版社，2011.

[13] 秦昌茂，孟苏，莫锦鹤. 基于 SysML 的远程专家保障装备体系建模及结构评估[J]. 宇航总体技术，2021，5(6)：12－19.

[14] 舒宇，谭跃进. 基于能力需求的 WSoS 结构描述方法研究[J]. 军事运筹与系统工程，2009，23 (3)：51－55.

［15］ 吴娟，王明哲，方华京. 基于 SysML 的系统体系结构产品设计［J］. 系统工程与电子技术，2006，28(4)：594-598.

［16］ 郭齐胜，樊延平，穆歌，等. 装备需求论证理论与方法［M］. 北京：电子工业出版社，2017.

［17］ HAUSE M. 4.5.2 model-based system of systems engineering with UPDM［J］. INCOSE International Symposium，2010，20(1)：580-594.

［18］ HAUSE M. 2.1.2 the UPDM RFC development project an exercise in model-based virtual team development or "practicing what we preach"［J］. INCOSE International Symposium，2010，20(1)：187-201.

［19］ 张晓雪，罗爱民，黄力，等. 基于 DM2 的体系结构可执行模型构建方法［J］. 国防科技大学学报，2013，35(2)：27-33.

［20］ RICHARDS M G. Managing complexity with the department of defense architecture framework：Development of a dynamic system architecture model［D］. Massachusetts Institute of Technology，2007.

［21］ 姜志平. 基于 CADM 的 C～4ISR 系统体系结构验证方法及关键技术研究［D］. 长沙：国防科学技术大学，2007.

［22］ 李春荣. 基于 SOA 的军事电子信息系统仿真架构技术研究［D］. 北京：中国电子科学研究院，2007.

［23］ 曾平. 基于服务的武器装备体系结构建模与分析［D］. 长沙：国防科学技术大学，2011.

［24］ International Council on Systems Engineering. Systems engineering handbook：a guide for system life cycle processes and activities［M］. New York：John Wiley and Sons. Inc，2011.

［25］ 葛冰峰. 基于功能的武器装备体系结构描述方法与工具研究［D］. 长沙：国防科学技术大学，2008.

［26］ 葛冰峰，陈英武，舒宇. 基于多视图的武器装备体系结构描述方法［J］. 火力与指挥控制，2010，35(4)：102-105.

［27］ 张小可. 武器装备体系需求元建模方法研究［D］. 长沙：国防科学技术大学，2011.

［28］ 孙立健，周鋆，朱承，等. 马赛克战兵力设计下的边缘指挥与控制组织结构［J］. 指挥与控制学报，2022，8(2)：141-149.

［29］ 李磊，蒋琪，王彤. 美国马赛克战分析［J］. 战术导弹技术，2019(6)：108-114.

［30］ 邹立岩，张明智. 马赛克战视角下的智能无人机集群作战概念研究［J］. 战术导弹技术，2020(6)：67-74.

［31］ 权家乐，钱杭. 基于指数模型的无人机侦察能力评估［J］. 科技创新与应用，2020，10(9)：65-66.

［32］ 陈峰，赵玉林，梅发国，等. 基于软件定义的指挥信息系统设计思考［J］. 中国电子科学研究院学报，2021，16(3)：232-238.

[33] 屈高敏. 对地攻击型无人机作战效能评估与软件开发[D]. 南昌：南昌航空大学，2015.

[34] 张昱，张明智，杨镜宇，等. 一种基于 OODA 环的武器装备体系建模方法[J]. 系统仿真学报，2013，25(S1)：6 – 11.

[35] 张阳，王艳正，司光亚. 集群式电子战无人机的 OODA 作战环分析与建模[J]. 火力与指挥控制，2018，43(8)：31 – 36.

[36] 夏博远，杨克巍，杨志伟，等. 基于杀伤网评估的装备组合多目标优化[J]. 系统工程与电子技术，2021，43(2)：399 – 409.

[37] 王小军，张修社，胡小全，等. 基于杀伤链感知的动态可重构作战体系结构[J]. 现代导航，2020，11(4)：235 – 243.

[38] 王耀祖，尚柏林，宋笔锋，等. 基于杀伤链的作战体系网络关键节点识别方法[J]. 系统工程与电子技术，2023，45(3)：736 – 744.

[39] 张宇，黄建新. 应用 OODA 环模型研究装备对体系贡献程度[J]. 现代防御技术，2017，45(2)：177 – 182.

[40] 朱江，蔡蔚，闻传花，等. 基于 OODA 指挥控制环的作战仿真实验[J]. 指挥控制与仿真，2015，37(3)：112 – 115.

[41] 刘俊先，高岚岚，陈涛，等. 体系评估理论与方法[M]. 北京：科学出版社，2022.

[42] 邓昱晨，毛寅轩，卢志昂，等. 基于模型的系统工程的应用及发展[J]. 科技导报，2019，37(7)：49 – 54.

[43] HECHT M，CHEN J，PUGLIESE-ROSILLO G. Verification and validation of SysML models[C]//2021 IEEE Aerospace Conference (50100)，March 6 – 13，2021. Big Sky，MT：IEEE，2021：1 – 6.

[44] CEDERBLADH J，CICCHETTI A，SURYADEVARA J. Early validation and verification of system behaviour in model-based systems engineering：a systematic literature review[J]. ACM Transactions on Software Engineering and Methodology，2024，33(3)：1 – 67.

[45] WAGENHALS L W，SHIN I，KIM D，et al. C4ISR architectures：II. a structured analysis approach for architecture design[J]. Systems Engineering，2000，3(4)：248 – 287.

[46] WANG R Z，DAGLI C H. Executable system architecting using systems modeling language in conjunction with colored Petri nets in a model-driven systems development process[J]. Systems Engineering，2011，14(4)：383 – 409.

[47] HUANG E，MCGINNIS L F，MITCHELL S W. Verifying SysML activity diagrams using formal transformation to Petri nets[J]. Systems Engineering，2020，23(1)：118 – 135.

[48] 廖晶静，王明哲. 用关联矩阵特征值分析 Petri 网模型结构[J]. 应用科学学报，2010，28(4)：417 – 423.

［49］ 傅炯，罗爱民，罗雪山，等. 基于 PES 的 Petri 网可执行模型生成方法［J］. 系统工程与电子技术，2017，39(5)：1030 - 1035.

［50］ 罗爱民. 基于可执行模型的体系结构验证评估方法［J］. 计算机科学，2010，37(8)：294 - 297.

［51］ KRISHNA A，POIZAT P，SALAÜN G. VBPMN：automated verification of BPMN processes (tool paper)［M］//PETRUCCI L，SECELEANU C，CAVALCA，et al. Lecture Notes in Computer Science. Cham：Springer International Publishing，2017：323 - 331.

［52］ GARAVEL H，MATEESCU R，LANG F，et al. CADP 2006：a toolbox for the construction and analysis of distributed processes［J］. International Journal on Software Tools for Technology Transfer，2013，15(2)：89 - 107.

［53］ BRUMBULLI M，GAUDIN E，BERRE F. Verification of BPMN models［M］// BOY G A，GUEGAN A，KROB D，et al，eds. Complex Systems Design and Management. Cham：Springer International Publishing，2019：27 - 36.

［54］ MORKEVICIUS A，ALEKSANDRAVICIENE A，STROLIA Z. System verification and validation approach using the MagicGrid framework［J］. Insight，2023，26(1)：51 - 59.

［55］ RODANO M，GIAMMARCO K. A formal method for evaluation of a modeled system architecture［J］. Procedia Computer Science，2013，20：210 - 215.

［56］ WINTON J R，COLOMBI J M，JACQUES D R，et al. Validation of digital system models：a framework and SysML profile for model-based systems engineering［J］. INCOSE International Symposium，2023，33(1)：569 - 583.

［57］ ANTUNES G，BAKHSHANDEH M，MAYER R，et al. Using ontologies for enterprise architecture analysis［C］//2013 17th IEEE International Enterprise Distributed Object Computing Conference Workshops，September 9 - 13，2013. Vancouver，BC：IEEE，2013：361 - 368.

［58］ 罗欢欢. 基于本体推理的体系结构验证方法研究［D］. 长沙：国防科学技术大学，2014.

［59］ SMAJEVIC M，HACKS S，BORK D. Using knowledge graphs to detect enterprise architecture smells［M］//SERRAL E，STIRNA J，RALYTÉ J，et al. Lecture Notes in Business Information Processing. Cham：Springer International Publishing，2021：48 - 63.

［60］ GLASER P L，ALI S J，SALLINGER E，et al. Model-based construction of enterprise architecture knowledge graphs［M］//Lecture Notes in Computer Science. Cham：Springer International Publishing，2022：57 - 73.

［61］ CHEN R R，CHEN C H，LIU Y S，et al. Ontology-based requirement verification for complex systems［J］. Advanced Engineering Informatics，2020，46：101148.

[62] LU J Z, MA J D, ZHENG X C, et al. Design ontology supporting model-based systems engineering formalisms[J]. IEEE Systems Journal, 2022, 16(4): 5465 – 5476.

[63] LU J Z, WANG G X, TöRNGREN M. Design ontology in a case study for cosimulation in a model-based systems engineering tool-chain[J]. IEEE Systems Journal, 2020, 14(1): 1297 – 1308.

[64] 张国华, 文军, 武明, 等. 面向马赛克战的通感算融合网络架构与模型设计[J]. 通信技术, 2023, 56(12): 1364 – 1375.

[65] MANKINS J. Technology readiness levels: a white paper[J]. NASA, 1995: 1068 – 1071.

[66] DUBOS G F, SALEH J H, BRAUN R. Technology readiness level, schedule risk, and slippage in spacecraft design[J]. Journal of Spacecraft and Rockets, 2008, 45 (4): 836 – 842.

[67] 陈华雄, 欧阳进良, 毛建军. 技术成熟度评价在国家科技计划项目管理中的应用探讨[J]. 科技管理研究, 2012, 32(16): 191 – 195.

[68] 李达, 王崑声, 马宽. 技术成熟度评价方法综述[J]. 科学决策, 2012(11): 85 – 94.

[69] 曹雷, 姜志平, 董强, 等. 网络中心化指控成熟度评估方法研究[C]//中国指挥与控制学会. 2013 第一届中国指挥控制大会论文集. 南京: 中国人民解放军理工大学指挥信息系统学院, 2013: 4.

[70] 陈登伟, 张永亮, 赵广超, 等. 基于信息系统的指控能力成熟度研究[J]. 装备学院学报, 2016, 27(5): 94 – 99.

[71] LI S Q, XING X Z, DU S M. A multi-dimensional assessment system for technology readiness levels[C]//2017 4th International Conference on Systems and Informatics (ICSAI). November 11 – 13, 2017, Hangzhou, China. IEEE, 2017: 798 – 802.

[72] OLECHOWSKI A L, EPPINGER S D, JOGLEKAR N, et al. Technology readiness levels: shortcomings and improvement opportunities[J]. Systems Engineering, 2020, 23(4): 395 – 408.

[73] TAN C S, VAN BOSSUYT D L, HALE B. System analysis of counter-unmanned aerial systems kill chain in an operational environment[J]. Systems, 2021, 9 (4): 79.

[74] 王松, 栾晓文, 孟宪成, 等. 天基预警下反导作战能力评估指标体系研究[J]. 火力与指挥控制, 2021, 46(11): 112 – 117.

[75] 全国宇航技术及其应用标准化技术委员会. 航天工程技术成熟度评价指南: GB/T 40518—2021[S]. 北京: 中国标准出版社, 2021.

[76] 总装电子信息基础部. 军用软件能力成熟度模型: GJB 5000B—2021[S]. 北京: 中国标准出版社, 2021.

[77] 杨卓鹏, 江庆平, 杨晖, 等. 基于系统工程的技术成熟度评价与应用[J]. 科技管理研究, 2023, 43(11): 47 – 56.

[78] SEVA R R，TAN A L S，TEJERO L M S，et al. Multi-dimensional readiness assessment of medical devices[J]. Theoretical Issues in Ergonomics Science，2023，24(2)：189－205.

[79] 高保慧，胡海，钟志通，等. 天基引导对海打击杀伤链构建规划模式研究[J]. 舰船电子工程，2023，43(10)：23－27.

[80] 张毅豪，李际超，陈夏瑢，等. 基于杀伤网的装备体系效能贡献率评估方法[J]. 军事运筹与评估，2024，38(1)：28－34.